国家现代学徒制试点教材
“成果导向+行动学习”课程改革教材

锅炉节能减排技术

主　编　程显峰
副主编　吴丽梅
主　审　贺东伟

哈尔滨工程大学出版社
Harbin Engineering University Press

内容简介

本书以工业锅炉节能减排为主线，从四个方面论述了节能减排的有关内容，突出科学性、先进性、实用性，理论联系实际，深入浅出，通俗易懂，图文并茂，并辅以生动实例。

全书共分四个部分，涵盖了锅炉运行的经济性、燃煤锅炉强化燃烧技术、洁净煤技术，以及锅炉水处理与污染物排放控制技术。

本书可供能源管理人员、锅炉工程技术人员、环保科技人员、锅炉安全与检验专业人员、锅炉设计与维修管理人员学习参考，也可以作为大专院校师生的参考书和节能减排、环保与检验人员的培训教材。

图书在版编目(CIP)数据

锅炉节能减排技术 / 程显峰主编. — 哈尔滨 : 哈尔滨工程大学出版社, 2021.3
ISBN 978-7-5661-2886-7

Ⅰ. ①锅… Ⅱ. ①程… Ⅲ. ①工业锅炉-节能-技术-高等职业教育-教材 Ⅳ. ①TK229

中国版本图书馆 CIP 数据核字(2021)第 042452 号

选题策划 史大伟 薛 力
责任编辑 卢尚坤 刘海霞
封面设计 李海波

出版发行 哈尔滨工程大学出版社
社　　址 哈尔滨市南岗区南通大街 145 号
邮政编码 150001
发行电话 0451-82519328
传　　真 0451-82519699
经　　销 新华书店
印　　刷 北京中石油彩色印刷有限责任公司
开　　本 787 mm×1 092 mm 1/16
印　　张 11.75
字　　数 299 千字
版　　次 2021 年 3 月第 1 版
印　　次 2021 年 3 月第 1 次印刷
定　　价 35.00 元
http://www.hrbeupress.com
E-mail:heupress@hrbeu.edu.cn

前言

国务院关于“十三五”节能减排综合工作方案的通知已经下发。《“十三五”节能减排综合工作方案》明确了“十三五”节能减排工作的主要目标和重点任务，对全国节能减排工作进行全面部署。《“十三五”节能减排综合工作方案》指出，要落实节约资源和保护环境的基本国策，以提高能源利用效率和改善生态环境质量为目标，以推进供给侧结构性改革和实施创新驱动发展战略为动力，坚持政府主导、企业主体、市场驱动、社会参与，加快建设资源节约型、环境友好型社会。到2020年，全国万元国内生产总值能耗比2015年下降15%，能源消费总量控制在50亿吨标准煤以内。全国化学需氧量、氨氮、二氧化硫、氮氧化物排放总量分别控制在2 001万吨、207万吨、1 580万吨、1 574万吨以内，比2015年分别下降10%、10%、15%和15%。全国挥发性有机物排放总量比2015年下降10%以上。

我国节能减排形势出现了很大变化，国家在推广节能的同时，把减少污染物排放的要求放在了更加突出的地位，提出了安全、节能、环保三位一体的总要求，加快了优化燃料消费结构的步伐。工业锅炉减少燃煤用量，更多地采用清洁能源、可再生能源已经成为不可逆转的趋势，天然气锅炉、生物质锅炉应用发展势头迅猛。为了适应新的形势要求，黑龙江职业学院城市热能应用技术专业编委会组织有关人员进行了教材编写。煤炭作为我国工业锅炉主要燃料的局面还要持续一段相当长的时期，因此将煤炭清洁利用、推进燃料结构优化调整作为本书的主线。

本书由程显峰任主编，吴丽梅任副主编，贺东伟任主审。本书共分四个项目，具体分工为：程显峰编写项目1和项目2，吴丽梅编写项目3，宋海江编写项目4。

限于编写人员水平，不妥之处望业内人士不吝指正，万分感谢。

编　者

2020年8月

成果蓝图

学校核心能力	城市热能应用技术专业能力指标(530202)
A 沟通合作 (协作力)	AZf1 具备有效沟通、团结协作的能力 AZf2 具备整合热能工程及相关领域知识的能力
B 学习创新 (学习力)	BZf1 具备学习及信息处理的能力 BZf2 具备节能技术创新意识及创业的能力
C 专业技能 (专业力)	CZf1 具备掌握热能工程领域所需技术的能力 CZf2 具备制造工艺编制、制造设备使用、锅炉设备操作、故障诊断和锅炉制造、安装或运行、检修的能力
D 问题解决 (执行力)	DZf1 具备发现、分析热能工程领域实际问题的能力 DZf2 具备解决热能工程领域实际问题及处理突发事件的能力
E 责任关怀 (责任力)	EZf1 具备责任承担、社会关怀的能力 EZf2 具备环保意识和人文涵养的能力
F 职业素养 (发展力)	FZf1 具备吃苦耐劳、恪守职业操守、严守行业标准的能力 FZf2 具备岗位变迁及适应行业中各种复杂多变环境的能力

课程教学目标(标注能力指标)		
	1. 说明能源危机现状,分析节能减排案例	EZf2
	2. 利用锅炉原理基本知识,提出锅炉经济运行手段	CZf2
	3. 依据工业锅炉节能减排理论,准确提出节能改造合理化建议	BZf2
	4. 利用工业锅炉洁净煤知识,对比几种加工技术的优劣	CZf2
	5. 依据锅炉水处理理论,制订锅炉水处理方案	BZf2
	6. 利用烟气分析数据,合理选择烟气净化设备	CZf1

核心能力权重	沟通合作(A)		学习创新(B)		专业技能(C)		问题解决(D)		责任关怀(E)		职业素养(F)		合计
	5%		30%		50%				15%				100%
课程权重	AZf1	AZf2	BZf1	BZf2	CZf1	CZf2	DZf1	DZf2	EZf1	EZf2	FZf1	FZf2	合计
	5%			30%	10%	40%				15%			100%

项目1　锅炉运行的经济性

项目2　燃煤锅炉强化燃烧技术

项目3　洁净煤技术

项目 1　锅炉运行的经济性

项目描述

工业锅炉发展的基本方向是高效节能、低污染，即节能减排。同时，它与其他设备一样，都需要遵守运行安全可靠、结构合理简单、操作维修方便，以及造价和运行费用低的原则。

教学环境

1. 参考书和网络资源

(1)史培甫. 工业锅炉节能减排应用技术[M]. 北京：化学工业出版社，2016；

(2)蒸汽锅炉、热水锅炉安全技术监察规程。

2. 学校资源

(1)锅炉机组模型室；

(2)多媒体教室；

(3)案例或录像；

(4)多媒体设备。

任务 1.1　中国能源发展现状

• 学习目标

知识：

1. 锅炉经济运行的必要性。

2. 保证锅炉经济运行的措施。

技能：

1. 认清能源危机现状，分析节能减排案例。

2. 利用锅炉原理基本知识，提出锅炉经济运行手段。

素养：

1. 养成积极主动的学习习惯。

2. 养成严谨的计算习惯。

• 知识导航

能源是人类社会生存发展的重要物质基础，关乎国计民生和国家竞争力。中华人民共和国成立 70 多年来，特别是改革开放 40 多年来，能源行业的发展成就举世瞩目，安全稳定的能源供给有力地支撑了国民经济的高速增长，实现了历史性的跨越。能源体系自身也随着经济和社会的进步，不断发展、改革、创新。创新始于思维改变，进步首先来自观念转换。

从深度的视角来说，能源改革发展有六个方面能源观的创新。

一、能源发展观多维立体

中华人民共和国成立以来，我国一次能源结构由煤炭为主加速向多元化、清洁化转变，发展动力由传统能源加速向新能源转变。发展观从平面延伸到多维、立体。

2014 年习近平总书记进一步提出了能源安全新战略：推动我国能源消费革命、能源供给革命、能源技术革命、能源体制革命，并全方位加强国际合作。能源安全新战略为破解能源发展矛盾问题提供了新理念、新思维、新方法。

以能源消费革命为例，总体而言是由粗放低效走向节约高效。一个能源体系首先追求的是能效。而我国在发展初期，以满足能源需求和经济建设需求为首要任务，注重能源发展的量，并未强调能效问题。改革开放初期至 20 世纪末，我国能源消费弹性系数在 0.4 ~ 0.6 波动。2000 年后，我国能源消费随工业化、城镇化进程进入快速增长的阶段，一次能源消费呈现不寻常的高速增长态势，特别是 2003 年、2004 年，能源消费弹性系数均超过 1.5。我国能源消费粗放型增长方式已经难以为继，受到国家和行业的重视。党的十六大提出科学发展观。2007 年，党的十七大提出转变经济发展方式的战略，并将之作为落实科学发展观的一个重大举措。2008 年全球金融危机的冲击使我国转变发展方式具有了更大的紧迫性。2009 年的中央经济工作会议指出加快经济结构调整刻不容缓。近年来，以能源强度、碳强度列入考核指标为标志，从消费端将能源效能列入国家五年计划指标和地方考核指标。最近 10 年间，能源消费弹性系数逐步下降。“十一五”期间，我国加大节能减排力度，能源消费弹性系数年平均为 0.57，“十二五”时期我国能源消费弹性系数年平均为 0.43。这是明显的进步，我国开始以较少的能源增长支撑国民经济发展。但是，至今我国能源强度仍是世界平均水平的 1.5 倍，与世界先进水平相比差距更大。我国的能源安全新战略任重道远。

二、能源安全观创新升级

1. 能源供给安全观

长期以来，我们理解的能源安全就是供需安全，即供应跟不上需求，就是不安全，以至于依靠粗放供给满足过快增长的需求。随着我国经济不断增长和科技持续进步，我们对能源安全的理解产生了更多的思考。能源需求也有不合理的部分，如各种形式的能源浪费，由此提出了“抑制不合理需求”。同时，供给侧也要改变粗放供给，以高质量的科学供给满足需求，因此，新的能源供需安全观应表述为“以科学供给满足合理需求”。

2. 能源环境安全观

20 世纪 60 年代以来，世界范围内的环境污染与生态破坏问题日益严重，环境问题和环境保护逐渐得到国际社会的关注。生态环境安全和能源结构密不可分，中国已经把与能源相关的生态环境不安全列入能源安全观考量。

1994 年我国正式公布了《中国 21 世纪议程》，确立了走向 21 世纪的可持续发展战略框架，强调可持续的能源生产和消费。“十一五”规划明确指出“落实节约资源和保护环境基本国策，建设低投入、高产出，低消耗、少排放，能循环、可持续的国民经济体系和资源节约型、环境友好型社会”。2007 年《中国的能源状况与政策》白皮书明确中国能源发展战略为“坚持节约优先、立足国内、多元发展、依靠科技、保护环境、加强国际互利合作，努力构筑稳定、经济、清洁、安全的能源供应体系，以能源的可持续发展支持经济社会的可持续发展”。

2013 年 1 月,4 次雾霾过程笼罩中国 30 个省(区、市),大气环境的恶化影响百姓基本生活,已经成为不能再忍受的环境问题。大气环境污染与以煤炭为主的能源结构和粗放的能源消费方式有直接关系。2013 年 9 月 10 日,国务院印发《大气污染防治行动计划》,要求加快调整能源结构,增加清洁能源供应。2015—2016 年,《中华人民共和国大气污染防治法》《水污染防治行动计划》《土壤污染防治行动计划》相继出台,对能源领域污染物排放提出更加严格的要求,支持清洁及可再生能源利用,环境可持续发展依靠能源革命来保障。能源的环境安全观已成为能源安全观的重要组成部分。

3. 能源气候安全观

由于人类活动不断加强,环境容量问题已经延伸到气候容量,气候变化对能源活动的约束性明显加大。全球社会既面临人类活动造成的气候变化强度和规模激增,又面临气候变暖造成的气候容量空间明显萎缩。

目前全球许多地区气候容量空间正在趋于饱和,有些地区还出现了超载,气候风险总体正在不断升高。《中国国家自主贡献》承诺,将于 2030 年左右使排放达到峰值并争取尽早实现,2030 年单位国内生产总值排放量比 2005 年下降 60% ~65%,非化石能源占一次能源消费比例达到 20% 左右,森林蓄积量比 2005 年增加 45 亿平方米左右。

能源行业是重要的温室气体排放源。为了应对当今气候变化,中国能源行业正在碳约束下实施能源安全管理。2018 年,我国单位国内生产总值二氧化碳排放较 2005 年降低 45.8%,提前达到 2020 年目标。我国非化石能源消费占一次能源消费的比例从 2010 年的 9.4% 提高至 2018 年的 14.3%。必须指出,应对气候变化、推动能源低碳转型,可助推新型发展,促进经济和环境双赢。

三、能源资源观更加开阔

在传统观念中,能源资源是指煤、油、气、水。2007 年中国工程院开展了中国可再生能源研究,当时能源界认可水电,但对非水可再生能源普遍的认定是“微不足道”。经过研究,中国工程院于 2009 年提出以“举足轻重”代替“微不足道”,并认为非化石能源可以让我们拥有未来。

近 10 年来,可再生能源发展势头迅猛。2007 年,我国太阳能和风能占一次能源生产比例还不足 0.5%,2018 年已经约为 9%,加上水电后比例超过 18%,不容小觑。如今,可再生能源是能源资源的一部分,能源资源的范围进而拓宽到非化石能源,并在不断拓宽。另一方面,储能技术也在近几年快速发展,从物理储能(抽水蓄能、压缩空气储能),到多种类型电池化学储能。得益于材料科学的进步,化学储能技术进步迅速而且成本持续降低。储能技术不仅可以解决太阳能、风能波动,还推动电动汽车及小区微网发展,因而储能被赋予多重意义。

目前,中国核电技术与世界先进水平保持同步,四代核电技术、模块化小型堆、先进核燃料与循环技术、受控聚变反应(人造太阳)取得进展。未来,地面上的核聚变(轻核聚变)和太阳内的核聚变(太阳能)很可能会成为人类长期可以依靠的能源。

四、能源结构观持续优化

世界能源低碳化进程进一步加快,天然气和非化石能源成为世界能源发展的主要方向。中国能源结构转型要优化能源结构,要发展非化石能源,以实现能源结构低碳化。

随着我国核电、光伏、风电的发展,能源结构在规划引导下不断优化。“十五”能源规划指出，我国能源发展要在保障能源安全的前提下，把优化能源结构作为能源工作的重中之重；能源发展“十一五”规划以贯彻落实节约优先、立足国内、多元发展、保护环境、加强国际互利合作为能源战略，努力构筑稳定、经济、清洁的能源体系；“十二五”期间我国经济进入低碳转型期，在保障国家能源安全和应对全球气候变化的双重背景下，能源发展“十二五”规划强化节能优先战略，加快能源生产和利用方式变革，对能源消费总量和强度实施“双控制”，构建安全、稳定、经济、清洁的现代能源产业体系。2015 年，我国经济发展进入新常态，能源发展“十三五”规划明确树立创新、协调、绿色、开放、共享的新发展理念，遵循能源发展“四个革命、一个合作”战略思想，建设清洁低碳、安全高效的现代能源体系。在各方努力下，煤炭在我国一次能源消费总量中所占比例逐年下降，从 1990 年的 76.2%，下降至 2018 年的 59.0%，与此同时，我国非化石能源发电量占比不断提高，1978 年我国非化石能源发电量（仅有水电）比例为 17.4%，2018 年我国非化石能源发电量占总发电量的 30.9%。

党的十九大报告指出，“中国特色社会主义进入新时代，我国社会主要矛盾已经转化为人民日益增长的美好生活需要和不平衡、不充分的发展之间的矛盾”。能源方面，不仅表现在能源结构上，也体现在能源空间格局上。中国的能源分布特点和欧洲、美国不同，中国的东部是用能大户，西部是产能大户。通过西部发展经济来提升消纳能力，东部提高产能的能力，可缓解发展的不平衡、不充分。东部地区也可以将“远方来”的能源与“身边来”的能源相结合，发展和调动身边的能源。我国中东部区域技术可开发的海上和陆上风能资源量有 11 亿千瓦，集中加分布式太阳能可开发量有 9 亿千瓦。而中东部已经开发的能源占比不到技术可开发量的 10%。集合生物质能、地热、核电和天然气，东部能源高比例自给是完全可能的。而且东部的储能、节能技术和信息化技术较为先进，煤电在提供电力的同时，还可以通过灵活性改造发挥调峰作用。经济性方面，经过天津大学和华北电力大学研究组测算，东部自发电与西部发运送电的度电成本相比较更便宜。而且，分布式发展可再生能源，必然带来能源结构优化。倘若中东部省份把身边能源调动起来，结合远方能源，将会更平衡和充分，而且自控水平和空间更大，安全性更高。我国东部成为能源的“产消者”不仅是必要的，而且是可行的。

能源结构优化和能源空间格局转型相互促进，将进一步带动经济与环境的共赢。

五、能源格局观多元细密

过去长期习惯集中式概念。近些年，尤其是党的十八大以来，发展光伏、天然气、风电、生物质能、地热能等分布式能源，已经成为我国应对气候变化、保障能源安全的重要内容，分布式能源的重要性日益受到人们重视。

2002 年，分布式能源概念首次引入我国。2004 年，《国家发展改革委关于分布式能源系统有关问题的报告》对分布式能源的概念、特征、发展重点等做了较为详细的描述，明确了我国分布式能源的发展方向。2011 年，国家能源局与财政部、住房和城乡建设部以及国家发展改革委员会联合下发《关于支持天然气分布式能源发展的指导意见》，并于 2014 年发布了细则。“十二五”规划中也曾明确提出促进分布式能源系统的推广应用。2013 年，国家发展改革委员会印发《分布式发电管理暂行办法》，对分布式发电的管理予以规范。2015 年 3 月《中共中央　国务院关于进一步深化电力体制改革的若干意见》印发，2017 年 1 月《天然气发展“十三五”规划》出台，相关政策陆续出台，为推动分布式能源行业发展提供了有利条件。

分布式能源是能源发展的重要方向，分布式能源的技术进步和应用推广将改变传统的能源生产和消费方式。这不仅是能源、电力的关键变化，而且有助于城乡一体化能源转型。低碳能源（太阳能、风能、生物质能、地热、天然气）网络，不论是农村还是城市，都可以由集中式的大电网与分散的微网进行互动。微网可以通过大数据等信息化手段，对星罗棋布的自发电小产能进行管理，虚拟电厂的概念应运而生，并与分布式结合起来。未来，一系列低碳能源网络概念和大电网、大能源基地结合起来，配电网中分散电源的接入将呈现高速增长态势，更多电力用户将由单一的消费者转变为混合型的产消者。分布式能源发展壮大后，与小区、居民一家一户结合，产消者依托互联网和现代信息通信技术，把分布式电源、储能、负荷等分散的各类资源聚合，进行协同化运行控制和市场交易，为电网提供辅助服务。另外，走向现代化和美丽中国所面临的垃圾围城、垃圾围村难题，可以通过固废资源化利用解决。垃圾、固体废弃物，通过分布式利用，如堆肥、沼气、焚烧发电等能源化利用，也可成为再生能源之一。如果我国能源消费者大部分都是产消者，中国能源局面将会发生革命性的变化。

六、能源技术观纵深发展

近年来，互联网、大数据、云计算、物联网等数字信息技术得到迅猛发展，全球经济社会正在形成新的发展图景，数字经济作为新生业态正在成为经济社会发展的新动力，世界各国和企业纷纷开启数字化转型。在此浪潮下，“大云物智移”等数字化技术日益融入能源产业，重塑着能源业态。能源、电力、互联网技术相结合，构成能源物联网，其影响力不断增长。当前物联网在能源行业的应用主要集中在智能电网、智慧能源、环保等方面。

人工智能（AI）技术与能源领域也有结合。然而，AI 耗能很高，如何发展节能 AI 成了 AI 的新问题。由此可见，能源和信息技术结合点反过来要求节能。这个结合就是多能源服务业。能源业要成为能源 + 能源服务业，不仅提供能源，还要提供服务，而且未来服务功能会越来越强。

70 年千锤百炼，70 年厚积薄发，中国能源战略定位和部署的思想在淬炼中升华。上述六个方面能源观的创新共同成就能源的新常态、高质量、新体系。

• 任务实施

1. 教师介绍本任务的内容及学习方法。
2. 教师组织学生分组（平均 5 人一组），并按要求就座。
3. 学生分组讨论。

• 任务评量

每组提交最终答案，按照关键字计分，10 分为满分。说出最多关键字的小组为优胜。

• 复习自查

1. 我国能源分布情况如何？
2. 简述我国工业锅炉能耗现状。
3. 我国关于节能工作有哪些新动向？

任务1.2 工业锅炉节能减排

• 学习目标

知识：

1. 工业锅炉供热系统的组成。

2. 工业锅炉供热造成的污染。

技能：

1. 认清能源危机现状，分析节能减排案例。

2. 利用锅炉原理基本知识，提出锅炉经济运行手段。

素养：

1. 养成积极主动的学习习惯。

2. 养成严谨的计算习惯。

• 知识导航

工业锅炉通常是指除专业火力发电锅炉之外，在人们生产和生活中使用的锅炉。

我国在用工业锅炉状况是：燃煤为主，量大面广，单台平均容量小，运行参数低，平均运行热效率低。2008 年我国煤工业钢炉总耗煤量约 5 亿吨，占全国煤炭消费总量的 1/5，是除发电锅炉以外的第二大耗能设备，同时也是节能潜力极大的设备，燃煤排放的烟尘、二氧化硫（SO_2）、氮氧化物（NO_x）是大气的主要污染物，因而工业锅炉又是污染环境的主要排放源，其大气污染物排放量也仅次于发电锅炉，在各类耗能设备中居第二位。工业锅炉节能、减排在我国节能减排全局中的地位十分重要。

锅炉是重要的能量转换设备和热能动力设备，遍布于我国国民经济生活的各个领域。我国既是锅炉生产大国，又是锅炉使用大国，需求量大，用途广泛。我国锅炉使用有三个主要的特点：一是锅炉燃料以煤为主，且燃用未经筛选的原煤居多；二是工业锅炉平均热效率不高，只有 60% ~ 70%，比发达国家的锅炉热效率低 10% ~15%；三是锅炉运行效果差，不仅浪费能源，而且造成大气污染。

锅炉在我国国民经济生活中占有重要的地位，其技术水平及运行状况对于节约能源和保护环境至关重要。为挖掘锅炉节能潜力，提高效益，减少污染，推进我国锅炉节能技术进步，国家发展改革委员会 2004 年制定的《节能中长期专项规划》列出的十大“重点工程”的第一项就是“燃煤工业锅炉（窑炉）改造工程”。我国锅炉技术的发展趋势，将以锅炉的高效率和洁净燃烧为方向。

锅炉于 18 世纪后期出现，至今已有 200 多年的历史。随着社会生产力发展和科学技术进步，锅炉从最早的圆筒形发展至今，燃烧设备和锅炉受热面结构都有很大变化。

燃烧设备由古老的手烧炉，到固定双层炉排炉、明火反烧炉、简易煤气炉；随着用热负荷增大，相继发展了机械化程度较高的链条炉排炉、抛煤机炉排炉、往复推动炉排炉、滚动炉排炉、下饲炉排炉等多种层燃方式；由层燃方式进一步发展为室燃炉、鼓泡床及循环流化燃烧炉。燃料品种也由煤、木材等固体燃料扩大到液体燃料、气体燃料、生物质燃料、工业和生活可燃废弃物等。

从能量转换关系看，锅炉是能量转换器，输入端是燃料燃烧放热空间，俗称“火”侧；输出端是汽、水吸热容器，可称“水”侧。“火”侧就是燃烧设备，“水”侧就是汽锅，“火”与“水”的界面就是受热面。锅炉的传热效果与受热面的结构、布置方式直接相关。

汽锅的原始形式是一个圆柱形的锅筒，筒体外表面下部作为受热面与燃烧生成的高温烟气换热，筒内的水被加热成蒸汽供用户使用。这种锅炉由于受热面积小，不能充分吸收烟气的热能，不仅蒸汽产量小，而且热效率很低，锅炉容量和蒸汽参数都不能满足社会生产力发展的需求。于是，在圆柱形锅筒基础上，为加大锅炉受热面积，沿着两个方向发展：锅壳锅炉和水管锅炉。

锅壳锅炉加大了锅筒内部受热面。从在锅筒内加装火筒，发展到用小直径的烟管代替火筒以加大受热面，由此相继发展了立式火管、卧式外燃、卧式内燃等形式。这种锅炉，由于燃烧空间小、温度水平低、燃烧条件差，难于燃用低质煤，受热面传热效果一般较差，排烟温度较高，锅炉效率仍然较低。此外，锅筒直径大，不能承受较高的工质压力，钢耗量大，蒸发量受到限制。从使用角度看，这类锅炉结构简单，维护方便；水容积大，适应负荷波动性能好；水质要求较低，因此，有的形式至今仍被使用。

水管锅炉是加大锅筒外部受热面，直接从锅筒或通过与之连接的集箱引出若干钢管受热面，水在管内流动吸热，烟气在管外流动放热。由于不受锅筒尺寸的约束，在燃烧条件、传热效果和加大受热面等方面，都从根本上得到了改善，显著地提高了锅炉的蒸发量和热效率，金属耗量也大为降低，而且简化了制造工艺。此后，又根据不同需要，增设了蒸汽过热器、省煤器及空气预热器等受热面，吸收燃料热更充分，锅炉效率更高。水管锅炉有单锅筒立式、单锅筒纵置式、单锅筒横置式、双锅筒纵置式、双锅筒横置式和强制循环式等多种形式。目前，单台容量在10 t/h以上的工业锅炉基本都采用水管锅炉形式。

锅炉用于发电后，单台容量不断增大，现在锅炉单台容量已发展到3 000 t/h；蒸汽参数不断提高，由低压（1.27 MPa）发展到中压（3.82 MPa）、高压（9.8 MPa）、超高压（13.72 MPa）、超临界压力（25 MPa），直到超超临界压力（35 MPa）。根据热力学第二定律，锅炉蒸汽压力、温度越高，发电热效率越高、煤耗越小。

纵观工业锅炉发展历程，发展的主推动力是社会经济增长、人民生活水平提升和科技进步，同时由于锅炉是一种高耗能和高环境污染设备，其发展又受制于能源和环境的承受力。因而，锅炉发展的基本方向必然是高效节能、低污染，即节能减排。同时，与其他设备一样，运行安全可靠、结构合理简单、操作维修方便以及造价和运行费用低都是必须遵守的原则。

由于在用工业锅炉中链条炉排锅炉居多，工业锅炉节能改造技术主要是针对链条炉排锅炉。

1. 锅炉给煤装置改造

我国的链条炉排锅炉给煤主要采用斗式给煤装置，块、末煤混合堆实在炉排上，阻碍炉排进风，影响燃烧。目前链条炉排锅炉给煤装置改造有两种方式：一是将斗式给煤装置改造成分层给煤装置，二是斗式给煤装置改造成锅炉炉前成型煤机。

锅炉分层给煤装置实现了分层布煤，可减少锅炉漏煤量，使煤层通风均匀，提高炉膛温度，有利于燃料燃尽，一般可使锅炉热效率提高2%～5%。该项改造投资少、见效快，投资回收期短。

锅炉炉前成型煤机，既可添加固硫剂，减少环境污染，又可使燃煤成为粒度均匀的型煤送入炉膛，达到合理燃烧的目的。锅炉炉前成型煤机适用于中小型锅炉。

2. 锅炉炉拱改造

工业锅炉炉拱的作用是促进炉膛中气体的混合，组织辐射和炽热烟气的流动，促使燃料及时着火燃烧和燃尽。按炉拱在炉内位置的不同，炉拱可分为前拱、后拱和中拱。前拱的主要作用是形成燃料引燃所需要的高温环境；后拱的主要作用是把火床后部含有过剩空气的高温烟气导向炉膛前部，提高炉膛温度，强化主要燃烧区的燃烧，并提高燃尽区的温度，促进燃料燃尽。中拱一般很少使用，可用于着火困难而含碳量不高的劣质燃料，以改善着火条件。

一般链条炉排锅炉的炉拱是按设计煤种配置的。煤种与拱形结构的适应性，是链条炉排燃烧好坏的一个关键，将直接影响锅炉的热效率及出力。按照实际使用的煤种，适当改变炉拱的形状与位置，采用新型炉拱材料，可改善燃烧状况，提高燃烧效率及锅炉出力，明显降低灰渣含碳量，减少燃煤消耗。目前，新型炉拱有双人字形拱、活动拱、节能异形拱等。

3. 锅炉燃烧系统改造

(1)锅炉二次风

火床以上的配风称为二次风。二次风从火床上方高速喷入炉膛，通过搅动炉内气流和增强气流相互间的混合达到助燃、强化燃烧和消烟除尘的目的。用作二次风的工质可采用空气、蒸汽或烟气。用空气或烟气作二次风时，需配备高压风机，会增加投资和运行费用。用蒸汽作为二次风，只需配备蒸汽喷射器和控制装置，投资小，设备简单，操作简便，并且锅炉低负荷时的过量空气系数也不致过大，还容易保持炉膛温度，但是蒸汽成本相对较高，不适用于大容量锅炉。锅炉二次风尤其适用于抛煤机锅炉，其改造效果显著。

(2)锅炉复合燃烧技术

①煤－煤粉复合燃烧技术。

此项技术是链条炉层燃加煤粉燃烧的复合燃烧技术，它综合了链条炉排锅炉和煤粉炉的优点，把炉排层燃和煤粉悬浮燃烧优化组合，并在燃烧过程中互为辅助和补充，以煤粉燃烧为主，具有煤种适应性强、负荷变化调节性能好和提高锅炉出力及热效率的显著特点。

②煤－气复合燃烧技术。

此项技术是指链条炉层燃加工业富产燃气燃烧的复合燃烧技术。在炉膛适当部位喷入燃气参与燃烧，且以燃气的燃烧为主。采用此项技术，锅炉点火性能好、升温快；锅炉负荷调节范围大，负荷调节热损失小；燃料的燃尽率提高和过量空气减少，锅炉热效率提高；能很好地适应负荷变化和煤质变化等。

4. 锅炉烟气余热利用

锅炉烟气排放不仅造成能源浪费还污染环境。锅炉烟气余热利用一般是指加装锅炉尾部受热面，利用锅炉烟气热量加热锅炉给水和送风，降低锅炉排烟温度，提高锅炉热效率，节约燃料。

锅炉烟气余热利用主要是通过换热器回收烟气余热加热锅炉给水、入炉空气或生活用水。燃煤、燃油锅炉一般采用锅炉烟气低温显热回收技术；对于燃用天然气的锅炉，也可以采用锅炉烟气潜热回收技术，回收烟气显热和其中水蒸气的潜热。

此外，对锅炉的控制系统进行改造、应用高温远红外节能涂料或将层燃锅炉改造成循环流化床锅炉等，也可以提高燃料利用效率，实现节能降耗。对锅炉控制系统进行改造，利用锅炉智能控制技术等，实时调节给煤量、给水量、鼓风量和引风量等运行参数，保证锅炉在最佳工况和最经济条件下运行。高温远红外节能涂料分为吸热涂料和反射涂料两种。两种涂料同时应用在同一台燃煤锅炉上时，锅炉各项经济运行指标明显提高，节能率可达3%～5%。蒸发量大于10 t/h的层燃锅炉改造成循环流化床锅炉，技术成熟，效果良好。虽改造费用较高，但循环流化床锅炉可以燃用劣质煤，且比层燃锅炉热效率高，投资效益较好。

• **任务实施**

1. 教师介绍本任务的内容及学习方法。
2. 教师组织学生分组（平均5人一组），并按要求就座。
3. 学生分组讨论。

• **任务评量**

每组提交最终答案，按照关键字计分，10分为满分。说出最多关键字的小组为优胜。

• **复习自查**

1. 试分析我国工业锅炉现状。
2. 工业锅炉有哪些节能改造技术？

任务1.3 锅炉经济运行

• **学习目标**

知识：
1. 工业锅炉经济运行的必要性。
2. 工业锅炉经济运行与国外差距。

技能：
1. 认清能源危机现状，分析节能减排案例。
2. 利用锅炉原理基本知识，提出锅炉经济运行手段。

素养：
1. 养成积极主动的学习习惯。
2. 养成严谨的计算习惯。

• **知识导航**

一、工业锅炉经济运行的必要性

目前，全国在用工业锅炉有50多万台，约180万蒸吨/小时。其中燃煤锅炉约占工业锅炉总数的85%，平均容量约为3.4蒸吨/小时。2007年全国产原煤25.4亿吨，其中工业锅炉耗用了5亿吨左右。链条锅炉约占工业锅炉台数的65%，往复炉排锅炉约占20%；固定炉排占10%，循环流化床锅炉约占4%，其他锅炉占1%。每年排放烟尘约200万吨，SO_2约700万吨，CO_2近10亿吨。可见工业锅炉是仅次于火力发电用煤的第二大煤炭消费大户，也是第二大煤烟型污染源。因此，燃煤工业锅炉节能改造，被列为“十一五”规划十大重点节能工程的第一项。由此可知，工业锅炉经济运行的必要性及其与节能减排的关系。

二、工业锅炉经济运行差距及其主要原因

我国工业锅炉设计效率是72%～80%，略低于国际一般水平，而实际平均运行效率只有

60% ~65%,小型锅炉甚至更低,与国际水平相差15% ~20%。原因是多方面的,诸如工业锅炉装备水平差,单台容量小,运行负荷率低,锅炉辅机不匹配,控制与操作技术水平落后,特别是锅炉长期直接烧原煤,对燃用洁净煤重视不够,推广应用缓慢,不能达到清洁生产要求,各项热损失大,能耗高,对环境污染严重,与节能减排差距甚大。工业锅炉效率低是我国能源转换设备应解决的一个最薄弱环节,也是工业锅炉可持续发展的必由之路。

三、工业锅炉经济运行及其主要内容

我国锅炉工作者在20世纪80年代就提出工业锅炉经济运行与低氧燃烧技术,但尚未引起广泛关注与重视,至今对其深刻含义与科学考核规范,在认识上仍然不完全统一。一般来讲,所谓工业锅炉经济运行,就是充分利用现有设备,通过加强科学管理,不断改进设备与操作技术,合理选择运行方式,择优选定最佳操作参数,降低各项热损失,提高锅炉热效率,最终取得安全、节能减排的综合效益。因此,工业锅炉经济运行,对实施节能减排具有重要意义,完全符合科学发展观的要求。

工业锅炉要达到经济运行,应包括以下方面:

①锅炉安全、稳定运行,满足供热需要。

②锅炉容量与供热负荷匹配合理,且台数与容量配置要适应负荷变化的需求,防止出现“大马拉小车”与“小炉群”等现象发生。

③锅炉操作技术合理,燃烧调整得当,能达到或接近低氧燃烧技术要求,燃烧效率高,各项热损失小,能耗低。

④实施清洁生产,运行低污染,能充分应用洁净煤技术,提高除尘、脱硫效率,环保达标排放。

⑤锅炉水、汽系统经济运行,水质达标,实现无污运行,大力降低排污率,延长设备使用寿命。

⑥保持炉体严密,保温效果好,跑漏风少。

⑦锅炉余热回收利用率高,节能效果好。

⑧辅机经济运行,容量选配合理,与实际需要相匹配,控制先进,电耗低。

由上可见,工业锅炉经济运行所包含的内容非常广泛。如何实现经济运行,怎样进行考核评判,更需要深入探讨。同时,由于锅炉结构与燃烧方式的不同,所用燃料差别又很大,运行的要求与操作技术也应有所不同。

关于工业锅炉的一些常规操作方法,诸如锅炉运行前的准备工作,锅炉的启动和停炉程序与要求,点火烘炉、煮炉升温与升压,安全阀定压规范,通汽并网等具体内容与规章制度等,均可按相应的常规操作规程与相关标准规范进行,在此不再赘述。

• 任务实施

1. 教师介绍本任务的内容及学习方法。
2. 教师组织学生分组(平均5人一组),并按要求就座。
3. 学生分组讨论。

(1)用数字来说明工业锅炉经济运行的必要性。

(2)工业锅炉经济运行与国外的差距及其主要原因。

(3)工业锅炉经济运行及其主要内容。

- **任务评量**

每组提交最终答案，按照关键字计分，10 分为满分。说出最多关键字的小组为优胜。

- **复习自查**

影响锅炉运行经济性的因素分析及其治理对策。

任务 1.4　锅炉热效率与经济运行

- **学习目标**

知识：

1. 加强锅炉房管理。
2. 锅炉热平衡原理。

技能：

1. 认清能源危机现状，分析节能减排案例。
2. 利用锅炉原理基本知识，提出锅炉经济运行手段。

素养：

1. 养成积极主动的学习习惯。
2. 养成严谨的计算习惯。

- **知识导航**

一、加强锅炉房管理

要提高锅炉热效率，必须设法降低各项热损失。为此就需要定量确定各项热损失的分布与流向，通常要进行锅炉正反热平衡测试或节能诊断。

对于锅炉热平衡测试或节能诊断的用途与作用，目前仅限于执法监测。锅炉设计单位与用户应该运用这一技术，来指导和改造锅炉结构，加强锅炉房管理，制订有针对性的节能措施。例如：

①对锅炉经济运行现状进行真实的分析与评价。经过测试或诊断，对锅炉结构是否合理、燃烧调整与控制是否良好、操作技术是否得当、各项热损失大小与流向是否合理、能耗高的原因何在等问题，均应做出科学分析与评价，并提出针对性的改进意见与建议。

②新锅炉投产后，应按照国家标准规范进行热工试验，对其能否达到设计水平与合同要求做出科学鉴定。锅炉经过技术改造后，也应进行测试，评定其经济效果。

③为了加强锅炉房的科学管理，制订合理的技术操作规程、燃烧调整方法，优选有关操作参数以及制订合理的燃料消耗定额等，都应进行实际测定，不断修改完善。

④目前环保监测仅限于执法，对于如何加强燃料管理与加工，改进设备与操作技术，既提高锅炉热效率，又降低污染物排放量、提高脱硫效果，应加强指导，深入研究。把二者结合起来，通过实际试验研究，达到双赢效果。

二、锅炉热平衡原理

所谓锅炉热平衡就是在连续稳定运行工况下，弄清锅炉总收入热量与有效利用热量和各项热损失之间的平衡关系，编制热平衡表，绘制热流图，计算出锅炉热效率，并对测试结果进行分析与评价，提出改进意见和建议。有关测试与计算方法，在国家标准《工业锅炉热工性能试验规程》（GB/T 10180—2017）和《燃煤工业锅炉节能监测》（GB/T 15317—2009）中都有明确的规定，在此不再赘述。现仅对热平衡原理与热效率概念做以说明。

通常为简化计算，取环境温度为基准，在没有外来热源加热的情况下，可认为燃料与空气带入的物理显热（$Q_{入}$）为“0”，即

$$Q_{入} \approx 0$$

因此，可建立锅炉热平衡方程式：

$$\sum Q_{收入} = Q_{有效} + Q_{排} \quad (1-1)$$

锅炉正平衡热效率为

$$\eta_1 = \frac{Q_{有效}}{\sum Q_{收入}} \times 100\% = \frac{Q_1}{\sum Q_{收入}} \times 100\% \quad (1-2)$$

锅炉反平衡热效率为

$$\eta_2 = \left(1 - \frac{Q_{损失}}{\sum Q_{收入}}\right) \times 100\% \quad (1-3)$$

国家标准规定，小型工业锅炉热效率以正平衡为准，大中型工业锅炉以反平衡为准，新标准规定以正反平衡平均值为准。但在测试时必须都做正反平衡测试，且二者相差不得大于±5%。

三、对锅炉热效率的界定与剖析

锅炉热效率是经济运行的综合性指标，它是评价锅炉经济性并对其进行技术改造与报废的主要评判依据。通常所说的锅炉效率是一个总称，根据不同情况，采用不同的细分名称，各自含义不同，数值也不同。如设计效率与鉴定效率、测试效率与平均运行效率、毛效率与净效率及燃烧效率等。有时还会用到现场仪表指示效率、煤汽比（D/B）等其他一些效率名称。明确这些名称的确切含义与不同应用场合，并正确应用与考察，对锅炉经济运行是很有必要的。

1. 锅炉设计效率

在设计锅炉时，根据锅炉设计参数和设计燃料品种，以及所确定的结构，经热工计算而得出的效率，称为锅炉设计效率。锅炉厂家在设计时有一定的效率要求，并载入设计任务书或者产品说明书内，作为锅炉出厂质量标准的一项重要性能指标，代表了设计水平，是向用户做出的公开承诺。前面已提到，目前我国工业锅炉设计效率为72%～80%。《工业锅炉通用技术条件》（JB/T 10094—2002）规定了设计条件下工业锅炉新产品鉴定、检验、验收的最低热效率指标。

2. 鉴定效率（验收效率）

新产品开发试验或新安装锅炉投产，以及技术改造完成后，按照《工业锅炉热工性能试验规程》（GB/T 10180—2017）要求，在规定燃料品种和规定工况下，经过正确运行调试，实

际测定的热效率作为新产品鉴定或验收依据,称为锅炉鉴定效率,用以考核是否达到了设计效率指标或合同约定要求,做出相应的鉴定或验收结论。

锅炉鉴定效率不应低于设计效率,它们之间的差别过大,说明设计或运行调试存在问题,应查明原因,加以改进。

3. 运行测试效率

按《燃煤工业锅炉节能监测》(GB/T 15317—2009)或各省市出台的有关地方标准,在正常生产运行工况条件下,测取各项实际运行参数,计算出锅炉正反平衡热效率,称为锅炉运行效率。它与鉴定效率的区别在于鉴定试验时所规定的试验条件比较严格,达到或接近于设计要求且锅炉是新的。而运行测试效率是在锅炉运行数年时间且在关闭排污条件下测试的,受热面难免会发生结垢、积灰、结渣,影响传热效率,所用燃料多数不完全符合设计要求,炉体可能不太严密,存有跑漏风现象,一般低于鉴定效率。锅炉运行测试效率主要反映该锅炉在生产运行状态与所用燃料条件下的测试效率水平,即在实际运行条件下所能达到的不包括排污热损失的最佳测试水平。

4. 平均运行效率

锅炉平均运行效率或称实际使用效率,所代表的是对锅炉某一考核期内的平均运行水平或者称实际达到的水平。它并非直接测试的锅炉效率,可用统计计算法间接求得,也可根据测试值再加上考核期内排烟温度、空气系数、灰渣含碳量、排污率、负荷率等的变化情况经经验修正得出。因为在测试时,主要是依据这些参数的测试平均值计算出来的。在一个较长的考核期内,如一个月以至一年内,这些与热效率相关的参数是变化的,还有正常维护、检修或者事故等情况的停炉影响。因此,锅炉平均运行效率必然低于测试效率。但它在一定程度上综合反映了生产管理方面的影响,更能表征锅炉房的实际燃料消耗水平,是管理节能的重要内容。

5. 仪表指示效率

由于工业计算机的快速发展和计算机在锅炉控制技术方面的广泛应用,以及先进检测仪表的研究制造,人们可以通过借鉴或结合一些有关经验数据,可以在线直接测取并显示锅炉运行的某些相关参数,通过计算机编程运算,直接显示锅炉的瞬时热效率与主要热损失值。此种效率值虽没有前述方法精确,但很直观,现场操作调试方便实用,目前在电站锅炉和大型工业锅炉已有应用,值得推广。

6. 煤汽比(D/B)

蒸汽锅炉在统计期内(如一班、一个月或一年),根据实际耗煤量与实际产汽量的累计统计值来计算煤汽比,求得生产每吨蒸汽的实际耗煤量。煤汽比既可反映锅炉的实际燃料消耗指标,是能源统计报表与成本核算的主要数据,又可依燃煤发热量和蒸汽压力等相关参数换算成锅炉平均运行效率。煤汽比可用于班组与厂际之间的评比考核。

7. 毛效率与净效率

锅炉设计效率、鉴定效率、测试效率都是毛效率。毛效率是只要燃料燃烧的热量传给工质水就认为是有效的,不管排污热损失与自用蒸汽等。而净效率则要扣除自用蒸汽与辅助设备耗电等能量,以便更全面地综合评价能耗与有效热量之间的关系。一般净效率比毛效率低 2% ~4% ,但很少用净效率评价锅炉热效率。

8. 燃烧效率

锅炉热效率的高低,不能完全正确地说明燃烧技术水平的优劣,因为还有排烟温度、锅炉系统漏风和保温状况等与燃烧技术无关的因素影响锅炉效率。燃烧效率的计算公式为$\eta_2 = 100\% - (q_3 + q_4)(\%)$，表明燃料燃烧的完全程度。

9. 锅炉不同效率的用途

通过以上对工业锅炉热效率的讨论分析，明确了各种热效率的不同含义、界定情况与所对应的工况，其具有不同的用途。

①锅炉设计效率主要用作考察设计计算依据、设计水平，是设计、制造厂家对用户的公开承诺。而鉴定效率是为了评价锅炉是否达到设计水平或合同约定要求，依据《工业锅炉热工性能试验规程》（GB/T 10180—2017）测取的鉴定效率来评判。在《工业锅炉通用技术条件》（JB/T 10094—2002）中规定了锅炉试验、检验以及新产品投产鉴定时的最低热效率值，起码要达到国家标准规定，方可认定合格。

②依据《工业锅炉热工性能试验规程》（GB/T 10180—2017）或《燃煤工业锅炉节能监测》（GB/T 15317—2009）测取的锅炉测试效率，主要用于锅炉热平衡分析，对反平衡的各项热损失进行分析并找出原因；对其耗能水平进行诊断，提出改进意见与建议，必要时评判锅炉是否淘汰或需要进行更新改造。节能监测是执法行为，可依据上述标准是否合格做出评判，并依据《工业锅炉经济运行》（GB/T 17954—2007）与《评价企业合理用热技术导则》（GB/T 3486—1993）等对其耗能情况进行综合考评。

③评价一个单位锅炉房的管理水平或者对其进行考核评比、能耗统计报表、成本核算时，应当用考核期内的锅炉平均运行效率或产品燃料单耗来进行评判。因为这些指标除与设备状况、操作技术有关外，还与管理水平、人员素质、各项规章制度贯彻执行情况有关。

④依据国家企业能量平衡通则与统计法的相关规定，在做统计报表时，企业的热能利用率通常是能源转换效率（锅炉效率）、输送效率（供汽管网）和耗能设备使用效率（设备热效率）三者的乘积。在此情况下，应用锅炉平均运行效率或用煤汽比进行换算。

⑤现场操作、燃烧调整时，可参照在线锅炉仪表的指示效率。

⑥燃烧效率是评价燃烧技术的主要依据。不论固体、液体或气体燃料，用某种燃烧设备进行燃烧时，q_3 和 q_4 表明了各自的燃尽程度，因而可评判燃料完全燃烧程度的优劣。

四、工业锅炉热效率计算方法

有关各项热损失的测试与计算方法详见《工业锅炉热工性能试验规程》（GB/T 10180—2017），在此不赘述。这里着重介绍锅炉平均运行热效率计算方法。

实际上，工业锅炉热平衡测试所测得的正反平衡热效率，只是测试期间的一个瞬间平均值，不能代表一个月或一年的实际平均运行热效率。因为在某一段考核期内，与热效率密切相关的排烟温度、空气系数、灰渣含碳量与锅炉负荷率等是变化的，而且在测试时并未包括排污热损失和锅炉检修、维护等影响。因此，应该在保持供热负荷与燃料质量相对稳定的条件下，寻找一种计算平均运行热效率的方法。现介绍两种方法：

1. 用煤汽比换算平均运行效率

从锅炉正平衡热效率计算公式得知，影响热效率高低的最主要因素是燃料发热量、煤汽比、蒸汽压力，此外还有给水温度（一般可取 20 ℃）、蒸汽湿度（一般可取 5%）等，影响很小。因此，它们之间的函数关系可用下式表达：

$$\eta_{sr} = K_m K_\eta (\%) \tag{1-4}$$

式中 K_m——煤汽比，按实际耗煤量与产汽量计算；

K_{η}——热效率换算系数，见表1－1；

η_{sr}——考核期内锅炉平均运行热效率，%。

根据多年来对中小型工业锅炉大量测试资料得知，所用煤的收到基发热量为18 820～25 100 kJ/kg(4 500～6 000 kcal/kg)，蒸汽压力一般为0.3～1.0 MPa，煤汽比为4～7，特好的煤可能达到8。通过计算发现，在一定的发热量和蒸汽压力条件下，热效率换算系数K_{η}为一个常数，与煤汽比无关，因而可利用表1－1算出锅炉平均运行热效率。当燃煤发热量、蒸汽压力与表中数值不一致时，可用插入法求取换算系数。

表1－1　饱和蒸汽锅炉热效率换算系数K_{η}值

燃煤热值/(kJ·kg^{-1})	煤汽比K_m	蒸汽压力/MPa							
		0.3	0.4	0.5	0.6	0.7	0.8	0.9	1.0
18 820	4～5	13.52	13.58	13.63	13.67	13.71	13.74	13.76	13.78
20 910	5～6	12.17	12.22	12.27	12.31	12.35	12.38	12.41	12.43
23 000	6～7	11.06	11.11	11.15	11.18	11.21	11.23	11.25	11.27
25 100	7～8	10.14	10.18	10.22	10.25	10.28	10.30	10.32	10.33

2.用校正法求取平均运行效率

为了将工业锅炉测试的瞬时热效率值换算为代表考核期内的平均运行效率，需用考核期内的统计平均排烟温度、空气系数、灰渣含碳量和排污率等平均值进行修正。这样比较科学、公正、合理，可作为运行锅炉分级考核评判依据。用下式表示：

$$\eta_{sr}=\eta_p\pm\Delta\eta \tag{1-5}$$

式中　η_{sr}——考核期内锅炉平均运行热效率，%；

η_p——锅炉正平衡与反平衡平均热效率，%；

$\Delta\eta$——锅炉热效率综合修正值，%。

$$\Delta\eta=K_T\Delta T+K_{\alpha}\Delta\alpha+K_c\Delta C+K_p\Delta p \tag{1-6}$$

式中　K_T——排烟温度修正值，即排烟温度对锅炉热效率的影响值，可经试验确定，%；

K_{α}——空气系数修正值，即空气系数对锅炉热效率的影响值，可经试验确定，%；

K_c——灰渣含碳量值，即灰渣含碳量对锅炉热效率的影响值，可经试验确定，%；

K_p——锅炉平均排污率修正值，即排污热损失对锅炉热效率的影响值，可经试验确定，%；

ΔT——测试排烟温度与考核期内平均排烟温度之差，℃；

$\Delta\alpha$——测试空气系数与考核期内平均空气系数之差；

ΔC——测试灰渣含碳量与考核期内平均灰渣含碳量之差，%；

Δp——考核期内锅炉平均排污率，%。

- **任务实施**

1.教师介绍本任务的内容及学习方法。

2.教师组织学生分组(平均5人一组)，并按要求就座。

3. 学生分组讨论。

(1) 加强锅炉房管理。

(2) 锅炉热平衡原理。

(3) 对锅炉热效率的界定与剖析。

(4) 工业锅炉热效率计算方法。

• **任务评量**

每组提交最终答案,按照关键字计分,10 分为满分。说出最多关键字的小组为优胜。

• **复习自查**

已知某蒸汽锅炉所用煤种发热量为 20 910 kJ/kg,蒸汽压力为 0.7 MPa,煤汽比为 5.6,请通过查表(饱和蒸汽锅炉热效率换算系数 K_η 值)计算出该锅炉平均运行热效率。

任务 1.5 锅炉负荷率与经济运行

• **学习目标**

知识:

1. 锅炉热效率与经济运行的关系。

2. 热源必须与供热负荷匹配。

技能:

1. 认清能源危机现状,分析节能减排案例。

2. 利用锅炉原理基本知识,提出锅炉经济运行手段。

素养:

1. 养成积极主动的学习习惯。

2. 养成严谨的计算习惯。

• **知识导航**

一、锅炉负荷率与经济运行的关系

锅炉负荷率就是在考核期内锅炉的实际运行出力与额定出力之比。它是总体反映锅炉容量设置是否合理的主要指标,可用下式计算:

$$\phi_{PJ} = \frac{D_z}{D_{cd}h} \times 100 \qquad (1-7)$$

式中 ϕ_{PJ}——考核期内锅炉的平均负荷率,%;

D_z——考核期内锅炉实际产生的蒸汽量,t;

D_{cd}——锅炉额定出力,t/h;

h——考核期间锅炉实际运行时间,h。

锅炉实际运行效率与众多因素有关,如锅炉型号、结构与容量、使用年限、燃料品种、燃烧方式、自动化控制程度、运行操作和负荷率等。当锅炉运行时,运行效率与其负荷率有密切关系。就总的趋势来讲,锅炉最高运行效率多是在负荷率 75% ~100% 时获得的。如果负荷率太低,锅炉运行效率必然降低;超负荷运行,锅炉运行效率也会降低。因此,要提高锅炉运行效率,应首先合理提高锅炉的负荷率,才能获得经济运行效果。

二、热源必须与供热负荷匹配

正确地统计和分析供热负荷是一项基础性工作。要根据能耗统计台账和现场调查数据绘制热负荷图。对生产负荷、生活负荷、采暖负荷、空调制冷负荷等,分别按照不同季节、不同时段或班次核定数据,准确统计全部供热负荷并绘制出不同季节、不同时段的供热负荷图,合理确定锅炉开台率与集中使用系数。

还应按照供热负荷规划,分析不同季节、不同时段的基本负荷与调峰负荷,以合理配置锅炉单台容量和台数。其配置的原则是热源必须与供热负荷匹配,使各台锅炉组合处于高效运行状态,以取得经济运行与节能减排效果。

根据上述原则与要求,可应用如下方法来达到或促进二者相匹配。

1. 择优组合开炉,发挥各自优势

如果现有锅炉房内有多台不同容量或型号的锅炉,且出力有余,应设法择优组合开炉。可多设计几个组合运行方案,如冬季与夏季、高峰负荷与低峰负荷等不同的优化组合方案,进行分析比较。有计划、有目的地加强检修与调配工作,把负荷分配给最佳组合方案,使锅炉出力与供热负荷尽最大可能相匹配,方可达到经济运行、节能减排的效果。

2. 削峰填谷,错开高峰用汽

有些行业和单位,用汽高峰过于集中,早晨一上班,各部门或工序都要用汽,超过了锅炉的实际能力,气压急剧下降,无法保证正常生产。而到某一时段,用汽设备已到一个工艺周期,很少用汽或不用汽了。如此大的用汽负荷变化,与锅炉实际出力极不匹配,择优组合也无法达到。所以应加强生产组织与调度,把大的用汽负荷错开高峰、错开班次,做到交叉用汽、基本均衡用汽。因而,锅炉出力与用汽负荷保持相对平衡、相互匹配,既保证了生产正常进行,又可达到经济运行的目的。

3. 联片供热,达到双赢

有些独立生产企业由于种种原因,锅炉容量选配太大,实际用汽负荷较小,导致锅炉长期处于低负荷运行,难以达到匹配,热效率低,浪费严重。而附近有些单位用汽量较小,已经设立或准备设立小容量锅炉,来满足本企业生产或生活需要。这种情况下应打破以往小而全的封闭式管理模式,提倡社会化组织生产,实行联片供热。这样做既可提高锅炉运行效率,节能减排,又可避免小锅炉污染严重、排放超标的问题,是一项利国利民的办法。还有少数企业设置余热锅炉,所产蒸汽只用作冬季采暖,其他季节富余蒸汽排空或经冷却后变为冷凝水(蒸馏水)又返回锅炉,这是一种极大的浪费。应当将余汽供给邻近企业使用,合理收费,这样做有利于环境保护,还可取得社会效益。

4. 集中供热,热电联产

发展集中供热、热电联产是国家政策优先发展的产业。工业锅炉大型化、高效、节能减排的发展趋势日益加快。目前多选用 35 ~75 t/h 循环流化床锅炉,有的甚至更大,热效率达到 80% ~90%,不仅热效率高,还具有炉内脱硫与脱硝功能。一些大型骨干企业与造纸行业等建设热电联产、余热余能发电,优势很明显。特别是各省(市、县)都建有经济技术开发区或工业园区,发展集中供热、热电联产的发展方向更加明确,甚至实行发电、供热、制冷三联供,能源实行梯级利用,在规模经济与环保方面具有明显优势,是今后的重点发展方向。因而,必然会加快淘汰一批污染严重的燃煤小锅炉及封闭落后、小而全的生产模式。

三、合理选择锅炉容量，设置蒸汽蓄热器

1. 合理选配锅炉容量

对于锅炉房的设计、锅炉容量的选配，过去往往按规范要求，依据最大热负荷确定锅炉容量，热负荷的波动只能通过锅炉燃烧调整相匹配，不但增加了建设投资，而且锅炉常处于低负荷运行状态，热效率低，经济效益差。如锅炉并联设置蒸汽蓄热器，只需按平均负荷选配锅炉容量就可以了，而负荷波动用蓄热器来调节。另外，生产的发展有时需要锅炉少量增容，增设蓄热器可相应扩大锅炉容量，相对投资小，并能使锅炉装机容量最大限度地发挥出来，取得综合节能减排效果。

2. 蒸汽蓄热器的结构与调节功能

蒸汽蓄热器有卧式与立式两种，国内采用卧式较多。图 1－1 为蓄热器结构及其与锅炉并联供汽图。

蓄热器本体是一个圆柱形压力容器，外壁敷保温层。其内装有充蒸汽的总管、支管与蒸汽喷头，喷头外围装有循环筒。外部装设压力计、水位计和自动控制阀等。此外，还设有蒸汽进出口、进水管与底部排水口、人孔等。

蒸汽蓄热器并非储汽罐，其容积的 90% 为饱和水，水上面为蒸汽空间。当用汽负荷小于锅炉蒸发量时，则多余的蒸汽按左侧箭头方向进行充热，通过止回阀、截止阀，经喷嘴扩散到水中并凝结为高温饱和水。同时释放出热量，水温、水位和容器内压力升高，水的焓值便提高。这就是蓄热器的充热过程，最高压力称为充热压力。蓄热器的蓄积能力取决于饱和水的最高压力和用汽部门的最低压力之差以及容器内的饱和水总量。

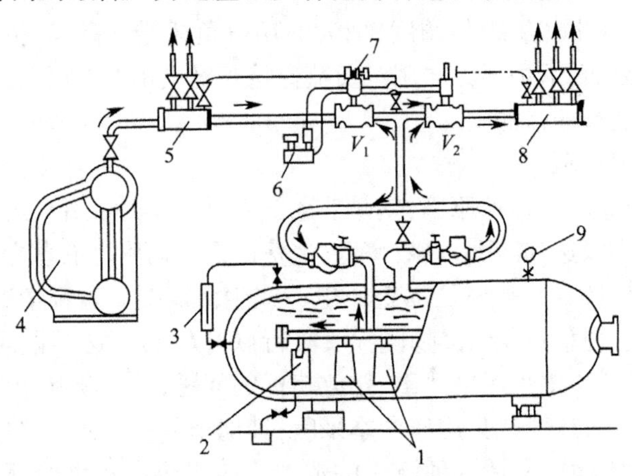

1—循环筒；2—喷嘴；3—水位计；4—锅炉；5—高压联箱；
6—油压装置；7—自动控制阀；8—低压联箱；9—压力计。

图 1－1　蓄热器的结构及其与锅炉并联供汽图

当用汽负荷大于锅炉蒸发量而不能满足用户要求时，送汽母管内气压降低，蓄热器内压力大于送汽母管中的压力，于是蓄热空间的蒸汽立即顶开排气阀、止回阀，沿右侧箭头方向流往送汽母管。此时蓄热器内饱和水的压力逐渐下降，饱和水迅速自行蒸发，产生饱和蒸汽送往热用户，以补充锅炉供汽的不足，直到达到规定的放热压力为止。此时容器内饱和水的压力、温度降低，水位相应下降，水的焓值也降低，这就是蓄热器的放热过程。

3. 蓄热器的应用及其效果

国外工业发达国家,对蓄热器技术很重视,应用比较广泛,节能减排效果显著。国内也投产了一些蓄热器,效果同样很好,但还未能达到推广应用的程度。原因是对该项节能技术不熟悉,习惯于按最大负荷选择锅炉容量。如果供热负荷增大了,首先想到的是锅炉增容,没有充分考虑设置蒸汽蓄热器的可能性与优越性。

对于用汽负荷波动较大的供热系统、瞬时耗汽量有较大需求的供热系统、汽源间歇产生或流量波动大的供热系统、需要储存蒸汽以备随时需要或设备保温的供热系统等,都可增设蓄热器。如木材干馏、蒸汽锻造、蒸汽喷射制冷、高压蒸汽养护、橡胶硫化、真空结晶、纺织印染、工业炉窑与垃圾焚烧、区域供热,以及医院、宾馆、饭店、商场超市、游泳馆、浴池、部队、学校等,都可推广蓄热器,可收到如下效果:

①提高锅炉热效率4% ~6%,节省燃料消耗5% ~15%。蓄热器能调节高峰负荷,使锅炉运行工况稳定,燃烧状况保持良好。某医院安装蓄热器前后,锅炉负荷变化如图1-2所示。

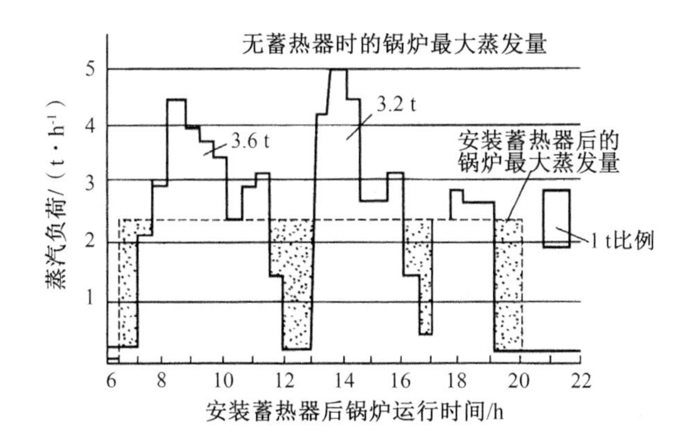

图1-2　某医院安装蓄热器前后蒸汽消耗对比图

②增大锅炉供汽能力,不必按最大负荷选择锅炉容量,节省建设投资或锅炉增容改造费用。

③在供汽负荷变化时,锅炉能保持稳定运行,气压波动很小,保证高峰负荷生产用汽需要,提高产品质量。

④锅炉能保持在设计工况下稳定运行,各部件符合使用条件,不会发生高温过热现象,减少故障,延长锅炉使用寿命。

⑤有利于节能减排、保护环境。由于锅炉供汽稳定,不必频繁进行燃烧调整,炉膛温度稳定,不会发生超温过热现象,可实施低氧燃烧技术,减少一氧化氮(NO)与烟尘的排放量。

⑥在夜间或公休、放假时间,锅炉可以焖火,仅靠蓄热器就能够供给保温用汽,且早晨不必提前点火升温,节省人力物力。

⑦在锅炉突然发生故障或停电、停水时,可在短期内用蓄热器紧急供应蒸汽,保证安全生产。

⑧锅炉并联蓄热器后运行稳定,靠蓄热器能够调节负荷,减轻操作人员的劳动强度。

4. 蓄热器技术成熟,安全可靠

蓄热器在供汽系统的应用已有30多年的历史,在国内外均是成熟的节能减排应用技术,效果显著,无须增设专门人员看管,便于推广应用。

供热系统安装蓄热器后,锅炉运行压力要提高到接近额定压力,有一个改变习惯、逐步适应的过程。但就锅炉安全性来看,锅炉运行参数愈稳定、愈接近额定参数,愈安全。这是因为锅炉的热力强度、水循环、通风设计都是以额定参数为依据的。所以增设蓄热器后,可使锅炉运行工况保持稳定,不但可节能减排,而且还可提高安全性,减少故障,延长使用寿命。

5. 设计举例

首先需要计算 1 m^3饱和水的自身蒸发量,也可从表 1-2 直接查取。用下式进行计算:

$$f=\frac{h_1'h_2'}{(h''-h_2')V_1'}(\mathrm{kg/m^3}) \tag{1-8}$$

式中 f——自身蒸发蒸汽量,$\mathrm{kg/m^3}$;

h''——自身蒸发蒸汽热焓,$h''=(h_1''+h_2'')/2$,k/kg;

h_1'——初压下饱和水热焓,kJ/kg;

h_1''——初压下蒸汽热焓,kJ/kg;

h_2'——终压下饱和水热焓,kJ/kg;

h_2''——终压下蒸汽热焓,kJ/kg;

V_1'——初压下饱和水的比定压热容,$\mathrm{m^3/kg}$。

表 1-2　每立方米热水的自身蒸发量(蓄热表)　　单位:$\mathrm{kg\cdot m^{-3}}$

工作压力(终压)/MPa	蓄热器压力(初压)/MPa							
	2.0	1.8	1.6	1.4	1.2	1.0	0.8	0.6
1.0	58	48	38	27	14	—	—	—
0.9	65	56	46	35	22	8	—	—
0.8	73	64	54	43	30	16	—	—
0.7	81	72	62	51	39	25	9	—
0.6	90	81	71	61	49	35	19	—
0.5	99	91	81	71	59	49	30	11
0.4	110	102	92	82	71	58	42	24
0.3	122	114	105	95	84	71	56	38
0.2	136	129	120	111	100	88	73	55
0.1	155	147	139	130	120	108	94	77

仍以图 1-2 某医院为例,压力变化范围为 0.2~1.0 MPa,共需 3 600 kg 的蒸汽储备,每立方米饱和水的蓄热量为 88 kg,蓄热器容积(Q)则为

$$Q=\frac{3\,600}{88}=40.9\ \mathrm{m^3}$$

选留 20% 的余量,故取 50 m^3容积的蓄热器。

● **任务实施**

1. 教师介绍本任务的内容及学习方法。

2. 教师组织学生分组(平均 5 人一组),并按要求就座。

3. 学生分组讨论。

(1)锅炉热效率与经济运行的关系。

(2)热源必须与供热负荷匹配。

(3)合理选配锅炉容量,设置蒸汽蓄热器。

● **任务评量**

每组提交最终答案,按照关键字计分,10 分为满分。说出最多关键字的小组为优胜。

● **复习自查**

某医院锅炉进行了节能改造,安装了蒸汽蓄热器,压力变化范围为 0.2 ~ 1.0 MPa,共需 3 600 kg 的蒸汽储备,每立方米饱和水的蓄热量查蓄热表(每立方米热水的自身蒸发量),试计算该蓄热器的容积。

任务 1.6 燃烧控制与经济运行

● **学习目标**

知识:

1. 合理配风与热效率的关系。

2. 空气系数的检测方法与剖析。

技能:

1. 利用炉膛出口空气系数检测方法来检测锅炉。

2. 指出燃料完全燃烧的判定依据。

素养:

1. 养成积极主动的学习习惯。

2. 养成严谨的计算习惯。

● **知识导航**

一、合理配风与锅炉热效率的关系

1. 燃料的完全燃烧与最佳空气系数的选择

燃料在锅炉内良好燃烧,包括四个基本环节,即燃料加工处理、合理配风、创造高温燃烧环境和恰当调整。此四者除各自具备所要求的条件外,还必须密切配合,相互协调,精心调整,方可连续稳定燃烧,正常运行,保证出力,取得节能减排效果。燃料的完全燃烧需要合理配风,尽量减少气体不完全燃烧热损失(q_2)和固体不完全燃烧热损失(q_4),才能提高燃烧效率。由于燃料中可燃物质的组成与数量不同,所需要的助燃空气量应有差异。在理论上要达到完全燃烧所需要的空气量称为理论空气量,但在实际条件下,根据燃料品种、燃烧方式及控制技术的优劣,往往需要多供给一些空气量,称为实际空气量。实际空气量与理论空气量之比，称为空气系数，常用 α 表示。

空气系数的大小直接影响燃料的完全燃烧程度，需要通过合理配风来进行调节。如果空气系数太小，空气量不足，则燃烧不完全，q_3 热损失加大，燃烧效率降低，锅炉热效率不高；如若空气系数超过某一限度，危害更为严重，不仅增加烟气量，加大排烟热损失 q_2，而且还会降低火焰温度，影响锅炉出力，甚至造成燃料层穿火，增加烟气中的氧量，带来金属腐蚀和氮氧化物 NO_x 排放超标等问题。也就是说，空气系数太大或太小均不合理，必须有一个最佳值。最佳空气系数是一个范围，而不是固定值，如图 1－3 所示。只有合理配风，控制最佳空气系数，锅炉热效率最高，方可实现锅炉经济运行的目的。在一般情况下，燃煤锅炉空气系数每超出最佳值 0.1，燃料将浪费 0.84%，可见空气系数与锅炉经济运行的关系至关重要。

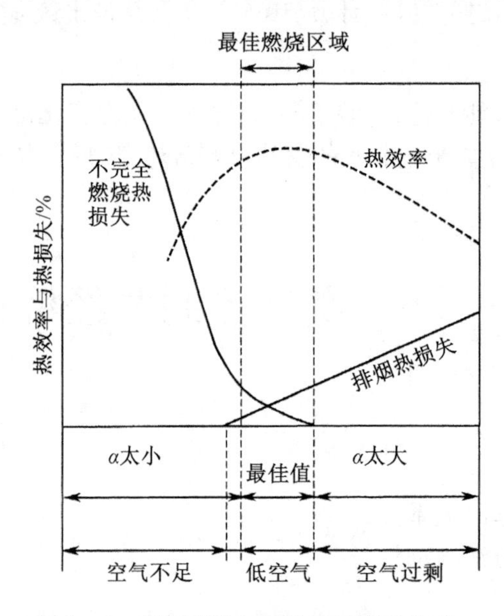

图 1－3　空气系数与锅炉热效率的关系

2. 最佳空气系数的确定方法

锅炉燃烧调整、合理配风的目标，就是要根据负荷要求，恰当地供给燃料量，不断寻求并力争控制最佳空气系数，达到完全燃烧，提高燃烧效率。但是，这一最佳值无法从理论上进行准确计算，只能依靠试验研究和实践经验来优选。因而燃烧调整、合理配风是锅炉经济运行的中心内容。

最佳空气系数一般可通过现场热力试验来确定，以某燃煤链条锅炉为例，其步骤如下：保持负荷、温度、压力稳定；然后调整燃烧，测定在不同空气系数下锅炉的各项热损失，并画出各项热损失与空气系数之间的关系曲线；将各曲线相加，得到一条各项热损失之和与空气系数的关系曲线，如图 1－4 所示；最后再选定另一个负荷，重复上述步骤。可择优确定在不同负荷下的最佳空气系数范围值。

最佳空气系数通常随负荷的降低而略有升高，但在负荷率为 75% ～100% 时基本相近。当各项热损失之和为最小值时，锅炉热效率最高，所对应的空气系数即为最佳燃烧区域。从图 1－4 还可得知，最佳空气系数的优选主要与 q_2、q_4 有关，而 q_3、q_5 影响程度很小。

此外，空气系数还可以通过安装于炉膛烟气出口处的氧量计或 CO_2 测试仪，经计算后选定；也可以通过不断总结实践经验选取，这将在以后的叙述中加以说明。

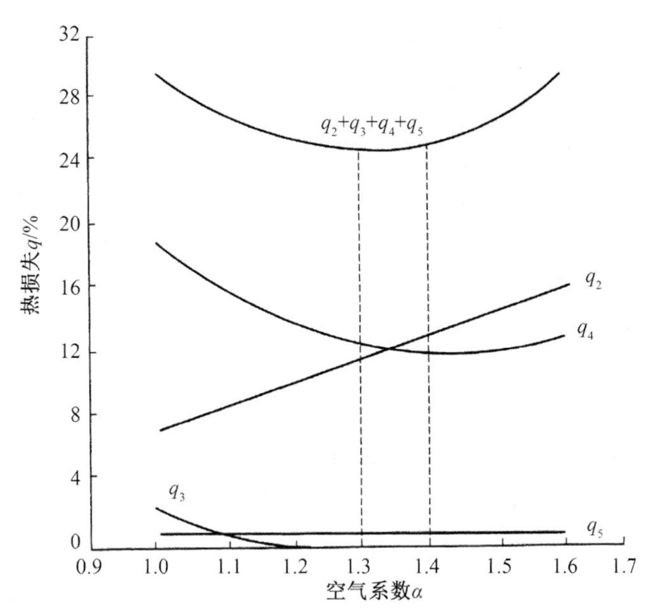

图 1－4　锅炉空气系数与各项热损失的关系

3. 选择空气系数的利弊问题

实测图 1－4 表明，空气系数应在一个合理区间内，但对某台确定的锅炉与所使用的燃料，在进行燃烧调整时，应选取一个确定的空气系数值，以便提高燃烧效率，降低不完全燃烧热损失(q_4)；同时还应尽力降低排烟中的残氧量，减小排烟体积与温度构成的排烟热损失(q_2)。要紧紧把握以满足负荷要求与提高锅炉热效率为核心，借助仪器仪表与实际观察，不断探求炉膛内最佳燃烧状况，使 q_2 与 q_4 处于交汇点，从中优选各自的最佳参数。从图 1－4 得知，空气系数与排烟热损失的关系是一条向上倾斜较大的直线，而与不完全燃烧热损失的关系却是一条中间凹底、两端缓慢向上的曲线。由于调整直线的效果比调整曲线的效果明显得多，权衡二者利弊，便可优选一个比较合理的空气系数值，也就是供给合理的风量，因此提倡低氧燃烧技术。由于调整供风量方便、快捷，能看到炉内燃烧状况，在理论上有“过量”供风要求，而且灰渣含碳量指标有规定，所以多年以来形成了锅炉燃烧供风“宁大勿小”的操作习惯，偏离了 q_2 与 q_4 的最佳交汇点，影响锅炉热效率的提高。如某厂一台 6 t/h 燃煤链条蒸汽锅炉，在换热器后实测空气系数高达 3.4，排烟热损失高达 34%，锅炉热效率仅为 55%，当把空气系数降到 2.1～2.2 时，排烟热损失降至 19%，热效率提高到 62%，可见合理配风的效果。该锅炉的空气系数仍有下降空间。又如某燃煤电厂锅炉实施低氧燃烧技术，对排烟残氧量有严格的控制要求，取得良好效果。当机组负荷在 280 MW 以上时，尾部受热面后的排烟残氧≤2.5%，机组负荷为 240～280 MW 时，残氧≤4.0%。

实施低氧燃烧可取得如下效果：

①提高锅炉热效率，节省燃料消耗，并可降低鼓、引风机电耗；

②降低排烟残氧含量，减轻锅炉受热面的氧腐蚀，并可降低 NO_x 的生成量，有利于环保；

③可降低 SO_2 遇水蒸气生成的 SO_3 形成硫酸蒸气，造成锅炉受热面的酸腐蚀。

4. 炉膛出口最佳空气系数

通常对于气体燃料，由于它能与助燃空气良好混合，空气系数小点便可实现完全燃烧；而对于固体燃料，因为它与助燃空气多在表面接触燃烧，不能直接进到内部混合，空气系数需要大一点；对于液体燃料，一般为雾化燃烧，雾化微粒与空气混合较好，但比气体燃料稍差一点，因而空气系数略大于气体燃料。

即使同一种燃料，由于可燃成分、燃烧方式与控制技术的差异，空气系数也不完全相同。比如，燃煤手烧锅炉燃烧方式应比机械炉排燃烧方式空气系数大一点，同样为固体燃料的煤粉炉，属于悬浮燃烧方式，空气系数相对较小。而对于高炉煤气、转炉煤气，可燃成分较少，发热量低，难于着火，空气系数应大一点。

表1－3给出了常用燃料在通常燃烧方式下，趋向于低氧燃烧技术所推荐的炉膛出口最佳空气系数与烟气中的CO_2含量。

表1－3　燃料类别与推荐的最佳空气系数与烟气中的CO_2含量

燃料与炉排	燃煤固定炉排	燃煤用抛煤机	燃煤用链条炉排	燃煤粉悬浮燃烧	燃重油雾化燃烧	燃煤气雾化燃烧
燃烧方法	手烧法	抛燃法	层燃法	悬燃法	雾化法	雾化法
空气系数	1.3～1.6	1.3～1.5	1.3～1.4	1.15～1.25	1.05～1.20	1.02～1.10
CO_2含量/%	8～10	11～13	12～14	12～15	12～14	8～20

二、空气系数的检测方法与剖析

1. 炉膛出口空气系数的检测方法

$$\alpha = \frac{21}{21 - 79\left[\frac{V(O_2) - 0.5V(CO)}{100 - (V(RO_2) + V(CO))}\right]} \tag{1-9}$$

式中　α——炉膛出口空气系数；

$V(O_2)$——烟气干成分氧气体积分数，%；

$V(CO)$——烟气干成分一氧化碳体积分数，%；

$V(RO_2)$——烟气干成分二氧化碳与二氧化硫体积分数，%，即$V(RO_2) = V(CO_2) + V(SO_2)$，如$V(SO_2)$低时，可用$V(CO_2)$代替。

大型工业锅炉特别是电站锅炉，一般在炉膛烟气出口安装CO_2自动分析仪或氧化锆测氧仪，可直接显示烟气中的CO_2或O_2体积分数，经可编程逻辑控制器（PLC）或分散控制系统（DCS）自动运算，并在CRT上显示空气系数，作为燃烧调整与合理配风的依据。但由于安装的仪器较少，未能对烟气成分进行全面分析，只能用简化法计算空气系数，虽然精度稍低，但可满足控制要求。

$$\alpha = \frac{V(RO_2)_{max}}{V(RO_2)} \tag{1-10}$$

或

$$\alpha = \frac{21}{21 - V(O_2)} \tag{1-11}$$

式中　$V(RO_2)$、$V(O_2)$——含义同上，为检测仪表显示值，%；

$V(RO_2)_{max}$——燃料在完全燃烧时所对应的$V(RO_2)$值，%，硫含量较低时，可用

$V(CO_2)$代替，对一定燃料是个常数，可查表取得，如烟煤为18.5%～19.0%，无烟煤为19%～20%，重油为15%～16%，城市煤气为12.6%，液化天然气为12.6%等。

中小型工业锅炉装备条件差，没有安装上述仪表，但可在锅炉炉膛烟气出口处取样，用燃烧效率仪或奥氏气体分析仪分析烟气成分，用式(1－11)计算空气系数。也可用最简单的办法来分析烟气成分，即用比长式气体检定管(河南鹤壁矿务局气体检定管厂生产)，有分析CO_2、O_2、CO、SO_2等多种成分的检定管，使用方便，价格便宜，分析较为准确，一次性使用后作废。可自制取样管，购置球胆及100 mL医用针管。用针管把气体从球胆抽出，打入检定管内，即在刻度处反映出该气体的体积分数。以往多在煤矿井使用，同样原理，可用于锅炉或窑炉检测烟气成分。

此外，锅炉工作者和司炉工还可总结多年实践经验，用目测法大致判断风煤配比情况与空气系数是否适当：如燃烧区的火焰呈亮橘黄色，烟气呈灰白色，表明风煤配比恰当，空气系数适合，燃烧正常；如火焰呈刺眼白色，烟气呈白色，说明风煤配比不当，空气量太大或煤量偏小；如火焰呈暗黄色或暗红色，烟气呈淡黑色，可看出风煤配比不当，煤量较多，空气量不足。

对于链条炉，检测计算的空气系数表征的是锅炉炉膛内燃烧状况的总体情况。而经验目测法不但可以观察到炉膛内火床的全部状况，而且还可以探查火床纵向长度控制是否合理，火床横向燃烧断面是否均称，有无局部穿火或燃煤堆积现象，火焰的充满度和高温区域控制是否妥当等。炉排距挡渣铁500 mm处无火苗，灰渣掉落无跑火现象，以便发现问题，及时进行调整。由此可见，理论与实践相结合，方能解决实际存在的问题。

2. 燃料完全燃烧的评判依据

根据在线安装的CO_2或O_2检测仪表及便携式气体分析仪的测定结果，除了计算空气系数之外，还可利用烟气成分的分析结果来判断燃烧的好坏，以便为燃烧调整合理配风提供依据。完全燃烧时应该满足以下等式：

$$21 - V(RO_2) - V(O_2) = \beta V(RO_2) \tag{1-12}$$

或

$$21 - V(O_2) - (1+\beta)V(RO_2) = 0 \tag{1-13}$$

式中 β——燃料特性系数，可查表1－4，也可用下式进行计算：

$$\beta = 2.35\frac{V(H) - \frac{V(O)}{8}}{V(K)} \tag{1-14}$$

式中 $V(H)$——燃料中的氢元素含量，%；

$V(O)$——燃料中的氧元素含量，%；

$V(K)$——燃料中碳元素与硫元素的含量，%，$V(K) = V(C) + 0.375V(S)$。

式(1－12)和式(1－13)是在理论上完全燃烧条件下推导出来的，在实际应用时往往不完全相等。这是因为燃烧效率不可能达到100%。此外，还有取样漏气、化验分析的准确度等影响因素。所以在利用以上两式考查完全燃烧程度时，近似相等便可。相差的数值愈大，说明燃料燃烧程度愈不完全。在此情况下应找出原因，采取措施。

固体燃料特性系数$\beta = 0.035 \sim 0.15$；液体燃料特性系数$\beta = 0.20 \sim 0.35$；对于纯碳，$\beta = 0$。燃料的碳、氢比是判别燃料特性的主要依据，如燃料中硫含量很低时，$V(K)$值可近似取$V(C)$值。

表 1-4 气体燃料、固体燃料和重油的 β 值和 $V(RO_2)_{max}$

燃料种类	β 值	$V(RO_2)_{max}$/%	燃料种类	β 值	$V(RO_2)_{max}$/%
无烟煤	0.05~0.10	20.1	泥煤	0.078	19.6
贫煤	0.1~0.135		木材	0.045	20.3
瘦煤	0.09~0.12		油页岩	0.21	17.4
焦煤	0.09~0.13	18.6~20.0	重油	0.30	16.1
肥煤	0.13~0.15		天然气	0.78	11.8
气煤	0.125~0.15		发生炉煤气	0.04~0.06	20.0
长焰煤	0.09~0.125		一氧化碳	0.395	34.7
褐煤	0.055~0.125	18.5~19.0			

3. 空气系数对烟气成分的影响

当燃料种类、燃烧方式与燃烧装置确定后，烟气中各成分的含量，将随空气系数的大小而发生变化。如增大空气系数，烟气中的 CO_2 含量随之减小，而 O_2 和 N_2 含量必然增加。现以重油燃烧为例，来说明空气系数对烟气中 CO_2、O_2 和 CO 的影响，如图 1-5 所示。

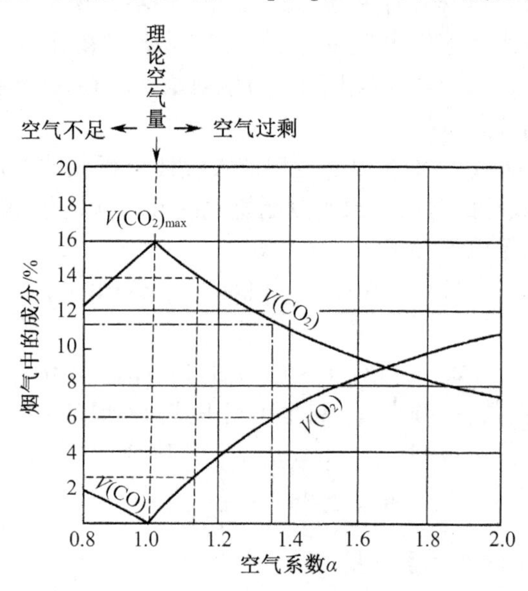

图 1-5 重油燃烧时空气系数与烟气中 CO_2、O_2、CO 含量的关系

由图 1-5 可见，在理论空气量下 $\alpha=1$ 时，使重油完全燃烧时，烟气中的 CO_2 含量最大值达到 16%，此时 O_2 含量为 0。若选取空气系数为 1.15~1.35 时，则烟气中的 CO_2 含量为 14%~11%，O_2 为 3%~6%。若把空气系数提高到 1.4，则烟中的 CO_2 含量呈直线下降，而 O_2 含量急剧升高。此时，必然发生燃烧状况恶化现象，这就是要实施低氧燃烧的道理。

由图 1-5 中还可看到，在理论空气量下燃烧时，烟气中的 CO_2 含量出现一个峰值，而 O_2 呈低谷值；当空气系数小于 1 时，CO_2 含量减少，但 CO 含量上升，不完全燃烧热损失增大，这当然是不合理的。

锅炉热平衡测定与试验研究表明,不同燃料在相同的空气系数下燃烧时,烟气中 CO_2 含量与最大值有明显差别。但 O_2 含量,除高炉煤气与发生炉煤气外,所有固体燃料与气体燃料几乎都是一致的。但如有系统漏风或取样漏气,就没有此种规律。

根据燃料燃烧时上述 CO_2 和 O_2 含量的变化规律,在炉膛烟气出口处安装 CO_2 或氧化锆氧量仪,检测烟气中的 CO_2 和 O_2 含量,作为控制配风和燃烧调整的依据,使燃料达到完全燃烧,是一项非常有效的节能应用技术,是实施低氧燃烧应配备的主要仪器。

4. 空气系数对燃烧效果的影响

图 1－6 绘制出燃煤锅炉燃烧时,空气系数、燃烧温度与 CO_2 含量之间的相互关系。例如,当把空气系数控制在 1.4 时,烟气中的 CO_2 含量为 13.5%,炉内实际温度为 1 350 ℃,属正常燃烧;若把空气系数加大到 1.8 时,CO_2 含量下降至 10.4%,相对应炉内实际温度降低到1 140 ℃。表明空气系数提高 20%,火焰温度下降 160 ℃,下降速率为 12.3%;如若把空气系数加大到 2.3 时,CO_2 含量降到 8.0%,火焰温度只有 980 ℃,下降速率增大到 14.0%。因而正常燃烧受到严重影响,锅炉出力和热效率必然降低。空气系数除上述影响外,还对烟气量有直接影响,加大空气系数,排烟热损失 q_2 必然加大,这就是实施低氧燃烧的道理。从以上实例可以看到优选空气系数对锅炉经济运行的影响。其实工业锅炉选用最佳空气系数,就是趋向低氧燃烧技术,必然会取得节能减排效果。

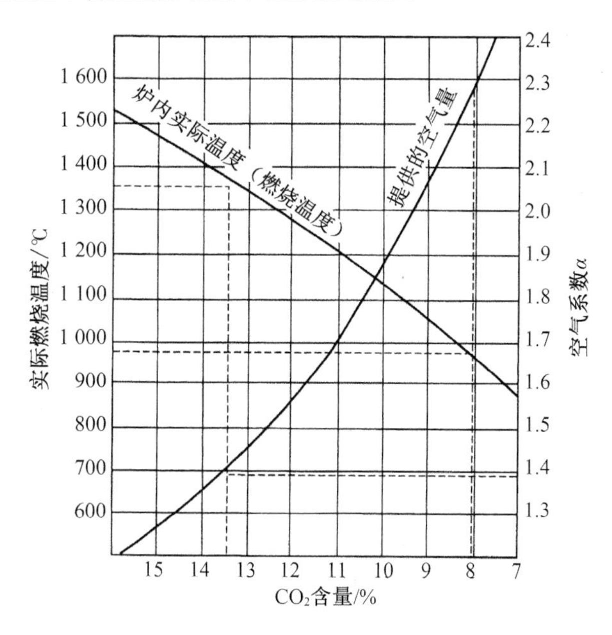

图 1－6 空气系数、燃烧温度和 CO_2 含量的关系

三、工业锅炉合理配风的标志

工业锅炉燃烧调整、合理配风,还可以从强化燃烧的角度进行阐述,更能说明其重要性和操作技术。因此,把此部分内容列入项目 2 中讲解更为适宜。

• 任务实施

1. 教师介绍本任务的内容及学习方法。

2. 教师组织学生分组(平均 5 人一组),并按要求就座。

3. 学生分组讨论。

(1)合理配风与热效率的关系。

(2)空气系数的检测方法与剖析。

(3)工业锅炉合理配风的标志。

- **任务评量**

每组提交最终答案,按照关键字计分,10 分为满分。说出最多关键字的小组为优胜。

- **复习自查**

1. 空气系数对烟气成分有哪些影响?

2. 空气系数对燃烧效果有哪些影响?

任务 1.7　排烟热损失与经济运行

- **学习目标**

知识:

1. 排烟热损失与热效率的关系。

2. 加强系统密封。

技能:

1. 利用漏风系数检测方法来检测锅炉。

2. 降低排烟温度的措施。

素养:

1. 养成积极主动的学习习惯。

2. 养成严谨的计算习惯。

- **知识导航**

一、排烟热损失与锅炉热效率的关系

锅炉排烟热损失 q_2是由尾部排烟温度、烟气量与漏入系统内的冷空气量综合决定的。据大量测试资料显示,工业锅炉排烟热损失一般占 12% ~20% ,小型锅炉有时不设空气预热器或省煤器,排烟温度高达20% 以上。它是锅炉的主要热损失,是影响锅炉热效率的突出问题。锅炉排烟温度的高低,主要与锅炉型号、结构、燃料品种与燃烧方式、受热面的设置与清洁程度、运行操作技术、空气系数大小、系统漏入冷空气量等因素有关。对已投入运行的锅炉来讲,前面几项已固定,后面几项是经济运行需要特别关注的问题。《燃煤工业锅炉节能监测》(GB/T 15317—2009)规定排烟温度为 160 ~250 ℃,小型锅炉处于上限,大中型锅炉在中下限。排烟温度越高,q_2越大,锅炉热效率越低。据测试资料统计,在一般情况下排烟温度每提高 15 ℃,q_2增大 1% 或浪费燃料 1.4% ,如图 1 -7 所示。某锅炉排烟温度从 260 ℃降到 117 ℃,锅炉热效率约可提高 3.6% 。由于还有其他因素的影响,现在还无法列出一个计算公式,只能根据实验确定。因此,每台锅炉应根据自己的实际情况,选择并控制一个合理的排烟温度,对经济运行是十分有利的。

二、加强系统密封，大力降低漏风率

1. 漏风危害严重

多年来大量锅炉热平衡测试结果显示，工业锅炉排烟热损失都比较大，远超出锅炉设计指标。但有时排烟温度并不太高，节能监测合格，从表面看好像有点矛盾，其实并不矛盾。造成 q_2 大的首要原因是空气系数大，使烟气量增大；其次是受热面结垢、积灰、结渣，使传热效率下降，排烟温度升高；再次是锅炉系统漏风率大，由于漏入炉内大量冷风，稀释并降低了排烟温度，烟尘浓度、林格曼黑度也冲淡了，单测排烟温度或用目测法并不能反映真实情况，因此用排烟处空气系数来指导炉膛配风是不准确的。

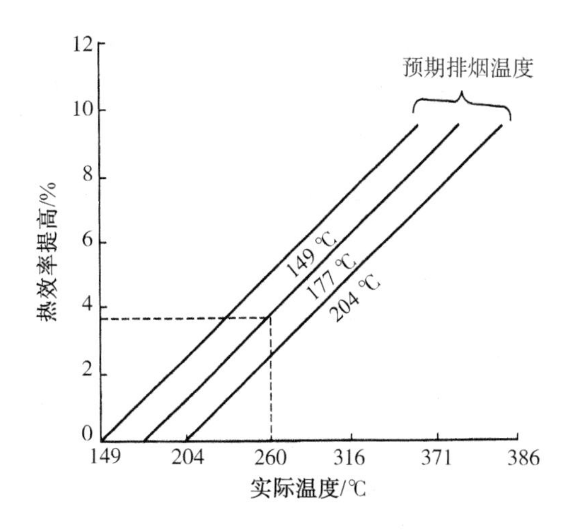

图 1-7 降低排烟温度与锅炉热效率的关系

锅炉系统主要漏风部位有：出渣口、炉排侧密封、风室之间、放灰门、给煤斗、炉门、检查门、窥视孔、炉墙以及烟道裂缝等。一般锅炉运行采取负压操作，从这些部位吸入冷风，致使烟气量增加，排烟热损失加大，引风机电耗升高。专门测试结果表明，漏风系数每增加 0.1，排烟热损失提高 0.2% ~0.4%，锅炉热效率相应降低。这一点远没有引起人们的重视，需要纳入锅炉房规章制度，加大力度切实抓好，方可取得节能减排功效。仍以某厂为例，在空气预热器后实测的空气系数高达 3.4，排烟热损失为 34.0%，当封堵出渣口等漏风处后，空气系数降到 2.1 时，排烟热损失下降到 19.0%。因仍有漏风处，现场未能仔细封堵，排烟热损失还有下降空间。

2. 漏风系数的测定方法

应定期巡回检查锅炉系统的漏风情况，发现问题及时采取措施解决。此外，还需要采用科学的方法进行测试，因为有些部位用目测很难发现，对漏风大小的判断不准确。通过实际测试，可准确判定锅炉烟气流程中每个部位的漏风系数，以便有针对性地采取措施。

漏风系数的测定方法有测定烟气中的 CO_2 法和测 O_2 含量法两种。在漏风点前后部位取烟气成分试样，用前述烟气成分分析仪器分析 CO_2 或 O_2 的体积分数，用下式进行计算：

$$n_f = \frac{V(CO_2')}{V(CO_2'')} - 1 \tag{1-15}$$

或

$$n''_f = \frac{V(O_2'') - V(O_2')}{21 - V(O_2'')} \tag{1-16}$$

式中 n_f、$n''S_f$——漏风系数（换算成百分数，称漏风率，%）；

$V(O_2'')$、$V(CO_2'')$——漏风点后烟气中 O_2 和 CO_2 的体积分数，%。

$V(O_2')$、$V(CO_2')$——漏风点前烟气中 O_2 和 CO_2 的体积分数，%；

例如，某锅炉省煤器前烟气中 CO_2 的体积分数为 13.5%，省煤器后为 11.5%，漏风系数为

$$n_f = \frac{V(CO_2')}{V(CO_2'')} - 1 = \frac{13.5}{11.5} - 1 = 0.17$$

该锅炉省煤器部位的漏风系数为0.17(也就是该部位漏风率为17%)。用同样方法,可测定其他部位的漏风系数。准确测定漏风系数的关键在于取样时采取的密封措施,防止漏入冷空气,方可保证烟气成分准确。

三、合理配置尾部受热面,回收烟气余热

1. 设置省煤器,提高锅炉进水温度

省煤器是布置在烟道尾部的一种给水预热装置,用来回收一部分烟气余热,同时降低排烟温度,减少排烟热损失 q_2。将省煤器所回收的热量用于提高锅炉给水温度,可减少锅炉的燃料消耗,提高热效率。试验研究表明,锅炉给水温度提高6~8 ℃,可节省燃料消耗1%。排烟温度的降低与给水温度的提高大致是3:1的关系,即锅炉排烟温度降低3 ℃,给水温度约能提高1 ℃左右。例如,排烟温度250 ℃,安装省煤器后降低到150 ℃,降低值为100 ℃,相应的给水温度可提高32 ℃左右,燃料消耗可降低约4%。

中小型工业锅炉虽已安装了省煤器,但维护差,积灰多,不吹扫,阻力增大,水的预热温度低,效果差。有些厂家干脆把省煤器拆除,这样做极不合理。加强燃料管理、燃用洗选洁净煤、减少灰分,并进行定期吹扫,保持省煤器受热面清洁,强化热交换,可提高给水温度。实践证明,把省煤器积灰吹扫干净前后,锅炉热效率相差1%左右,节能减排效果很突出。

2. 设置空气预热器,降低排烟热损失

空气预热器是布置在烟道尾部的一种空气预热装置,用来回收一部分烟气余热,加热冷空气,实施热风助燃,并可降低排烟温度,减小排烟热损失 q_2,节省燃料消耗。例如某厂锅炉排烟温度280 ℃,设置空气预热器,加热助燃空气到120 ℃,排烟温度下降100 ℃。如空气系数控制在1.3,燃料节约率可达4.6%。

中小型工业锅炉尤其是10 t/h以下的小锅炉,有时不配置空气预热器,因而排烟温度高,这是不合理的,是影响锅炉热效率的突出问题,应该安装空气预热器。

(1)设置空气预热器的优点

①由于热风助燃时着火快且稳定,可扩大煤种范围。在动力配煤无保证、供煤质量差、煤末较多的情况下尤为重要;

②热风助燃有利于强化燃烧、降低灰渣含碳量、提高燃烧效率;

③热风助燃火焰温度高,提高传热效率,保证出力;

④由于改进了高温环境,不需要太大的空气系数便可促进低氧燃烧,降低排烟量,有利于环境保护。

(2)设置空气预热器的缺点及解决措施

①在预热器处容易积灰,增加烟气流通阻力,影响传热效果,需定期进行清扫,并配置合适的引风机;

②空气预热器冷端管板容易发生低温腐蚀,尤其在燃料硫含量高时,从而使烟气露点温度升高,需采取措施解决,以保证预热器寿命。

四、保持受热面清洁,提高传热效率

1. 锅炉受热面结垢、积灰危害严重

锅炉受热面内、外结有水垢、积灰、结渣或结焦,均会增加热阻,降低热交换效率。水垢的热导率很小,一般为0.58~2.3 W(m·℃)$^{-1}$,是钢的1/200~1/50。积灰、结渣或结焦的

热导率与水垢属于同一数量级，导热性能同样很差。试验研究表明，锅炉受热面结垢、积灰1 mm厚，热损失要增加4% ~5%，同时还会造成排烟温度升高，导致锅炉运行效率降低，出力下降。另外，炉膛出口温度升高，可促使过热器升温，有可能造成钢管超温起泡甚至爆管，危及锅炉安全运行。

中小型工业锅炉对于受热面清洁与吹灰工作普遍重视不够，主要表现在已安装的吹灰设施不能正常投运，许多锅炉房未设置吹灰装置。遇有积灰、结渣、结焦，习惯于在停炉时集中清扫，不愿意在线处理，这也是排烟温度高、燃料浪费的原因之一。

2. 搞好水处理工作，实现无垢运行

要保持锅炉受热面内侧清洁，应贯彻以防垢为主的技术方针，因而必须搞好水处理工作。只有给水水质达标，方可实现无垢运行，提高传热效率。有关水处理工作，将在项目四做详细介绍。

3. 加强吹扫，保持受热面清洁

燃煤锅炉在运行中必须坚持定期吹灰、除渣和清焦，保持受热面清洁，不能等到停炉时才去处理。目前国内主要的除灰方法有：蒸气吹灰、压缩空气吹灰、高压水吹灰、振动除灰、化学除灰和燃气微爆除灰等。我国已引进美国克里斯蒂L3型炉膛吹灰器，还有湖北省锅炉辅机厂研制成功的G3A型固定旋转式吹灰器等。化学除灰剂的应用也取得了较好效果。当把除灰剂投入高温炉膛后，随烟气流动与受热面上的灰渣接触，可分解结渣，促进灰渣爆裂脱落，并可中和低温受热面结露形成的硫酸等。

北京凡元兴科技有限公司发明的“弱爆吹灰器”是一种新型清除积灰的方法。它利用一种特制的爆燃罐内储存的预混燃气(如乙炔气与空气混合气体)，通过导管与喷嘴导入受热空间，点燃混合气体，使其在瞬间产生强烈的压缩冲击波(即弱爆炸波)，对受热面上的灰垢产生强烈的“先冲压后吸拉”的交变冲击作用而实现灰垢清除。同时，以很高的速度并以动能的形式冲击受热面。爆燃时产生的热量作用于灰渣层，使受热面受到声波振动。上述效应综合作用，便可除掉受热面的积灰。对于一台采暖用的SHW46 - 1，6/150/90 - AⅢ往复炉排热水锅炉，每年只需5瓶燃气(乙炔气)，费用在100元左右。该设备无运动部件，不必经常维修，可靠性高，运行成本低。该装置技术成熟，且自动化程度高，效果好，安全可靠，是目前较为实用的清灰方法，已在全国很多厂家推广应用，效果很好。

4. 降低排烟温度的瓶颈是烟气露点温度

(1)烟气露点温度是锅炉低温腐蚀的主要原因

降低排烟温度可减少排烟热损失，但却受到烟气露点温度特别是预热器冷端管板温度的制约，成为一个瓶颈问题。锅炉排烟温度必须高于烟气露点温度以上一定范围，限制了排烟温度的降低。

(2)防止预热器冷端腐蚀的措施

①以往通常采取的措施有：提高冷端预热器材质的耐腐蚀性，如采用耐热铸铁、耐腐蚀钢或对金属表面进行搪瓷处理，提高抗腐蚀能力；部分冷空气绕过冷端入口进入预热器内，以减少冷端入口冷空气量，提高该处的壁温；部分热空气从预热器出口再循环进入冷端入口处，提高入口冷空气温度；在空气管道上游采用同流换热式蒸气盘形管加热器，提高冷空气入口温度等，以提高壁温。

②采用玻璃管空气预热器。此种材质不但具有优良的抗腐蚀性能，而且如有积灰、结渣，很容易被吹扫除掉，价格又便宜，曾在小型锅炉推广应用，效果较好。

③采用回转轮空气预热器。此种预热器与管式空气预热器相比，可在较低排烟温度下运行，且传热性能不受积灰的影响，烟气通道流程短，积灰可相对减少。如采用特殊设计，在轮处覆盖吸水材料，可吸收烟气中部分水蒸气的汽化潜热，这一点是别的预热器所没有的。该预热器密封比较困难，且周围空气容易被污染。在电站或大型工业锅炉有应用，在中小型工业锅炉可进行试验。

(3)采用热管预热器与省煤器热管

天津华能集团能源设备有限公司等生产厂家，利用热管元件组装制造的锅炉热管系列空气预热器、热管省煤器，具有传热效率高、结构紧凑、体积小、安装方便灵活、流体阻力小、利于降低排烟温度、减缓露点腐蚀等优点。可节约燃料10%，使用寿命8年以上，1年左右可收回投资，应大力推广应用。有关热管的传热原理、结构及其应用优势，将在后面介绍。

(4)合理控制蒸汽压力，利于降低排烟温度

如蒸汽压力从1.05 MPa降低为0.7 MPa，排烟温度可降低15.6 ℃，热效率提高0.7%左右。只要用户允许，可以进行试验。

(5)天然气锅炉采用烟气冷凝技术

预热器采用铜材质或者经过特殊处理的材质，可回收相变潜热。目前北京市天然气锅炉已开始推广应用，详见后面介绍。

• 任务实施

1. 教师介绍本任务的内容及学习方法。

2. 教师组织学生分组(平均5人一组)，并按要求就座。

3. 学生分组讨论。

(1)排烟热损失与热效率的关系。

(2)加强系统密封，大力降低漏风率。

(3)合理配置尾部受热面，回收烟气余热。

(4)保持受热面清洁，提高传热效率。

• 任务评量

每组提交最终答案，按照关键字计分，10分为满分。说出最多关键字的小组为优胜。

• 复习自查

1. 如何布置锅炉尾部受热面?

2. 为提高传热效率，如何保持受热面清洁?

任务1.8　灰渣含碳量与经济运行

• 学习目标

知识：

1. 灰渣含碳量与经济运行的关系。

2. 加强燃煤管理工作。

技能：

1. 利用链条锅炉布煤方法来调整锅炉运行。

2. 理解强化燃烧技术。

素养：

1. 养成积极主动的学习习惯。

2. 养成严谨的计算习惯。

● **知识导航**

一、灰渣含碳量与经济运行的关系

燃煤工业锅炉的固体不完全燃烧热损失q_4包括三部分，即灰渣含碳量、漏煤含碳量和飞灰含碳量所造成的热损失。它是衡量燃料中可燃成分燃尽程度的一个重要指标，是燃煤工业锅炉的主要热损失。其中最主要的是灰渣含碳量所造成的热损失，一般达到15%左右，较差的高达20%以上。还应该指出，q_1热损失大，不仅浪费了燃料，还会造成环境污染。固体不完全燃烧热损失的大小，主要与锅炉型号、结构、燃料品种与质量、燃烧方式及燃料管理优劣和运行操作技术等有关。该项热损失越大，燃烧效率越低，直接影响锅炉热效率。大量锅炉热平衡与节能监测资料显示，灰渣含碳量减少2.5%，可节省燃煤1%；灰渣含碳量降低4.5%，锅炉热效率可提高1%左右。

二、加强燃煤管理工作

1. 工业锅炉燃用洁净煤

目前工业锅炉燃煤很难满足设计煤种、质量要求。主要表现在燃用小煤窑煤多，煤种与成分波动大、煤质差，往往出现着火推迟、燃烧恶化、炉膛温度水平低、灰渣含碳量高等现象，供热难以保证；特别是我国沿用历史习惯，工业锅炉一直燃用原煤，粒度级配与设计不匹配，3 mm以下煤屑高达60%～70%，漏煤与飞灰多，煤层阻力大，配风难于均匀，灰渣含碳量升高；燃煤含硫量普通较高，且很难控制，环境污染严重。因此，工业锅炉应燃用洁净煤，主要包括动力洗选煤、锅炉型煤、水煤浆、小型高效煤粉以及生物质燃料等，这是我国燃煤工业锅炉可持续发展的必由之路。

2. 燃煤筛分破碎，保持粒度合理

市场上供应的散煤粒度为0～50 mm，且小于3 mm的煤屑太多，不符合链条锅炉的设计要求。为均匀布煤、合理配风和组织高温燃烧创造条件，在使用前应进行筛分、破碎。链条炉3 mm以下煤屑不好烧，应通过筛分除掉，大块煤需经破碎，煤矸石一定要拣出。

对于筛分下来的煤面与拣出的煤矸石，有条件的可用于循环流化床锅炉燃用，或者再搭配几种煤面，并加入适量固硫剂，经炉前成型机压制成型煤入炉，可获得良好的综合经济效益。

3. 燃煤适量加湿焖水

煤中混入水是有害的，因为蒸发每千克水要消耗2 500 kJ(600 kcal)的热量。若煤中含有8%的水，就要降低发热量200 kJ/kg，相当于煤0.5%左右的热值。但是提前均匀适量焖水，把水分渗透到煤的内部，可补偿上述损失，这是一项非常必要的燃煤准备工作，它有以下几点好处：

(1)疏松燃煤，为强化燃烧创造条件

在一个标准大气压下，水由液态变为气态，比热容从0.001 043 m^3/kg(标准状态)膨胀为 1.725 m^3/kg，体积增大 1 650 倍。当煤中水分与挥发物受热逸出时，必然会产生微小空隙或裂缝，使其疏松，增大了与空气的接触面积，有利于氧气扩散进入，为强化燃烧创造了条件。

（2）促进焦炭还原反应，加速燃烧过程

煤的层燃是通过碳的氧化与还原反应进行的。链条炉排煤层中段下部为氧化带，生成大量 CO_2，其上为还原带，水蒸气通过赤热焦炭，发生吸热的还原反应：

$$C + CO_2 = 2CO - \Delta H \quad (1-17)$$

$$C + H_2O = CO + H_2 - \Delta H \quad (1-18)$$

水蒸气的存在可促进碳的气化过程，使固体碳通过气化反应转化为气态，从而加速了煤的燃烧过程。

（3）减少漏煤与飞灰热损失

煤中渗透适量水分，使煤屑与煤屑之间、煤屑与煤块之间相互黏结，可减少漏煤与飞灰，降低固体不完全燃烧热损失。

加水要点：煤中掺水要适量、均匀、焖透，一般以 8% ~10% 为宜。可送化验室进行分析，也可以用经验法予以判定，用手攥一下，松手后煤团开裂而不散。掺水后要焖放 8 h 以上，使水分渗透到煤粒内部。有的锅炉房在煤仓顶部设水管喷水，掺水很不均匀，时间又短，起不到应有作用。

三、炉排横向均匀布煤，保持火床均衡

通常机械化给煤输送系统，燃煤到达顶部平台后先由水平皮带机经落煤管送入锅炉储煤仓内。在重力分离作用下，出现沿煤仓宽度方向的粒度离析现象：中部煤屑多，大块则滚落到两侧，因而造成链排横向煤层粒度分布不均，通风阻力差异大。中部阻力大，风量严重不足，两侧阻力小，风量过剩。于是炉排横向燃烧进程不同，火床不平齐，甚至会出现火口，灰渣可燃碳与飞灰量增加，降低燃烧效率。应设法解决炉排横向布煤不均问题，视具体情况可采取如下措施。

1. 设置可摆动的落煤管

燃煤由储煤仓流到煤斗时，多采用固定的落煤管。由于煤斗很宽，有时设置两个以上落煤管，仍会出现粒度离析现象。为此可改为下端沿煤斗横向摆动的落煤管，也叫摆煤管，工作原理如图 1-8 所示。

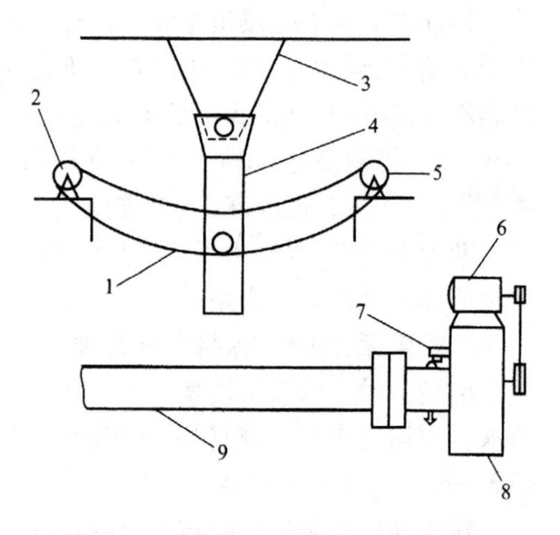

1—链条；2—链轮；3—煤仓；4—摆煤管；5—电机；6—直流调速电机；7—行程开关；8—减速器；9—前大轴。

图 1-8　摆煤管工作原理图

在锅炉链排传动主轴上装设两个行程开关触点，来控制落煤管电机的启动。当落煤管摆到一定角度时，由落煤管电机轴端设置的两个行程开关与触点相碰，控制落煤管的停止位置。在链排主轴转动与落煤管电机联动作用下，实现了落煤管的左右摆动频率与链排速度相协调。

落煤管可促进燃煤粒度沿炉排横向均匀分布，煤层通风阻力趋于均衡，有利于燃烧的正

常进行，降低灰渣含碳量。该装置结构简单，操作方便，维修工作量小，适合于大中型工业锅炉应用。目前已有定型产品供选配，亦可自行设计改造。

2. 设置皮带机移动卸煤犁

为了使燃煤粒度在链条炉排上均匀分布，首先应设法促进煤仓内的燃煤粒度沿横向分布均匀。为此，在煤仓顶部的水平皮带机上加装移动卸煤犁小车，其下铺设轨道。当皮带机启动后，卸煤犁小车可沿煤仓宽度方向往返移动，使落煤点沿煤仓宽度方向有规律地移动，可达到均匀布煤的要求。该设备已有定型产品供选配，结构简单，效果良好。

四、链条锅炉布煤方法沿革与评述

1. 煤闸板布煤法

此为传统布煤法，煤斗中的燃煤因重力作用而下落，经煤闸板限定所设厚度，进到移动的正转链排上。煤层平整密实，粒度分布混杂、无规律，火床难以均匀，通风阻力大，风机电耗高，水冷煤闸板带走热量，有时被烧坏。

2. 分层布煤法

1993 年发明了分层布煤法。取消煤闸板，燃煤从煤仓经辊筒落下时，经向后倾斜一定角度的筛分器溜到正转链排上。最初的筛分器就是有一定间距的圆钢棍排面，后来经不断改进，研制出算板网孔式、植齿式、峰谷式（垄形式）和组合式等筛分器。其原理均是利用燃煤从倾斜的筛分器下溜时，与正转链条炉排向前移动的时间差，使燃煤得以分层。大块煤只能从筛分器末端滚下，落到链排表面，较小煤块随后落到大块煤层上，煤屑与粉煤最后落到煤层表面。此种布煤方法的前提条件必须是正转链排，筛分器应有恰当的倾斜角度，并设计有网孔或间距，以控制不同粒度燃煤下落的顺序。由于燃煤在下落的过程中未受到挤压，煤层较为有序疏松，通风阻力小，火床较均匀，有一定的节能效果。但后来因所供原煤粒度发生变化，煤屑与粉煤占 60% ~70%，造成无层可分的现象，因而又研发出较为先进的布煤方法。

3. 分行垄形布煤法与节能机理

分行垄形布煤法也称波峰波谷式布煤法，组装结构如图 1 –9 所示。利用单辊筒和特制的筛分器，达到布煤既分行，又能完成垄形状，并把燃煤中有限的煤块分布在垄沟处。由于燃煤在筛分器斜面上滚落下溜时会产生二次离析并从垄背滚动现象，因而垄沟中煤块较多，而在垄背处煤屑与粉煤较多，突破了布煤要求“平”“均”的传统框框。起初有些人难于理解，但该专利投入市场后，节能效果显著，很快在天津、河北、辽宁、吉林、山东等省（市）推广应用几千台，并向全国各地转让专利技术，特别是我国最大的锅炉炉排生产企业瓦房店永宁机械厂购置了该专利技术，在链条炉排出厂时整套配置，更加大了推广应用力度和范围。2010 年 9 月天津锅炉协会委派专家组，对多年来安装该装置的九个锅炉房共计28 台锅炉进行了现场考察调研，对该专利节能机理进行了深入研究，汇总如下。

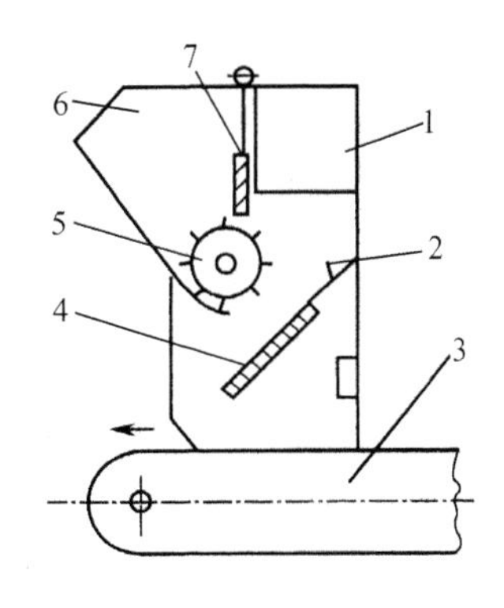

1—给煤设备本体；2—导流板；
3—链条炉排；4—筛分器；5—辊筒式给煤机；
6—煤斗；7—调煤闸板。

图 1 –9　分行垄形布煤组装结构图

①煤层疏松，风机节电原理。由于取消了煤闸板，燃煤自由下落，煤层较为疏松，尤其在

垄沟处，煤层不但薄而且煤块居多，通风阻力小，可提前点燃，燃烧旺，有的企业曾专门做过模拟试验，垄形布煤与煤闸板挤压布煤相比，煤的堆密度约减小 40%，风室压力由 400 Pa降至 200 Pa。因而风机电流减小，节电 7.5% 以上。

②煤层外表面积扩大，提高炉排热强度。分行垄形布煤后煤层表面积展开宽度增大 30% ~40%，相当于扩大了炉排面积，必然会提高炉排热强度。因而锅炉出力提高 4.5% 左右。天津金泰供热中心专门进行了热平衡测定，锅炉热效率平均提高 4.0% 左右。

③微型自动拨火，降低灰渣含碳量。分行垄形布煤一般在三门过后变为平火床。对此现象早已认定，但对其产生的原因曾有不同解读。

④氧化还原反应相汇合，提高火焰温度。在垄沟处煤层薄，煤块多，风量充足，全部为氧化反应（$C + O_2 \longrightarrow CO_2$ +32 760 kJ/kg），不可能产生还原层，呈现出氧化性火焰。而在垄背处，煤层厚，且煤屑与煤粉较多，风量相对不足，按层燃原理，会产生一定的还原反应（$C + 0.5O_2 \longrightarrow CO$ +9 954 kJ/kg），生成还原性气体。上述两种气体相遇，必然会发生强烈的混合燃烧反应，因而可提高火焰温度 70 ~80 ℃。同时氧化性气体与还原性气体混合燃烧，必然会消耗掉烟气中多余的残氧含量，从而实现低氧燃烧，达到合理的空气系数。天津市金泰供热中心锅炉热平衡测试，锅炉尾部受热面后的空气系数为 1.39，南开大学供热站锅炉尾部受热面后的空气系数为 1.36 ~ 1.45。与煤板布煤锅炉相比低很多，由于少消耗21% 的氧，必然少带进79% 的氮，因而减小了烟气体积，降低了排烟热损失。

4. 燃用湿煤和冻煤的技术措施与效果

我国工业锅炉房一般为露天储煤，污染环境，遇有刮风、下雨或降雪天气，锅炉必然要烧湿煤或冻煤。因而经常发生堵煤、棚煤、下煤不畅或黏结筛分器等问题，严重影响正常供热，甚至会造成事故。尤其是“三北”地区更为严重。遇此情况，首先应加设储煤厂房，然后可采用三辊给煤装置，如图 1 -10 所示。利用三辊给煤装置的湿煤搅动辊将燃煤搅动松散，再通过移煤辊与拨煤辊，使其下煤通畅均衡，保证正常运行，满足供热要求。

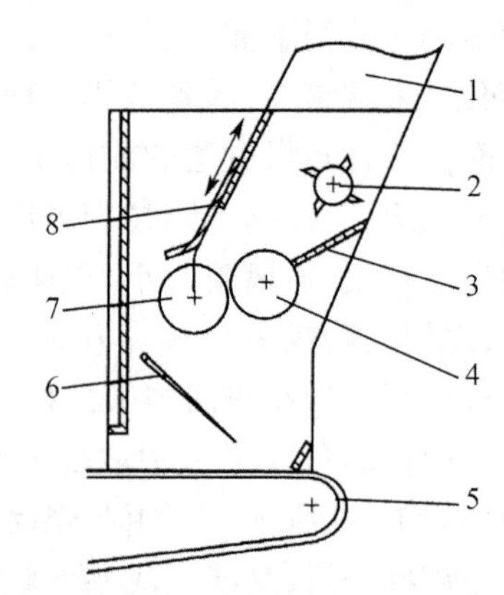

1—下煤仓；2—湿煤搅动辊（Ⅲ辊）；
3—防漏煤板；4—移煤转辊（Ⅱ辊）；
5—炉排；6—可变形组合式筛分器；
7—拨煤转辊（Ⅰ辊）；8—倾斜式煤闸板。

图 1 -10　三辊给煤装置示意图

五、应用强化燃烧技术，促进燃煤加速燃尽

煤的燃烧速度主要与温度及配风情况有关，提高炉膛温度、提高火焰温度，即可加快燃烧进程。在一般情况下，配风合理，炉膛温度高于 1 200 ℃，炉内的辐射传热比对流传热强烈得多，此时炉膛内布置的水冷壁所吸收的辐射热量比对流热量提高 5 倍以上；当炉膛温度在 1 100 ~1 200 ℃时，辐射传热量与对流传热量基本持平；当炉温度低于 1 000 ℃时，辐射传热量明显减弱。链条锅炉燃煤燃速还与煤的品种、质量有关。若煤的灰分高、挥发分低、热值不高，起火困难，燃烧速度趋缓，难于燃尽，灰渣含碳量升高。

六、漏煤回烧与灰渣返烧

漏煤的含碳量一般较高，比原煤略低，应设法降低漏煤损失。要加强原煤的准备与处理

工作，并采取先进的布煤技术，可以减少漏煤损失，还可改进或选用鳞片式不漏煤链排结构。但还是有漏煤的情况，应当专门收集起来，掺混在原煤中回烧。在掺混前应适当进行加湿处理，以便与原煤能较好混合。

灰渣的含碳量一般在 15% 左右，有的还要更高。目前多数企业经水冲后当作废物处理，造成环境污染。应通过分析化验，有反烧价值的应掺混在原煤中返烧。有条件的企业最好送往流化床锅炉返烧，效果更好。如无返烧价值的也应当作为一种资源进行综合利用。

飞灰的含碳量一般为 30% 左右，目前均作为废物处理，又无密闭设施，常造成环境污染。应加设密闭设施回收，作为一种资源进行综合利用，如与原煤适当配比制造型煤，或者加湿处理后进行回烧，有条件的企业最好送往流化床锅炉回烧。

• 任务实施

1. 教师介绍本任务的内容及学习方法。

2. 教师组织学生分组(平均 5 人一组)，并按要求就座。

3. 学生分组讨论。

(1)灰渣含碳量与经济运行的关系。

(2)加强燃煤管理工作。

(3)炉排横向均匀布煤，保持火床均衡。

(4)链条锅炉布煤方法发展。

(5)应用强化燃烧技术，促进燃煤加速燃尽。

(6)漏煤回烧与灰渣返烧。

• 任务评量

每组提交最终答案，按照关键字计分，10 分为满分。说出最多关键字的小组为优胜。

• 复习自查

查阅整理关于链条锅炉布煤方法的发展演变过程的资料。

• 项目小结

1. 整合学习内容

小组派一名学生回顾本项目任务的要点。

2. 检验学习成果

(1)每个小组对完成的任务单做出评价。

(2)每个小组对本单元表现做出评量。

3. 反省与改善

以小组为单位，讨论我国节能减排的发展前景和存在的弊端。

项目 2　燃煤锅炉强化燃烧技术

项目描述

工业锅炉中燃料的燃烧，既不同于在自然条件下煤与空气中的氧发生缓慢氧化的风化及自燃现象，也不同于在非常情况下急剧氧化产生的爆炸燃烧现象，而是一种有控制的燃烧，本项目主要介绍燃煤工业锅炉强化燃烧技术。

所谓强化燃烧就是要创造和强化完全燃烧的条件，使燃烧过程更加充分，迫使燃料与空气中的氧在较短的时间里能充分混合、加速反应、完全燃尽。因此，燃煤工业锅炉强化燃烧是提高锅炉燃烧效率最基本的技术措施。

教学环境

1. 参考书和网络资源

(1)史培甫. 工业锅炉节能减排应用技术[M]. 北京：化学工业出版社，2016；

(2)蒸汽锅炉、热水锅炉安全技术监察规程。

2. 学校资源

(1)锅炉机组模型室；

(2)多媒体教室；

(3)案例或录像；

(4)多媒体设备。

任务 2.1　工业锅炉强化燃烧技术

• 学习目标

知识：

1. 对燃煤锅炉结构性能有一定的了解。

2. 锅炉强化燃烧的主要途径。

技能：

1. 知晓锅炉强化燃烧方案。

2. 分析锅炉燃烧不良的原因。

素养：

1. 养成积极主动的学习习惯。

2. 养成良好的团队合作态度。

一、燃烧基本概念

燃烧是指燃料中的可燃成分与空气中的氧在一定的温度条件下发生剧烈的化学反应，发出光并产生大量热的现象。在锅炉中通过燃料的燃烧过程，把燃料中的化学能转化成热能，为工质提供有效热量。

构成燃烧的必要条件：一是要有可燃质，即要有能够燃烧的物质；二是要有充足的空气，空气中的氧是参与燃烧的物质；三是要达到燃料着火的温度，即提供可燃物着火所需要的能量。

二、当前工业锅炉燃烧不良的原因

当前工业锅炉燃烧不良、燃烧效率低是造成锅炉热效率低的主要因素。燃烧不良的原因：其一，在动力配煤尚未普及的情况下，在运行中实际燃用的煤种与设计不符，而且煤种多变的情况较为普遍；其二，运行负荷低，负荷波动大，工况难以稳定，尤其是平均运行负荷长期低于经济负荷范围；其三，锅炉设计、制造和装备水平差，安装质量低，炉拱设置不良，漏、窜风的现象也很突出。此外，运行管理和司炉操作水平低也是工业锅炉燃烧不良的原因之一。

强化燃烧是提高锅炉燃烧效率、保证锅炉出力的前提条件。锅炉出力不足，除了受热面布置偏少，烟气流程缺陷，受热面内外结垢、积灰导致热阻增大等因素外，主要是燃烧不良造成的机械不完全燃烧热损失和化学不完全燃烧热损失过大，有效热能提供减少所致。强化燃烧可提高锅炉对煤种与运行工况变动的适应能力，满足不同煤种、不同负荷工况下燃煤充分燃烧的必要条件，使燃料中的挥发分和固定碳充分燃尽，保证在不同工况下的高效燃烧。强化燃烧的目标是提高锅炉热效率，实现锅炉的节能减排。

三、工业锅炉强化燃烧的主要途径

工业锅炉强化燃烧的主要途径是围绕改善燃烧条件、提高炉膛温度、合理配风、提高空气与燃煤充分混合、炉内温度场的合理分布、延长烟气在炉膛内的路径和停留时间等方面进行的。本项目对于广泛使用的链条锅炉强化燃烧的有关问题进行研究探讨，对其他炉排与燃烧方法从略。主要方法包括：①炉拱及燃烧室结构的优化；②改进炉排及配风，采用预热空气；③合理配置二次风；④燃烧过程中的松煤与碎渣；⑤入炉煤的分层和炉前成型及改善燃烧的燃煤化学添加剂；⑥富氧燃烧技术；⑦飞灰高温分离及内循环流化再燃等。

- **任务实施**

1. 教师介绍本任务的内容及学习方法。
2. 教师组织学生分组（平均5人一组），并按要求就座。
3. 学生分组讨论。

（1）燃烧的基本概念；

（2）当前工业锅炉燃烧不良的原因；

（3）工业锅炉强化燃烧的主要途径。

- **任务评量**

每组提交最终答案，按照关键字计分，10分为满分。说出最多关键字的小组为优胜。

- **复习自查**

1. 简要说明煤的种类及燃烧条件、过程。
2. 煤的指标对锅炉的影响。

任务2.2 链条锅炉强化燃烧技术

- **学习目标**

知识:
1. 链条锅炉炉拱优化。
2. 链条锅炉配风。

技能:
1. 熟悉链条炉排燃烧特性。
2. 链条炉排炉拱优化设计。
3. 有效运用链条锅炉合理配风。

素养:
1. 养成积极主动的学习习惯。
2. 养成严谨的设计习惯。

- **知识导航**

一、链条炉排燃烧特性及其对燃烧过程的影响

1. 燃烧特性

链条炉排属于移动层燃,其工作方式是由链条炉排驮载着一定厚度的煤层进入燃烧室,从前至后(沿炉排长度方向)连续移动;燃烧所需要的空气通过炉排的间隙自下而上与移动着的煤层垂直相交;燃烧和热能由煤层表面垂直向下传播,由此形成以下的燃烧特性。

(1)燃料层单向引燃特性。

燃料层随炉排移动进入燃烧室,主要靠其上方的热源来点燃,热源包括前拱及炉墙辐射传热、燃烧室前部空间高温烟气辐射传热、由后拱导向燃烧室中部高温烟气的对流传热及其夹带的炽热碳粒的热量。

(2)燃料随炉排连续移动,依次完成燃烧的热力准备阶段、燃烧阶段和燃尽阶段。

①进入燃烧室的燃料在上方热源加热下立即进入干燥预热升温过程,当燃料达到一定温度时,开始析出挥发分,这个过程的长短,也就是燃料进入燃烧室后延续的时间和距离,一方面取决于燃煤湿度大小和挥发分的性质,另一方面取决于空间热源强化程度。

②当析出的挥发分与空气组成的可燃混合物达到一定浓度时立即出现着火现象,挥发分的燃烧是整个燃烧过程的开始和发动,释放大量的热能使固定碳得以充分预热。这个阶段的放热强度,除通风因素外,主要取决于挥发分含量的多少和性质。

③固定碳得到充分预热达到一定温度时,整个燃烧过程进入了活泼的固定碳燃烧阶段,并放出大量热能。这个阶段的进行,除了要有充分的氧气供给外,还取决于温度水平。

④大部分固定碳燃烧后,煤层的温度急剧下降。煤层中残余的固定碳缓慢燃尽形成灰渣,随着炉排移动到末端排出。

这几个阶段沿着炉排移动方向依次连续进行，煤层的运动方向与垂直向下的热能传递方向合成的结果，使得不同燃烧阶段的分区界限不是垂直线，而是形成倾斜的界限。链条炉排上煤层燃烧区域分布如图2－1所示。

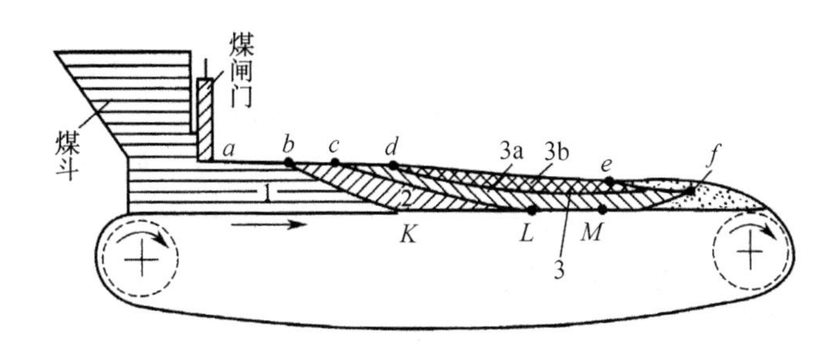

1—新燃料区；2—挥发分析出并燃烧区；
3—焦炭燃烧区（3a为氧化层，3b为还原层）。

图2－1　链条炉排上煤层燃烧区域分布

（3）沿着炉排运动方向的燃料层处于不同的燃烧阶段，各需不同的空气量，并产生相应的气体生成物向燃烧室扩散。

垂直于移动煤层的空气流，在沿炉排长度方向的不同位置，流经着不同的燃烧阶段，不同的可燃成分，不同的温度、厚度、阻力的煤层，离开煤层的气体生成物也必然呈现各不相同、不均匀的特性，但从总体看表现出十分严谨的规律性。气体成分及分布如图2－2所示。

火床前后两端出现过剩氧，而在中部存在大量可燃气体，氧化碳分布曲线呈马鞍形。这种气化产物分布规律与燃烧强度无关，只是分布长度有所改变，燃烧强度升高，曲线范围缩短，反之扩大。

（4）燃烧过程中煤层的气化特性。

进入燃烧室的燃煤，当完成热力准备阶段达到一定温度时析出挥发分，形成气相可燃物，与空气混合实现着火，这是燃煤气化的第一种形式，接下来燃煤进入了固定碳直接氧化区域，高温下氧化反应进行得非常快，大大超过空气的供给与燃料的混合速度，因此实际上仅仅在与炉排接触不太厚的煤层范围内进行着真正的氧化过程，如式（2－1）。而煤层的绝大部分因氧气不足而出现还原反应，如式（2－2）。这种性质与通风强度无关。

$$C + O_2 = CO_2 \uparrow \qquad (2-1)$$

$$CO_2 + C = 2CO \uparrow \qquad (2-2)$$

因此，大部分煤层燃烧过程，实质是煤的气化产物的气相燃烧，这是燃煤气化的第二种形式。所以，链条炉排燃烧既有煤颗粒表面的燃烧，也有燃煤气化生成物的燃烧，也就是燃烧既在燃料层中进行，也同时在燃料层上方的空间进行。因此既要组织好炉排上煤层的燃烧，又要组织好炉膛空间的燃烧。

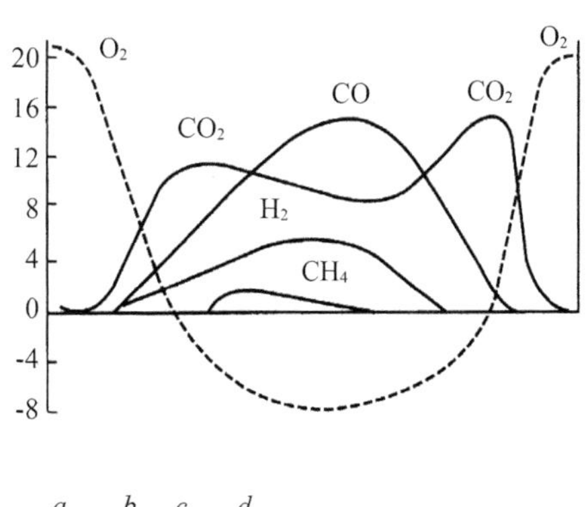

图2－2　链条炉排煤层表面的气体成分及分布

2. 燃料特性对链条炉排燃烧过程的影响

燃料特性对燃烧状况产生极其重大的影响，它是确定炉膛结构的依据，即一定的煤种对应着一种炉膛结构，或者说炉膛结构一旦确定，就适用于一定的煤种。

（1）挥发分的影响。

在煤的各项特性中，挥发分的性质和含量占有特殊的地位，它决定着火的难易程度和整个焦炭的燃烧过程。挥发分是燃煤分解出来的气体和煤的成分中含有的凝结性物质蒸气的混合物。不同化学年代的燃料，挥发分析出的温度不同，含挥发分高的烟煤挥发分在 170 ℃即可析出。而碳化程度较深、挥发分较少的无烟煤则在 400 ℃才开始析出挥发分，前者 500 ~ 600 ℃即可起燃，而后者则需 700 ~ 800 ℃才能起燃。由于链条炉排燃烧方式固有的燃料单向引燃特性，使得挥发分含量较高的煤易于起火，且燃烧稳定。此外，挥发分析出区域的宽度也有很大差异，如图 2 - 1 中 bK 与 cL 之间的距离，含挥发分较高的烟煤，这个区域较为宽广，而无烟煤这个区域非常狭窄。燃料在燃烧区段表现出来的这一特点对整个燃烧过程的完全程度带来极为重大的影响。挥发分析出和燃烧区段愈宽广，则放出的热量愈大，加热固定碳的过程愈长，加热愈强烈，这就大大改善了难以燃烧的固定碳的燃烧条件，促进其强烈地气化和燃烧；反之，挥发分析出和燃烧区段愈狭窄，则为固定碳提供的热量愈小、伴随的时间愈短，固定碳完全燃烧趋于困难，降低了完全燃烧程度，挥发分含量越高的煤，挥发分燃烧后剩下的焦炭量越少，且焦炭比较疏松，燃尽时间也越少，易于燃尽。可见，煤中挥发分含量的多少是决定炉膛结构及通风条件的关键因素。燃用烟煤链条炉排锅炉适宜燃用 $V_{daf} \geqslant 22\%$ 的煤种，对于 $V_{daf} < 22\%$ 的煤种以及挥发分含量更低的无烟煤，则需要特殊的炉膛结构、通风配置和其他强化燃烧的措施。

（2）灰分的影响。

煤中灰分增加使得可燃物含量减少，对煤的着火和燃烧带来不利影响，当燃用多灰的煤种时，在焦炭周围覆盖了过多灰渣，阻碍了其与空气的接触，延长了燃烧时间，加大了不完全燃烧热损失，燃用灰分高的劣质煤，焦渣特征大，很容易在炉排上结焦，破坏燃烧过程，严重时还可能堵塞炉排通风间隙，造成炉排过热烧坏。大块的焦渣堵塞灰渣通道，妨碍正常运行，链条炉排锅炉用煤灰分最好小于 25%，不宜超过 30%，焦渣特征 2 ~ 4 号为宜。燃用灰分较多的煤种时，应配置强化引燃的炉膛结构，使用热风，并采取碎渣措施。

（3）水分的影响。

煤中水分增加使燃煤入炉后干燥时间加长，水分的蒸发需要吸收热量，这对煤的着火不利，蒸发了的水与可燃气体混合，既增加了可燃气体的热容量，又降低了其浓度，对可燃气体燃烧也不利，这些都促使燃烧室温度下降，不利于燃烧的强化。但煤中水分也不宜过低，尤其是对于煤末多的燃煤，煤中适当的水分能使碎煤屑黏接在一起，使漏煤和飞灰减少。适当的水分也可使煤层不致过分结焦；煤层中水分蒸发后能使煤层疏松，利于燃烧。链条炉排燃烧要求煤中全水分不超过 12%，对于高水分的煤，要求强化引燃的炉膛结构。

（4）发热量的影响。

发热量是煤的综合性指标，发热量低的煤，水分和灰分的含量必然高，因此当 Q_{net} 低于 16.50 MJ/kg（3 940 kcal/kg）时，炉内的燃烧温度、拱的温度和辐射的热量低，使煤的着火和燃尽困难。同时在燃用发热量低的煤时，燃煤量增加，煤层厚，链排速度加快，这对着火和燃尽是不利的。因此当燃用 Q_{net} 低于 16.50 MJ/kg 的煤种时，在炉拱的设置、热风温度、炉排的有效面积等方面均需采取相应的措施。

3. 链条炉排燃烧的基本要求和基本方法

为了满足链条炉排的燃烧特性，使燃烧能够正常稳定进行，达到充分燃尽的基本要求：一是要有足够高的引燃热源温度和可靠的热传递；二是要有符合不同燃烧阶段的合理配风和调控措施；三是要有满足空间烟气充分混合的燃烧室结构以及空间气流组织手段。采用的基本方法：一是配置适合于燃料特性的炉拱结构；二是沿炉排长度方向的分室配风和二次风的合理配置等方法，来实现链条炉排的燃烧要求。

二、炉拱特性与功能

1. 炉拱特性

为了适应链条炉排燃烧特性要求，燃烧室需设置特有的结构——炉拱。它起着新燃料引燃和促进炉内烟气混合等作用。炉拱特性之一是辐射传热。炉拱通常由耐火砖或耐火混凝土筑成，炉拱本身不产生热量，属于灰体，其表面法线方向上的辐射黑度约为0.8。来自火床上燃料燃烧产生的热量和燃烧室炽热烟气的热量，被炉拱所吸收，提高了炉拱的温度，炽热的炉拱把热量再辐射到炉排的燃料上。前拱的主要功能是通过辐射传热实现新燃料的引燃；后拱通过辐射传热保持高温，促进燃料的燃尽。炉拱辐射功能的强化程度决定于温度的高低和辐射面积的大小。炉拱辐射特性取决于炉拱在炉排上的投影面积，而与其形状无关，因此炉拱在炉排上的投影长度是炉拱结构的主要参数之一。炉拱特性之二是促进炉内烟气混合。由于链条炉排分段燃烧的特性，即使采取分室送风，燃料层区段所放出的气体成分仍然各不相同。在炉排头尾两端存在着过量空气，而在炉排中部燃烧层始终存在着还原区，不断产生大量可燃气体。前后炉拱迫使这些平行气流相互接触混合，由前后炉拱组成的喉口提升了烟气流速，强化了烟气扰动，利于可燃气体充分燃烧。炉拱特性之三是组织炉内烟气流动。组织高温烟气对新燃料和着火区炉拱的冲刷，形成强烈的对流传热，将大量高温烟气输入着火区，提高了炉拱温度，强化了炉拱引燃功能。炉拱之间的有机配合，构成良好的烟气动力场，延长了烟气在燃烧室的路径，有效分离出烟气携带的颗粒物，利于引燃和降低烟尘排放。对于低矮燃烧室，炉拱还利于促进燃烧区高温环境形成，加速燃烧的进行。

2. 前拱功能

前拱的主要功能是组织辐射引燃，包括前拱对新燃料直接辐射传热引燃以及对前拱和相邻的炉墙围成空间的火焰和高温气体对新燃料的辐射引燃；有效地吸收后拱导入的烟气热，提高前拱温度辐射给新燃料；与后拱相配合组织空间烟气形成涡旋，促进空间气体混合，并促使烟气携带的炽热碳粒分离出来落在新燃料上加速引燃。

3. 后拱功能

后拱的主要功能是导流引燃和维持燃烧区高温水平，促进燃料的燃尽。后拱组织引导火床中部强燃烧区和后部烟气流涌向前拱区，提供新燃料着火的热源，是稳定前拱区的关键因素。一方面使前拱区提升温度强化辐射引燃，另一方面促使高温烟气中携带的炽热碳粒散落在火床前端新燃料上，形成高温覆盖层直接点燃新燃料；后拱的有效覆盖和辐射传热维持了后拱区的高温，利于主燃区的形成和燃料的燃尽；与前拱相呼应，促进空间气体的混合并强化了气体的燃烧。

4. 目前炉拱存在的主要问题

炉拱特性的理论研究和实践探索使炉拱结构优化取得了显著进展，效果明显。但是仍有相当数量原有锅炉炉拱结构不理想，炉拱覆盖率偏小，特别是后拱覆盖率偏小尤为突出；

前后炉拱坡度较大，喉部截面积较大；前拱距炉排距离较大，尤其是与煤闸板相邻拱段位置过高。这样的炉膛结构不利于燃煤点燃，削弱了炉拱混合作用，缩短了烟气流程，造成了燃烧不稳定，灰中可燃物高，浪费煤炭，影响出力。

三、炉拱优化原则、主要结构参数及细部结构

1. 炉拱优化原则

(1) 在炉拱长度和炉拱高度相同的情况下，辐射传热性能与其形状无关，前后炉拱应有足够的覆盖长度。炉拱形状取决于燃烧室空气动力场性能的要求。前拱一般设计成凹面形，包括人字形，不必刻意将前拱做成抛物线形，因为炉拱辐射传热并不遵循光的反射原理。后拱一般设计成直线形或人字形。

(2) 炉拱的动量原则。主要是指烟气在后拱出口应具有足够的动量，才能使其达到火床前端实现引燃并形成烟气涡旋，改善火焰充满度，强化烟气的混合。关键是使烟气在后拱出口达到一定的速度，特别是燃用无烟煤或劣质煤时要达到较高的烟气流速。

(3) 前后拱相协调原则。前后拱应形成一个有机的整体，才能实现炉拱对新燃料引燃以及对烟气的混合功能。

(4) 对燃料特性广泛适应的原则。对煤种变化适应性的强、弱是评价炉拱优劣最主要的依据之一，也是锅炉工作者为之长期探索的方向。

2. 炉拱主要结构参数

链条炉前后拱结构如图 2－3 所示，链条炉炉拱主要结构尺寸经验值见表 2－1。

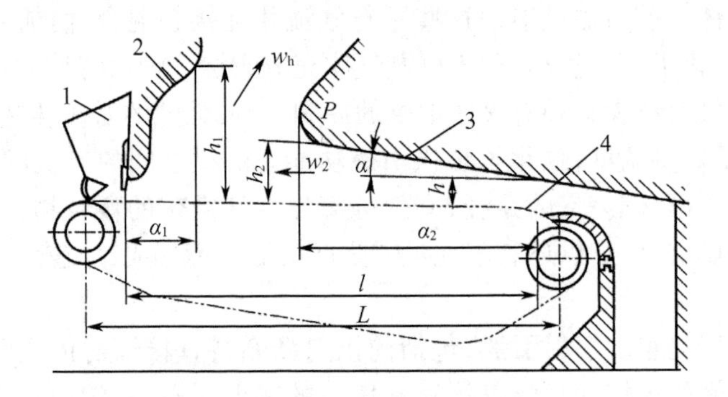

1—煤斗；2—前拱；3—后拱；4—链条炉排。

图 2－3　链条炉的前后拱结构

表 2－1　链条炉炉拱主要结构尺寸经验值

名称	符号	褐煤	Ⅱ、Ⅲ类烟煤	贫煤、无烟煤、Ⅰ类烟煤
前拱高度/m	h_1	1.4 ~ 2.3	1.6~2.6	1.6~2.1
前拱遮盖炉排长度/m	a_1	0.15~0.35	0.1~0.2	0.15~0.25
后拱高度/m	h_2	0.8~1.2	0.9~1.3	0.9~1.3
后拱遮盖炉排长度/m	a_2	0.25~0.5	0.25~0.55	0.6~0.7
后拱倾角/(°)	α	12~18	12~18	8~10
后拱至炉排面的最小高度/m	h	0.4~0.55	0.4~0.55	0.4~0.55

(1)后拱至炉排面的最小高度 h。h 值的大小直接影响后拱出口烟气流速以及后拱与炉排面的距离,是炉拱的重要结构参数。减小 h 值有利于提高后拱出口烟气流速,并利于挥发分较低煤种的引燃。但 h 值不可过小,以免造成检修出入困难,也不利于多灰易结焦灰渣的顺利排除。

(2)后拱的倾角 α。后拱倾角 α 的大小应确保后拱区燃烧所产生的烟气能顺利流出并使烟气在其出口具有足够的流速。后拱改进的趋势是压低、加长、减小倾角,以适应包括较差煤质在内的煤炭资源燃烧。燃用烟煤的链条炉,原后拱倾角大多为 15°~30°,后来一般采用 15°。大量改造实践证明,后拱倾角 α 取 12°为宜,可以使烟气在后拱出口获得足够的流速,引燃和燃烧都可以达到很好的效果。但后拱倾角 α 不可太小,因后拱区从炉排尾部至后拱出口烟气量是逐渐增加的,在不同断面烟气流速逐渐加大,因此烟气在后拱下的流动阻力也将随之增大。要使烟气顺利流出后拱,炉排尾部至后拱出口必然要有一定的压差,这个压差由引风产生的炉腔负压提供,当后拱倾角 α 过小时,可能造成后拱下出现正压。采用低长后拱时,后拱倾角 α 不宜小于 8°。

(3)后拱覆盖炉排的长度 a_2。a_2是炉拱结构最重要的参数,它既影响后拱辐射传热量的大小,关系后拱区温度水平,又决定着导向前拱区烟气量的大小和深入前拱区的程度,是实现后拱功能的关键,也是决定炉拱优劣的主要参数。后拱覆盖炉排长度 a_2增大趋势明显,燃用烟煤以及挥发分偏低的煤种时,a_2值应不小于炉排长度的 50%,燃用劣质烟煤时,可取值 60%左右,燃用无烟煤时 a_2取值为 60%~70%。应注意 a_2值过大会引发结焦。

(4)后拱高度 h_2及后拱出口烟气流速 w_2。当选用直线形后拱,在确定了 h、α、a_2值之后,h_2值经计算可得,不需选定,它是后拱布置合理性的重要指标,h_2值的大小直接影响着后拱出口烟气流速 w_2 的大小,w_2 值大,后拱下的烟气射得远,火焰中心向前移,为前拱提供更多的热量,同时强化了火焰对新燃料的辐射传热,并促使后拱射出烟气中所携带的炽热碳粒子更多地撒落在新煤层上。增大 w_2 值是强化后拱引燃功能的主要手段。w_2 值一般为 5~10 m/s。烟煤着火比较容易,w_2 采用小值,无烟煤着火困难,则 w_2 采用大值。计算 w_2 值可用式(2-3)求取:

$$w_2 = (a_2/l)B_jV_y(T_e + 273)/273F_y \qquad (2-3)$$

式中 B_j——计算燃料消耗量;

V_y——烟气体积;

F_y——后拱烟气出口截面积;

l——炉排的有效长度;

T_e——烟气温度。

该公式计算 w_2 值设定了以下三个假设条件:

①有$(a_2/l)B_j$ 的燃料在后拱下燃烧;②烟气温度 T_e 为 1 370 ℃;③烟气含 CO_2为 15%。

为了达到较高的 w_2 值,近年来出现了出口拱段为折线形的后拱,俗称“人字拱”。

(5)前拱覆盖炉排的长度 a_1及前拱高度 h_1。前拱的辐射引燃功能通过前述三个作用来实现。要提高前拱辐射功能,应维持一定的 a_1值,一般可取炉排有效长度的 15%~25%;为实现与后拱的配合,应突出前拱对后拱射入气流的吸纳和包容。因此 h_1值应高于 h_2值,直至 h_1值为 h_2值的 2 倍。对于小型锅炉,h_1值不宜过大,此外还应兼顾前后拱形成的喉口对空间气体混合功能的要求。前拱的拱形还应防止出口烟气直达出烟窗,造成烟气短路。

(6)喉口烟气流速 w_h。前拱与后拱之间的最小距离(前拱烟气出口端点与后拱鼻突之

间的距离)称为喉口,是促使燃烧室气体混合的特有结构。喉口处烟气流速 w_h 的大小是体现炉拱混合功能强弱的重要参数。喉口大,w_h 值偏小,混合功能减弱;喉口小,w_h 值增大,混合功能增强。因此应尽量减小喉口尺寸,增大喉口烟气流速 w_h。但是喉口太小,烟气阻力增加,会造成燃烧室正压,冒烟喷火。燃用烟煤时 w_h 值可取 5 ~7 m/s,燃用无烟煤时 w_h 值可取 7.5 ~9.0 m/s。

3. 炉拱细部结构

(1)炉拱前端与煤闸板相邻部分的拱段与炉排的距离 h_1' 以及此拱段出口形状,与煤层的起火点位置有极其密切的关系。早期设计的炉拱,此拱段与炉排距离偏大,h_1' 约为 400 mm,拱段长度 a_1' 最长不超过 500 mm,且出口为较大曲率半径 R 的弧形结构,如图 2 -4(a)所示。当燃用挥发分较高的煤种($V' > 30\%$)、链条速度较低时,煤斗中的煤起火冒烟,甚至煤斗、炉排局部结构过热变形的现象屡见不鲜。这是此拱段位置较高、出口圆弧半径大,炉腔炽热烟气辐射热深入传递到煤层前端,促使起燃点前移所造成的后果。其次,前端烟气有沿拱面流动的趋势,出口圆弧半径太大,烟气易直接导出烟窗,缩短了烟气流程。特别是紧贴拱面烟气中挥发分与空气得不到充分混合,造成燃烧不完全,易冒黑烟。再次,易造成漏风,尤其是两侧,对于分层给煤装置,小拱过高引起漏风更为突出。为了减少炉腔辐射热传递过度靠前,而把这段拱压低,出口圆弧半径减小,如图 2 -4(b)所示,以遮挡热量的输入,控制煤层起火点距煤闸板 150 ~300 mm。后期的设计都把这段拱高控制在 250 mm 以下,4 t/h 以下的锅炉拱高控制在 200 mm,做成水平或上倾不大于 10°,也有做成反倾 1° ~3°的带凸台的小拱出口,可获得最佳效果,如图 2 -5 所示。缺点是施工复杂,10 t/h 以上的锅炉,小拱长度在 500 mm 左右,可以杜绝烧煤闸板现象的发生。这段炉拱可称为煤闸保护拱。

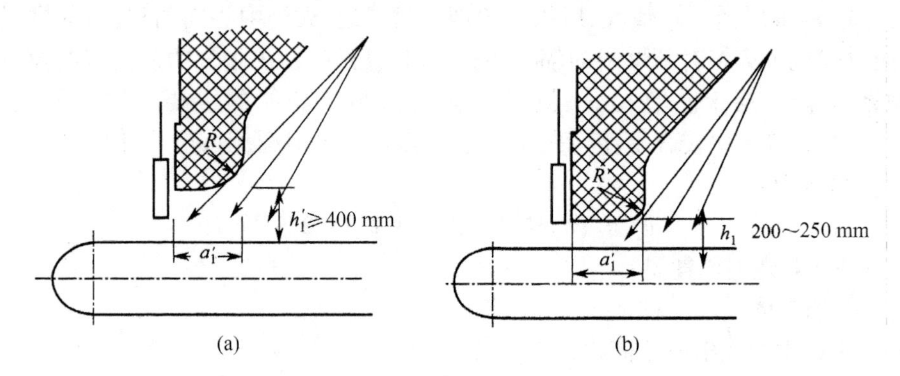

图 2 -4　煤闸保护拱

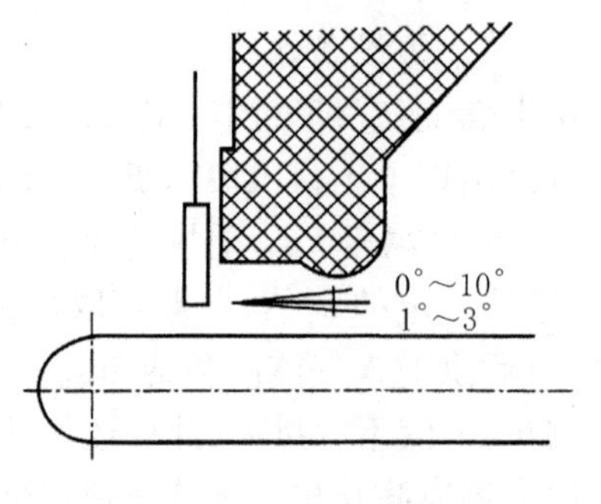

图 2 -5　带凸台的煤闸保护拱

(2)前拱出口凸型单曲拱(突台)结构。图2-6为凸型单曲拱结构,能使紧贴拱面的烟气气流脱离拱面,改变流向,具有部分二次风的作用,促进气流的扰动,在炉膛形成强烈旋涡,有利于可燃气体、碳粒与空气良好混合;有利于延长烟气流程,改善充满度,以使可燃物得到充分燃烧。凸型单曲拱结构,还可促使烟气中所携带的碳粒分离并落在前拱下方,利于新燃料引燃,减少飞灰排出量。

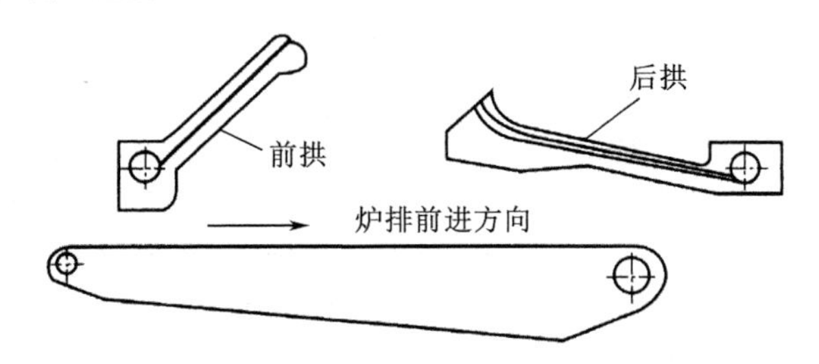

图2-6 前拱出口凸型单曲拱结构示意图

(3)后拱折线结构(人字形拱)。人字形炉拱是将后拱出口段由直线形改变成折线形,将其做成水平段或反向倾斜段。实质上是压低后拱出口高度,这样的结构既保证后拱中部强烈燃烧区具有足够的燃烧容积,又利于提高后拱出口烟气流速,使之具有冲入火床前端的动量。后拱出口折线段长度一般在500 mm左右,反倾角为0°~20°。后拱出口折线段长度过长或反倾角太大,会造成高温烟气所携带的炽热碳粒碰到反向倾斜拱时过早地掉落下来,而削弱引燃作用。双人字形炉拱如图2-7所示。

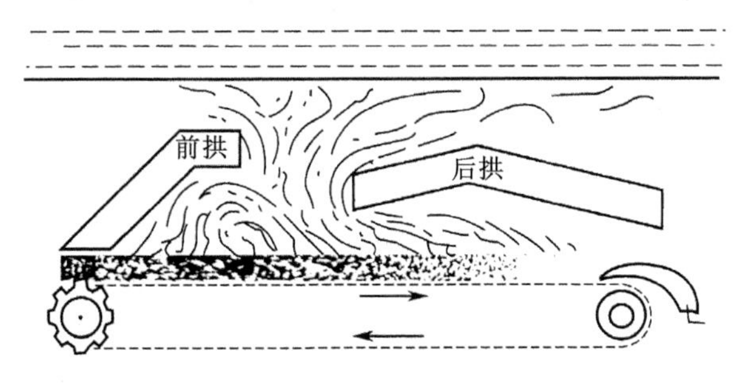

图2-7 双人字形炉拱示意图

(4)后拱出口端部(鼻突)结构。以往的后拱出口都做成曲率半径很大的圆弧,目的是使烟气很顺畅地流出。然而实践证明,这样的结构不利于空间气体的混合,后拱区高温烟气容易沿后拱壁导向出口烟窗,不利于涌向前拱区,削弱了引燃功能。现在后拱出口端部大多设计成直角或锐角结构,以消除圆弧结构的弊端,如图2-8所示。

四、中拱强化燃烧机理和结构优化

前后拱结构具有强化引燃、组织空间气流混合、创造高温条件等作用。目前小型燃煤锅炉在运行中,燃料引燃并不是关键,炉膛结构的不适应表现在大量焦炭不能充分燃尽,造成燃烧效率低,影响锅炉热效率。固定碳的燃烧属于扩散燃烧范围,反应过程中氧化速度大大超过氧气的供给速度。因此固定碳的完全燃烧不但需要创造一个高温条件,而且还在于组织好炉排上的一次混合和空间的二次混合过程。前者取决于炉排通风的合理组织,而后者则取决于空间混合作用的强化程度。

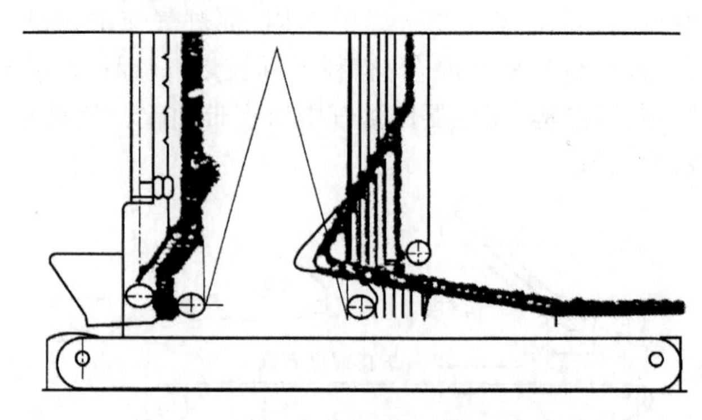

图2-8　后拱出口端部结构示意图

在燃煤挥发分低于设计煤种时，固定碳燃烧区相对扩展，原有的炉腔结构在强化混合作用方面显得钝化，增加中拱结构使固定碳燃烧得以改善，从而强化了整个燃烧过程。

1. 中拱强化燃烧的机理分析

(1)强化空间混合作用。中拱位于原有燃烧室喉口中前部，即固定碳的燃烧带，这里进行着碳的直接氧化和还原过程，是一个包括完全氧化生成 CO_2 及不完全氧化生成还原产物 CO 的过程，这里的中拱把 CO 以及挥发过程残存的少量 H_2、CH_4 等可燃气体分成两股，使之与前后拱汇拢来的过剩氧充分混合，迫使原来不同气体组分的平行气流相互接触混合，得以充分燃烧。中拱把原来一个较宽阔的喉口分割成为两个或多个喉口，其结构与布置如图2-9~图2-11所示。中拱减少了喉口处烟气流通断面，不仅延长了烟气行程，而且提高了烟气流速，强化了空间混合效果。在实践中可明显地观察到，中拱前后有两道明亮修长的火焰流上升，可以说明中拱可强化空间混合效果。

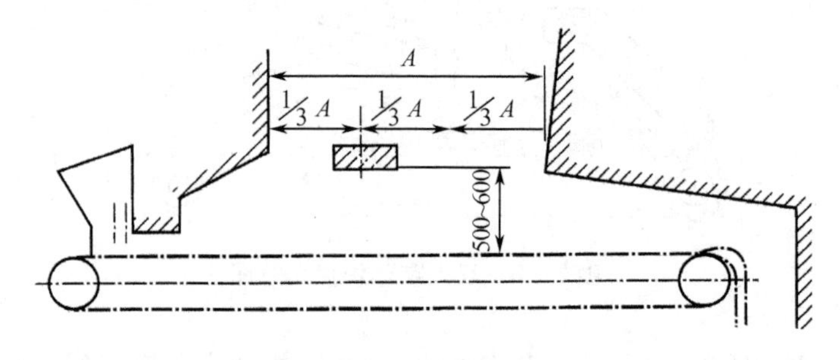

图2-9　中拱布置Ⅰ

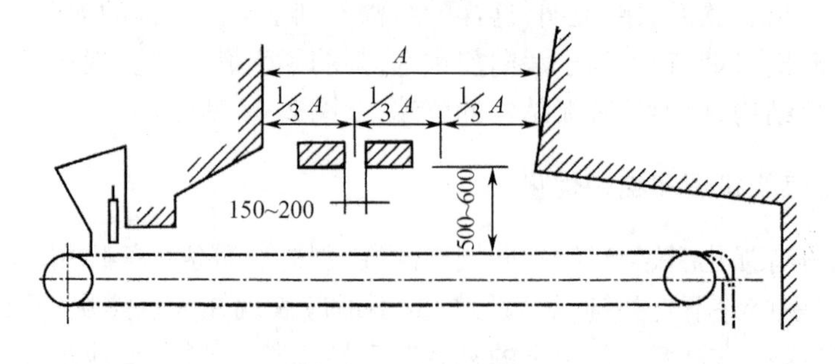

图2-10　中拱布置Ⅱ

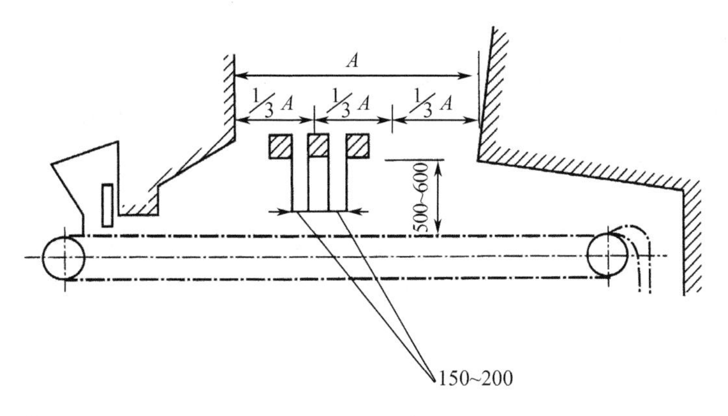

图 2－11 中拱布置Ⅲ

(2)强化固定碳燃烧区辐射传热,创造高温条件。固定碳的燃烧较困难,是灰渣中可燃物的主要来源。当温度在 750 ℃以下时燃烧速度缓慢;到 1 200 ℃以上时,反应速度急剧加快,整体燃烧进程取决于扩散速度。因此固定碳完全燃烧除了应具备良好的混合条件外,最主要的是创造一个高温环境。

固定碳燃烧包括底部的直接氧化层生成 CO_2 放出大量的热,上部的还原层生成 CO 并吸热,造成这一区段的相对冷却。如果 CO 不能及时燃烧放热则使完全燃烧趋于困难,多见火焰短,燃烧逐渐衰减。在该区段布置中拱后,促进 CO 的空间燃烧放热,加热了的中拱以较强的热辐射加速了燃料层的燃烧,形成一个稳定的高温燃烧区。

加中拱后,可以观察到位于中拱下方炉排固定密封块的颜色有明显改变,可以说明中拱增强了辐射传热的效果。

(3)中拱具有很大的蓄热能力,可以促进空间可燃气体和碳粒燃尽,稳定燃烧工况。中拱由耐火材料筑成,具有很大的蓄热能力,是一个热载体,比其占有的同体积的烟气高千倍,因此它不仅可以增强对燃料层的辐射传热,而且可迫使周围空间的可燃气体和碳粒充分燃烧。可以观察到气流中的碳粒在中拱附近形成明亮的颗粒燃烧。此外,这种蓄热能力对负荷波动还有稳定燃烧工况的作用。

(4)对于低矮炉膛,特别是卧式内燃炉膛,中拱的遮冷卫燃、强化燃烧作用更加突出。卧式内燃锅炉燃烧室的特征如下:

①水冷程度高,整个燃烧室几乎为全水冷圆筒形,燃烧热很快被水冷面吸收,难以维持较高炉温,虽然已采取了有效措施,使容积热强度较一般锅炉高两三倍,以维持燃烧过程持续进行,但机械及化学不完全燃烧热损失仍然较大,对于挥发分低的煤种尤甚,表现出对煤种适应性很差。

②炉膛容积小,不仅造成混合空间小,而且受热面对燃料层吸热能力强,使整个温度水平下降,从而固定碳的燃烧更趋困难。

③烟气沿燃烧室纵向流动,从前至后流速逐步提高。在这类炉膛中布置中拱在于发挥它的遮热能力,有效地提高炉膛温度。同时中拱不接触炉胆,并与之保持一定距离,留出一个烟气通道。这样不仅能扰动纵向气流加强混合作用,而且不至于过多地影响辐射受热面的吸热。此外,由于提高了烟气流速,还利于增强受热面对流换热效果。实地观察与测试发现,加中拱后炉膛温度可维持在 1 300 ℃左右,火焰均匀充满炉膛。

2. 中拱结构参数的优化

(1)中拱应布置在固定碳起燃的位置,即固定碳气化区的上方。对于不同炉型,可按以下具体情况选定:①原喉口宽度前起1/3处;②炉排有效长度前起40%处;③煤闸板1.5 m处;④开式炉膛,中拱前沿距前拱不小于250 mm;⑤卧式内燃炉腔,中拱前沿距前拱500~700 mm。

(2)中拱总有效宽度,对于开式炉,可按加装中拱后喉口处的烟气流速5~7 m/s的条件计算而得。对于卧式内燃炉,按照中拱遮蔽辐射受热面积的50%~60%来计算。

为了防止中拱上表面积灰,可将中拱分几段布置,每段宽度等于或小于460 mm,每段之间距离不小于250 mm,以防结焦黏合。

中拱布置过多,烟气阻力增大,炉膛出现正压,同时燃烧生成的气体不易扩散,影响正常燃烧。

(3)开式炉腔中拱净高(中拱底面最高点至炉排距离)500~600 mm;第二段中拱可比第一段低100 mm,可采取水平布置,也可与后拱采取同样角度,以提高对烟气的扰动作用。

卧式内燃炉膛中拱上表面最高点距炉胆表面距离:2 t/h炉可取80~100 mm;4 t/h炉可取120~150 mm。

中拱过低,易结焦甚至影响煤层的均匀性,且砌筑困难,坚固性差;中拱太高,不仅降低了对燃料层的辐射传热效果,且由于可燃气体浓度下降,削弱了中拱的混合功能。

(4)开式炉膛中拱厚度可取230 mm;卧式内燃炉膛,对于2 t/h炉可取115 mm,4 t/h炉可采取230 mm。

中拱太薄削弱了蓄热能力,容易损坏;中拱过厚,尤其在内燃炉膛里,烟气阻力增大。

综上,实现中拱强化燃烧的功能,除了合理布置中拱外,还需要其他条件的配合,诸如燃煤的合理混配、加水、改进配风、精心操作等。实践证明,强化固定碳的燃烧是提高燃烧效率的关键。中拱提高了炉膛温度,改善了混合过程,强化了燃烧条件,简单易行且实用。

五、燃用无烟煤、劣质煤、挥发分较高煤的炉拱特点

1. 无烟煤的特征

(1)无烟煤的形成、成分与分类

古代植物经地壳运动埋藏于地下,隔绝空气长期经受高温高压以及微生物的综合作用,发生复杂的物理化学变化,不断分解出二氧化碳、水、甲烷等气体,碳含量逐渐增加,这就是煤形成的碳化过程。随着地质条件和埋藏年代长短的不同,煤的碳化程度不同,煤的成分和性质也各不相同,可依次分为褐煤、烟煤和无烟煤,并具有不同的燃烧特性。

无烟煤是碳化程度最高的煤种,色黑、质坚、密度大、气孔少、破碎面具有金属光泽。无烟煤含固定碳在60%以上,氢、氧含量较少,挥发分含量低,在10%以下。尤其是Ⅱ类无烟煤,含碳量在70%以上,挥发分在6.5%以下,燃料比(固定碳/挥发分)为7~12。故无烟煤的着火温度高、性能差、着火困难。我国无烟煤预测资源量达4 742亿吨,居世界首位,储量仅次于烟煤,山西、贵州储量占70%以上。高效地利用好这些资源,对于实施西部大开发战略、缓解资源紧张状况、保证我国国民经济可持续发展具有重要意义。有关工业锅炉行业用无烟煤见表2-2,工业锅炉设计用无烟煤代表煤种见表2-3。

表 2－2　工业锅炉行业用无烟煤

类别	干燥无灰基挥发分 V_{daf}/%	收到基低位发热量 $Q_{net,ar}$/(MJ·kg^{-1})
Ⅰ类	6.5～10	<21
Ⅱ类	<6.5	≥21
Ⅲ类	6.5～10	≥21

表 2－3　工业锅炉设计用无烟煤代表煤种

类别	产地	挥发分 $V_{daf,ar}$/%	碳 C_{ar}/%	氢 H_{ar}/%	氧 O_{ar}/%	氮 N_{ar}/%	硫 S_{ar}/%	灰分 A_{ar}/%	水分 M_{ar}/%	低位发热量 $Q_{nar,ar}$/(MJ·kg^{-1})
Ⅰ类	京西安家滩	6.18	54.7	0.78	2.23	0.28	0.89	33.12	8.00	18.18
	四川芙蓉	9.94	51.53	1.98	2.71	0.60	3.14	32.74	7.30	19.53
Ⅱ类	福建天湖山	2.84	74.15	1.19	0.59	0.14	0.15	13.98	9.80	25.43
	河北峰峰	4.07	75.60	1.08	1.54	0.73	0.26	17.19	3.60	26.01
Ⅲ类	山西阳泉	7.85	65.65	2.64	3.19	0.99	0.51	19.02	8.00	24.42
	河南焦作	9.48	64.95	2.20	2.75	0.96	0.29	20.65	8.20	24.15

(2)无烟煤的燃烧特性

无烟煤的形成和成分决定了它的燃烧特性,由于埋藏年代久远、碳化程度高、固定碳含量高、挥发分含量低,Ⅱ类无烟煤挥发分 $V^r < 6.5\%$,使得无烟煤燃烧化学反应性能很差,着火温度高达 700～900 ℃(Ⅰ类约 800 ℃,Ⅱ类约 900 ℃,Ⅲ 类约 700 ℃)。在燃烧初期释放出的可燃气体极少,产生的热量较少,难于着火和维持稳定的燃烧,因此解决新煤的点燃在炉拱设计中居于首位。另外,无烟煤燃烧时呈青蓝色的短火焰,颗粒中气孔少,空气不易与煤的表面接触,因此燃烧速度缓慢,燃尽需要时间长。无烟煤燃烧过程中,易爆破成碎片,故其炉排表面热负荷低(580～815 kW/m^2),煤层通风阻力系数高(机械通风时 $\zeta = 350 \sim 525$),因而燃用无烟煤的链条炉排应有足够的长度和面积。

2. 燃用无烟煤炉拱的特点

如上所述,无烟煤着火非常困难,因此燃用无烟煤时,炉拱首先应保证无烟煤的可靠点燃,还应保证良好的燃烧工况。由于无烟煤挥发分极低,火焰短,炉拱辐射引燃作用有所减弱,而炉拱导流引燃起着极其重要的作用。为了强化炉拱导流引燃功能,其后拱的显著特点是低而长,后拱覆盖率在 60% 以上,对于 Ⅱ 类无烟煤,后拱覆盖率高达 68% ～75%,后拱倾角小,α 为 6°～8°。Ⅱ类无烟煤链条炉排锅炉炉拱布置如图 2－12 所示。后拱长,其出口更接近火床前端,可以有效地将燃烧区的火焰和高温烟气导入并将炽热碳粒撒落在新燃料上,提供充分的热源,促进着火的稳定。后拱较低的倾角,提高了后拱出口烟气流速,维持在 w_2 值为 7～10 m/s,使高温烟气获得足够的动量得以冲入新煤区,强化对流传热,尽快引燃着火。燃用无烟煤时前拱应与后拱相呼应,密切配合才能形成强化引燃并促使燃尽。前拱的特点是短而高,包括炉墙形

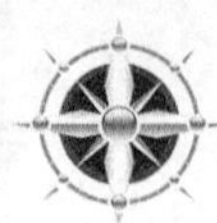

成一个高温烟气空间，强化对新煤的热辐射；吸收后拱导入的高温烟气热量，提高了前拱温度，同样可强化对新煤的辐射；与后拱组成良好的空气动力场，以组织高温气流对新煤对流传热并分离炽热碳粒，保证新煤能尽快起燃。前拱出口高度应高出后拱出口端，并要有一定高度差，一般可取 h_2 的 2 倍左右，前拱覆盖率为 20% ~25% ，喉口烟气流速控制在 7.5 ~9.0 m/s。应用耐火材料包覆前拱区前墙及侧墙水冷壁，在燃烧室拱区内侧墙水冷壁上敷设卫燃带至喉口鼻突高度，以维持高温环境。有关后拱参数见表 2 –4。

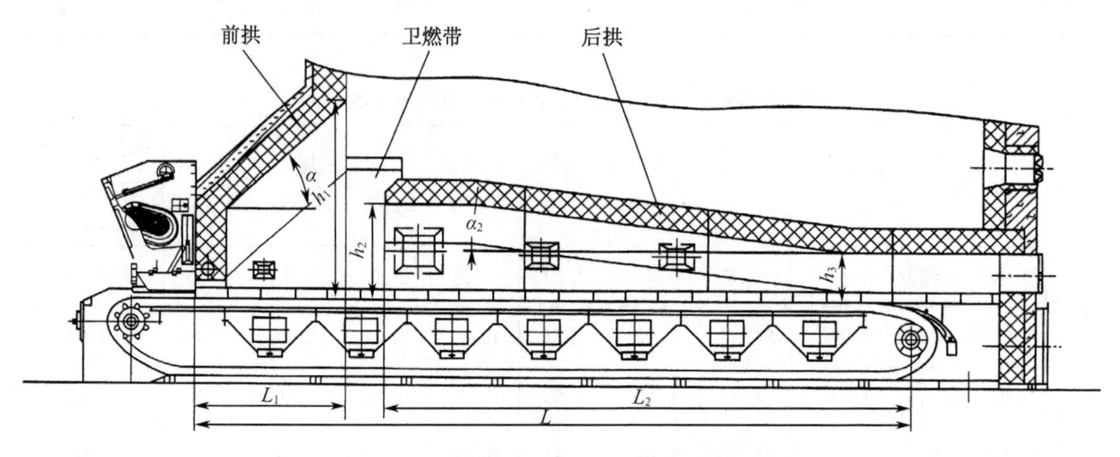

图 2 –12　Ⅱ类无烟煤链条炉排锅炉炉拱布置图

表 2 –4　部分无烟煤链条炉排锅炉后拱参数

炉排形式	锅炉型号	炉排长度 L/m	后拱覆盖率 a/%	后拱倾角 α_2/(°)	后拱高点距离 h_2/m	后拱低点距离 h_3/m
中块活芯炉排	DZL2 –1.25 –WⅡ3	4.5	70	6	0.614	0.32
	DZL4 –1.25 –WⅡ3	5.43	70.5	8	0.68	0.40
	SZL6 –1.25 –WⅡ	7	70	7	0.68	0.36
	SZL10 –1.6 –WⅡ	7.8	75	7	0.8	0.36
鳞片式炉排	SHL4 –1.6 –WⅡ	6	72	8	0.84	0.35
	SHL6 –1.6 –WⅡ	6.5	70	8	1.00	0.40
	SHL10 –1.6 –WⅡ	7	68	8	1.04	0.40
	SHL20 –2.5/400 –WⅡ	8.5	70.5	8	1.02	0.45

3. 强化无烟煤在链条炉排上燃烧的其他措施

(1)燃料层前部区域采取高温烟气下抽。将炉排下第一风室单独密封，专门设置风机，将燃烧室高温烟气向下穿过煤层抽出。利用 1 000 ℃左右烟气将入炉新煤加热，使其迅速升温、干燥预热、析出挥发分，完成热力准备阶段，有效地解决无烟煤着火迟缓的难题。吸风机前要有除尘装置。

(2)采用较高预热空气温度。为了改善无烟煤引燃和燃尽条件，燃用无烟煤的锅炉必须加装空气预热器。热管式空气预热器体积小，传热效率高，布置简单方便，近年来得到了广泛应用。

4. 劣质煤燃烧特性

(1) 劣质煤是指高灰分、低热质烟煤,发热量在 12.979 ~ 17.585 MJ/kg(3 100 ~ 4 200 kcal/kg),挥发分 $V_{daf}>20\%$。

①着火点后移。由于高灰分的存在,达到着火温度的热力准备阶段需要吸收更多的热量导致着火点后移。

②燃烧缓慢。碳粒被更多的灰分包裹,氧气向碳粒内部扩散速度减小,燃烧速度减慢,燃尽困难。

③易结焦。劣质煤灰分多,在炉排主燃区易形成低熔点的共晶体,熔融状态的灰将碳粒包裹,碳粒燃尽更加困难,多见黑心炉渣,灰中可燃物增高。严重时在火床上形成大块或大片焦渣,破坏了通风,使燃烧状况恶化,危及正常运行。链条炉排不宜燃用灰的变形温度低于 1 200 ℃的煤。此外,为了输入额定热量,既要增加煤层厚度,增加炉排面积,又要加大通风,增加烟尘量,加大了排烟热损失。

④采用洗选煤措施。从源头上对其进行洗选,脱除灰分 50% ~ 80%,再专设炉拱,效果更好。

(2)为使劣质煤及早着火并充分燃尽,应适度加大前、后拱覆盖率,后拱出口烟气流速控制在 8 ~ 10 m/s,喉口烟气流速控制在 7 ~ 9 m/s。同时应设置空气预热器,采用热风助燃以强化燃烧。此外在炉排强燃烧区加装炉内松煤器,以翻松煤层、脱落灰层、破碎焦炭,提高燃烧效率。

(3)设置空气预热器,使热风温度达到 150 ℃以上,以利于劣质煤的尽早点燃和维持炉膛内的高温环境,促其燃尽。在难以达到较高热风温度时,可采用两段送风方法,即将部分空气加热到理想温度,仅送到炉排前部,包括燃料预热段和主燃区前一部分,其余部分仍送入未经预热的空气。这种方式有助于解决劣质煤的点火和固定碳起燃的问题。

5. 高挥发分煤燃烧特性

(1)高挥发分煤与无烟煤相反,它埋藏年代短,碳化程度低,挥发分含量高,V^r 在 30% 以上。其燃烧特性与无烟煤有很大的差异。

①挥发分热分解析出温度低,从褐煤到烟煤此温度为 130 ~ 400 ℃,陕西神府煤为 222.7 ℃。

②挥发分析出量大而且集中,仍以陕西神府煤为例,从挥发分开始析出的 222.7 ℃到析出终止的 289.2 ℃,挥发分析出量达 78.3%。

③易着火。

④着火后形成较长的火焰。挥发分是由碳氢化合物组成的复杂混合物,在热分解产物被烧成灼热状态时发出光亮而修长的火焰。

⑤高挥发分煤中重碳氢化合物较多,受热分解经历一系列复杂变化后生成炭黑粒子和芳香族碳氢化合物。这些物质很难燃烧,有时即使有过量的空气,仍不能与氧完全反应,出现不完全燃烧的情况。一部分未燃碳粒子被空气冷却,或在燃烧中过早地与受热面(壁温约为 200 ℃)接触被冷却,即形成炭黑,因此燃用高挥发分煤极易冒黑烟,严重污染环境。很难组织好包括这种炭黑在内的不完全燃烧,热损失高达 10% 以上。

(2)高挥发分煤对链条炉排燃烧过程的影响。

①高挥发分煤在热力准备阶段析出大量挥发分且易着火,因此在链条炉排燃烧方式中燃料引燃不是主要障碍,容易实现燃烧前部的稳定。但由于燃料着火过快,燃煤一进煤闸即

迅猛着火，极易发生在煤斗内提前燃烧的问题，致使煤斗构件过热变形及炉前窜烟。

②由于挥发分集中在火床前端大量析出并立即起燃，炉排前部配风要有良好的适应能力以足够的通风满足挥发分充分燃烧的空气量。但是往往因难以与空气实现最佳混合，前拱面附近局部缺氧，火焰呈暗红色。为了有效克服炭黑易冒黑烟、污染环境等问题，应保持燃烧室前部的高温环境，且应具有良好的混合结构，保证可燃气体和碳粒燃尽。

③由于高挥发分煤易燃的特性，沿炉排长度方向，燃烧强烈区前移，炉排中后部煤层急剧减薄，甚至炉排裸露，漏风严重，导致该区域温度低。尽管有较高的氧气量和停留时间，燃料还是不能充分燃烧，造成灰渣含碳量高，燃烧效率降低。因此燃用高挥发分煤时必须具有良好混合性能的炉膛结构、合理的二次风配置，以及燃烧室中后部区域应具有良好的保温措施。

(3)燃用高挥发分煤炉拱特点。燃用高挥发分煤时炉拱要具有良好的混合功能，适当增加炉拱覆盖率，尤其是要增加后拱覆盖率。

①视挥发分含量高低情况，后拱覆盖率维持在50%以上。

②增加炉拱覆盖率，有利于强化炉内燃烧以及沿炉排长度方向燃烧室大范围气体的混合作用。适当加长后拱，组织后拱区过剩空气高速进入缺氧的前拱区。采用人字形后拱提高后拱出口烟气速度，加大烟气扰动，强化混合作用，延长烟气在燃烧室停留时间，利于可燃气体以及固体碳粒燃尽。

③适当加长后拱，减少受热面的吸热，利于维持后拱区较高温度，促使固定碳尽快燃尽，降低灰中可燃物。

(4)良好的前拱结构是消烟的关键。

黑烟形成的部位在沿炉排长度方向煤的着火线后0.5～1 m，高度方向在煤层表面0.1～0.3 m，是在高温缺氧条件下 C_nH_m 分解形成的，而黑烟一旦形成就很难消除。控制着火区温度，减缓挥发分析出速度，尤其是要迫使贴壁流动的黑烟层与拱面分离，避免直接进入低温区排出燃烧室。将其与后拱导入含充足氧气的高温烟气剧烈混合，使之燃烧充分，是消除黑烟生成的主要应对措施。可采用带预燃室结构的消烟炉拱，如图2－13所示，应适当降低其出口高度，减少来自炉内高温烟气的大量辐射传热；以减缓煤层挥发分析出速度和热裂解速度；并应通过自身空间内的燃烧来抑制黑烟的生成，迫使烟气脱离拱壁面并以一定的速度进入高温区，与后拱涌入的富氧、高温烟气流充分混合，实现消烟，可见预燃室出口应尽量压低，但须防止过分降低，造成预燃室正压的发生；通常还需采取在后拱上加筑挡墙或格子墙以及合理布置二次风及时补充氧气的措施来消除黑烟。

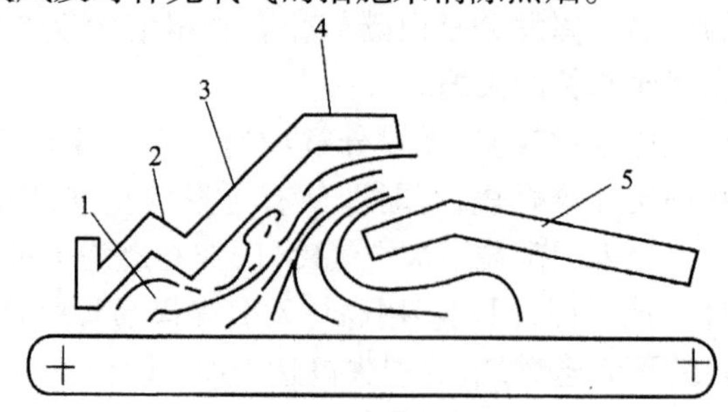

1—预燃室；2—前拱下段；3—前拱上段；4—前拱出口段；5—人字形后拱。

图2－13　消烟炉拱结构

六、可调炉拱和卫燃带

针对煤炭供应紧张、质量差、供应渠道多元化、燃用煤种多变的客观状况，在过去的20多年中，一方面，在提高炉拱适应性、开发新型宽煤种炉拱方面取得了显著成就；另一方面，运用“以变应变”思路来解决固定炉拱适应的单一性与煤种多变的矛盾方面也做出了有益的尝试，出现了“活动拱”和“可调节拱”等应用技术，都取得了很好的经济效益和环境效益，使炉拱技术有了新发展。

1. 活动炉拱

(1)活动炉拱结构是用改变后拱覆盖率的方法满足不同煤种和负荷的燃烧要求。对比燃用不同煤种链条炉的后拱，它们之间的区别主要在于拱的高度、倾角和长度的变化，其中长度变化的影响是主要的。图2－14所示炉膛结构，后拱高而短，开阔的炉膛适于燃用挥发分较高的Ⅱ、Ⅲ类烟煤；图2－15所示炉膛结构，后拱低而长，出口靠前，利于燃烧室中后部高温烟气及炽热碳粒涌向前拱区，适于燃用挥发分较低的无烟煤和劣质煤。若将燃用不同煤种的炉拱叠合在一起，可形成图2－16所示炉膛结构。

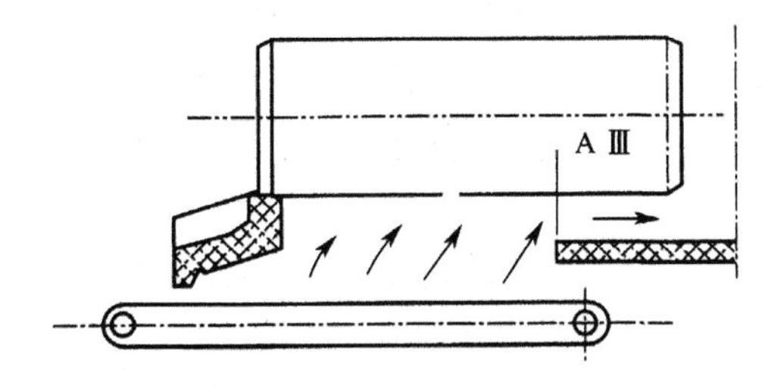

图2－14　设计燃用“AⅢ”等优质煤的炉拱位置示意图

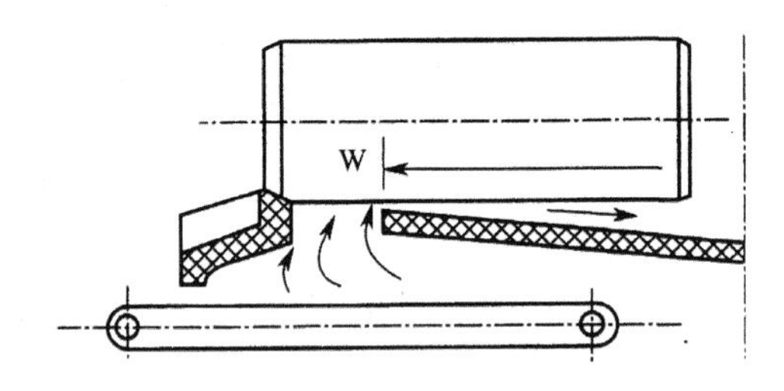

图2－15　设计燃用“W”等劣质煤的炉拱位置示意图

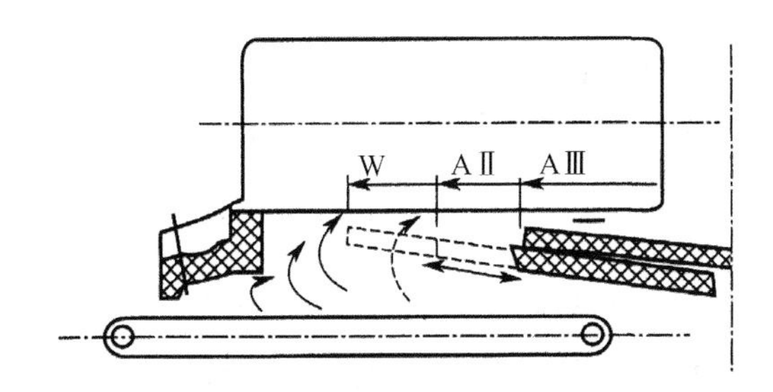

图2－16　可以调节的炉拱位置示意图

注：炉拱调节至AⅢ位置时可燃优质煤；炉拱调节至AⅡ位置时可燃中质煤；炉拱调节至W位置时可燃劣质煤。炉拱调节开大时适应锅炉高负荷；炉拱调节关小时适应锅炉低负荷。

当煤种发生变化需要改变炉拱尺寸时，可通过对活动拱调节的方式来满足，从而实现炉拱与煤种动态匹配，使燃料的燃烧始终处于最佳状态。

(2)活动拱设计原则如下：

①首先应根据煤种变化范围和负荷变化情况进行设计；

②选择后拱出口烟气流速范围为5～15 m/s；

③控制炉拱下温度，使燃煤不致结焦；

④便于不停炉调节和除去拱上积灰；

⑤炉拱调节机构的金属机械零件，在炉膛1 000 ℃以上高温环境下工作不被烧坏，保证使用寿命3～5年，且改造费用低廉。

(3)活动炉拱的调节，可在锅炉运行中通过自动控制装置来实现。当煤质变差、负荷变低、着火线后移、炉温下降时，热电偶发出低温信号，启动电机传动装置，将活动拱推向炉膛前部。增加对炉排的覆盖长度，后拱出口烟气流速加大，高温烟气及炽热碳粒导向前拱区，温度升高，加速着火并燃尽。

当煤质变优、负荷增高、着火线前移、前拱区温度过高，可能结焦或出现烧煤闸的危险时，热电偶发出高温信号，启动电机传动装置，将活动拱推向炉膛后部。减少后拱对炉排的覆盖长度，后拱出口烟气流速减小，燃烧中心后移，前拱区温度下降，达到正常安全燃烧，使锅炉在煤种和负荷变动中始终维持最佳燃烧状态。

2. 可调节炉拱

(1)可调节炉拱，是通过调节后拱出口高度和出口段倾角的办法，针对燃用不同煤种，实现拱区空气动力场最佳组织，使燃料的燃烧处于最佳状态。

当煤种发生变化时，燃煤的挥发分、发热量、燃烧所需空气量以及燃烧生成的烟气量随之发生变化。这时后拱出口烟气速度、烟气动量也发生改变，应及时调整后拱出口高度，改变后拱出口截面积，使后拱出口烟气速度、烟气动量达到理想状态。调节后拱出口段倾角，后拱出口烟气流动方向发生改变，使前拱高温区位置和烟气涡旋更加合理，燃煤着火燃烧更加稳定充分。

(2)可调节炉拱设计原则如下：

①后拱出口段可实现自由转动，最大旋转角度为180°。用手轮在炉外操作，调节升降装置可在180°范围内调整到任一角度。

②应满足炉膛高温环境下正常工作的要求，主轴材质应采用耐高温合金钢。选取较大系数，并采取相应技术措施加以保护。

③在炉膛宽度较大的情况下，主轴和转动段要有足够的强度和刚度，确保不变形，载荷均匀合理。有实例表明，29 MW锅炉可调节炉拱支点为6 m高时，运行两个取暖期未发现任何问题。

3. 卫燃带

用耐火材料或其他材料把燃烧室中部分受热面包覆或遮挡起来，以减少辐射传热，创造高温环境，提高炉膛温度，从而实现燃料尽快着火和稳定燃烧。被遮挡起来的部分称为卫燃带或燃烧带。敷设卫燃带是煤质低劣、发热量不高、运行负荷低导致燃烧状况恶化时普遍采用的有效技术措施。

(1)煤种劣化、负荷降低对锅炉燃烧带来的影响。

锅炉燃烧室结构总是对应于设计煤种特性的，而在实际运行条件下煤种经常会发生变动。当煤质劣化,尤其是挥发分低于设计煤种时,很容易出现推迟着火、炉膛温度降低、锅炉出力减小,不能满足用户要求;当锅炉运行负荷较低时,由于总燃料量的供给减少,也会造成温度降低。这两种情况都会因温度水平降低而导致煤炭燃烧效率下降,严重影响锅炉热效率。

当其他条件一定时,燃料的燃烧效率主要取决于燃烧温度及燃料在高温区停留的时间。燃烧速度与温度呈指数函数关系,炉温降低会大大恶化燃料燃烧特性,降低燃烧速度,特别是燃料发热量主体固定碳部分难以燃尽,多见灰渣可燃物陡增,造成煤炭的严重浪费。

(2)设置卫燃带是提高燃烧区温度的主要措施。

为改善链条炉对煤种、负荷的适应性,除采取优化炉拱与结构尺寸设计、改善炉排横向配风均匀性、在炉排上部加装燃尽风、对入炉煤进行颗粒分级外,尚可采用活动炉拱、卫燃带、活动遮热板等技术措施,用以抑制锅炉受热面的吸热,创造高温环境,为提高燃烧效率创造基本条件。

布置在燃烧室高温区两侧的水冷壁受热面是锅炉主要的辐射受热面。它的换热强度比对流受热面要大得多,其布置数量的多少是通过热力计算,在设计煤种、额定负荷保证炉膛燃烧温度条件下确定的。当煤质劣化或锅炉运行负荷降低时,由于燃烧区水冷壁的强烈吸热,加剧了该区域温度下降的程度。此时可在强烈燃烧区两侧的水冷壁受热面上敷设卫燃带。具体做法是用耐火混凝土把水冷壁管包埋起来,减弱吸热能力,以求在不结焦的前提下获得最高的炉膛温度,加快燃烧速度,提高燃烧效率。敷设卫燃带是非常简单、有效的改善炉膛温度的办法。一般卫燃带距水冷壁管表面 3 ~ 4 cm,卫燃带高度按煤的挥发分数值而定,直至达到喉口部分。为了适应煤种、负荷变化,近年来有关部门已研制成功调整包敷面积的活动遮热板和可调卫燃带装置,能有效提高锅炉设备运行中对煤种、负荷变化的适应能力。

(3)敷设卫燃带应注意如下几个问题:

①卫燃带敷设位置的顺序应为由前至后,由下至上,高度应按燃煤挥发分的多少、负荷减少程度确定,一般自炉排起 700 ~ 1 300 mm,最高可至喉口处。

②卫燃带应由水冷壁承重,不直接与炉墙连接。因此在浇筑耐火混凝土卫燃带时应与炉墙留有一定间隙,实际施工时可贴炉墙放一层 2 ~ 3 mm 隔离填充物。

③合理布置膨胀缝,水平方向每隔 0.5 ~ 1 m 留膨胀缝 4 ~ 5 mm,竖直方向每隔 1 ~ 1.5 m留膨胀缝 4 ~ 5 mm。

④卫燃带厚度的确定。卫燃带损坏主要是由于温度变化造成的热应力和焦砟的侵蚀,因此厚度的选择至关重要。耐火混凝土层太厚,则表面温度升高,增加结焦倾向;太薄则易脱落。卫燃带表面距水冷壁管壁一般 30 ~ 40 mm。为使耐火混凝土层附着更牢固,可在水冷壁(竖直)管上焊接销钉,为了施工简便,通常用直径 2 ~ 3 mm 的镀锌低碳钢丝(12 ~ 15 号)绑扎在管子上形成扭辫,代替焊接销钉,扭辫间距为 250 mm 左右,错列布置。卫燃带结构如图 2 – 17 所示。

(4)卫燃带可以改善煤质劣化、运行负荷降低工况下的燃烧状况。为了更好地适应煤种与负荷变化,做到实时跟踪,达到更好的燃烧工况,近年来出现了可调节卫燃带——活动遮热板装置。活动遮热板装置由外层固定板和内层可上下移动的活动板、顶密封、驱动装置及导轨组成。内层活动板向下移动可改变遮挡受热面积的大小,从而改变辐射受热面的吸热量,以维持燃烧区在不结焦前提下的最高温度,达到较高的燃烧效率。活动遮热板装置位于燃烧室内,长期在高温条件下工作,环境恶劣,构件均由耐高温材料制成。其中导轨直接焊接在水冷壁上以强制冷却,遮热板由铝基微孔陶瓷材料嵌入耐热钢构架复合而成。研究证明,铝基微孔陶瓷材料是一种理想的耐热材料,耐热钢构架靠近水冷壁一侧,在 700 ℃温度下可安全工作达 100 000 h。

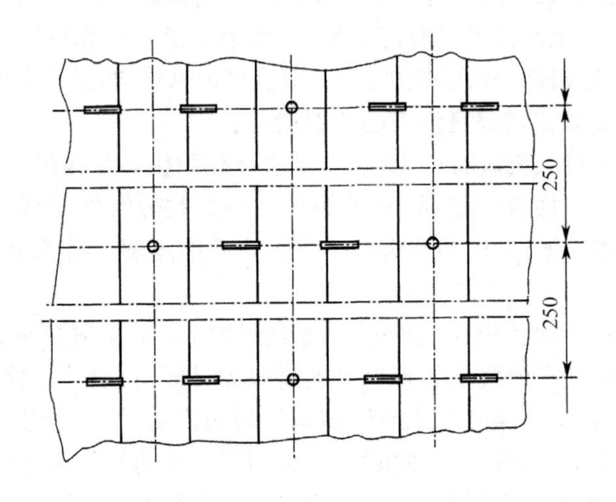

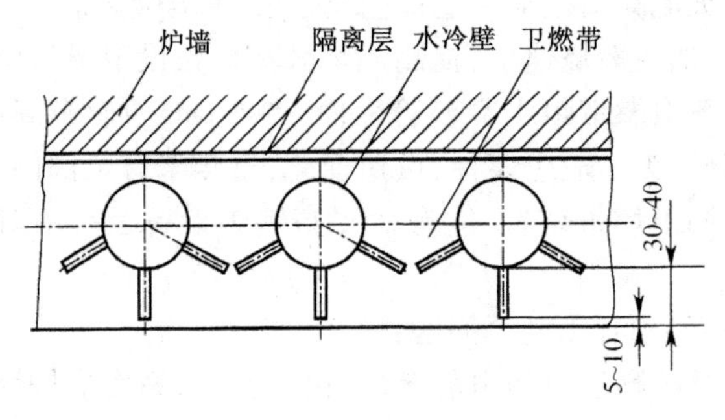

图 2-17　卫燃带结构图

七、炉拱构筑和新型材料的应用

1. 炉拱的设计与构筑

(1)异形耐火砖砌筑的炉拱。

①利用楔形耐火砖中部起拱、两侧承力筑成炉拱,两侧支撑面(拱脚)除承受垂直重力外,尚承受水平分力,砌筑时应注意结构上的这种要求。此种炉拱结构简单,易砌筑,但炉拱跨度受到一定限制,仅限在小型锅炉上应用。具体做法是首先按拱形设计尺寸制作并架设拱胎,沿拱胎自两侧向中间砌筑,当最高点的一行砖用木槌敲入后,拱胎承力即大为减轻,便抽出。

②借助于专用金属支架,来支撑或吊挂异型耐火砖组成炉拱,可以构成沿炉排等高度的平面或曲面,获得任意形状的炉拱。但这种炉拱金属支架复杂,全套异型砖种类繁多,需专门订制,因此近年来应用逐渐减少。

③将异型耐火砖挂装在水冷壁管子上组成炉拱,再通过水冷壁管子上的吊装件将炉拱

重力传递到锅炉钢架上，此种构筑形式的炉拱应用较为广泛。

以上三种炉拱所用的普通耐火砖，均为耐火材料厂加工烧制的成品砖。其质量应符合国家标准的要求，可以保证炉拱的质量，同时对炉拱的要求不高。

(2)耐热混凝土炉拱。

以矾土水泥为结合剂的各种耐火骨料和粉料按比例配制水泥耐热混凝土，采取现场支模捣制的办法来完成，施工制造方便，热稳定性、整体性、气密性好，比用耐火砖砌筑的炉拱耐用。

①土水泥耐火黏土炉拱，现场浇筑主要材料配比(质量比)如下：

a. 矾土水泥(400#以上)，15%(12%～20%)；

b. 高铝矾土熟料粉(细粉)，10%(0～15%)；

c. 高铝矾土细骨料(中骨料)，30%(30%～40%)；

d. 高铝矾土粗骨料(大骨料)，45%(35%～45%)；

e. 水灰比10%～15%。

②注意保持合理膨胀间隙。如在水冷壁管上要包覆一层隔断层，使水冷壁管在温度变化时可以自由膨胀。在炉拱与燃烧室侧墙之间要留有伸缩缝，待拆除模板后将缝隙清理干净，用硅酸铝绳涂上耐火泥整齐地塞入其中，保证炉拱在升温膨胀时不致胀裂炉墙。

③严格按照炉拱设计尺寸支设模板。模板内表面要平整光滑、严密不漏浆；模板支撑要牢固，确保正常振捣施工中不断裂、不变形。炉拱面积较大时，应分段支撑，便于振捣均匀，保证整体质量。

④在浇筑施工中，首先严格按配比分别对不同组分称量，干料要搅拌均匀，特别是要严格掌握加入水量，不可超过标准配制。快速搅拌均匀，注入模板后应快速振捣，要达到灰浆均匀饱满。在浇筑大型炉拱时可分批搅拌，分段浇筑，但必须连续作业，整个炉拱要一气呵成。同时要按热膨胀规定合理留有膨胀缝。

⑤对于大型锅炉，前拱前端以及后拱头部，这些部位相对体积较大，耐火混凝土较厚，在运行中冷却条件差，尤其是在锅炉启停较频繁时炉拱局部易脱落损坏。此时可在这些部位配置钢筋，但应特别注意此处钢筋长期处于高温环境，另外钢材与耐热混凝土热膨胀系数相差甚大[钢材热膨胀系数为 11×10^{-6}/℃，耐热混凝土热膨胀系数为 $(5.0\sim6.5)\times10^{-6}$/℃]。鉴于这些特殊情况，首先要采用耐热钢筋，如1Cr13，ϕ14～16 mm；其次要使钢筋与混凝土构件之间留有适当间隙，即在钢筋表面要有一定厚度的隔离层；再次是保证钢筋与向火面有12 cm以上的保护层。

⑥浇筑后强度达到50%以上时即可拆除模板(视环境温度条件，一般在浇筑后24～48 h)，自然养护10～15 d，再按升温曲线的要求，一般需7～10 d。

2. 新型材料炉拱

(1)新型碳化硅炉拱。

传统炉拱多采用普通黏土质耐火材质，而新型碳化硅炉拱具有更高的耐压强度和耐火度、较低的热膨胀系数，同时附有较强的远红外辐射性能。因而碳化硅炉拱耐烟气流冲刷，使用寿命长，可提高炉膛温度，煤种适应性强，节能效果好。某台2.8 MW锅炉应用效果见表2-5。

表 2-5　碳化硅炉拱与黏土质炉拱测试对比情况

项目	黏土质炉拱		碳化硅炉拱	
	Ⅰ	Ⅱ	Ⅰ	Ⅱ
锅炉出力/MW	2.28	2.35	2.74	2.78
燃料消耗量/(kg·h^{-1})	610	625	718	720
单位消耗煤量/(kg·MW^{-1})	187	186	170	168
正平衡热效率/%	65.64	65.93	72.96	72.76
炉渣可燃物含量/%	20.4	21.5	12.5	11.7
炉膛温度/℃	1 040	1 050	1 150	1 140
节能率/%			9.4	

碳化硅是一种半导体材料，受热后能产生远红外辐射效应，由于红外线波长较长，透过炉膛内烟尘向四周辐射，被受热面吸收。而黏土质耐火炉拱属灰体材料，远红外辐射能力较差，热反射能力也相当差。因此碳化硅炉拱能有效地促进煤在炉膛内的燃烧，加快氧化反应速度，缩短反应时间，煤中挥发分及其他可燃成分得以充分燃烧，节能减排效果好，减少对环境的污染。

碳化硅分子式为 SiC，其中 Si 占 70.45%，C 占 29.55%。其分子结构是共价晶体，通过固相反应在高温下生成具有 α 相和 β 相多晶体。其化学成分和结构决定了它具有高硬度、高熔点、高稳定性和半导体的理化性能，硬度可达 13 新莫氏硬度，在 1 600 ℃以下可长期稳定使用，2 000 ℃以下耐酸性物质侵蚀，1 000 ℃以下耐碱性物质侵蚀。

(2)高温远红外辐射涂料的应用。

改善炉拱性能的另一种常用方法，是在前后炉拱、侧墙及卫燃带表面涂刷高温远红外辐射涂层。由于涂料层直接暴露在燃烧室的表面，在高温下远红外辐射率增大（大于燃煤和火焰的辐射率），辐射传热量增大，强化了炉拱辐射传热功能，从而促进炉排上的煤和空间可燃物充分燃烧，利于燃料引燃，提高燃烧效率，对于难以着火的无烟煤尤为适用。

炉拱涂刷远红外涂料后：一是炉排上层燃烧工况改善，燃烧加快了；二是炉膛平均温度提高 30～70 ℃；三是灰渣含碳量、飞灰含碳量都有所下降，使机械不完全燃烧损失下降（有实例显示 q_4 下降达 6.3%）。

高温远红外涂料可以用涂刷的方法施工，也可以喷涂施工。对高温远红外涂料的基本要求是其在高温工况下不挂焦，涂层不脱落。

八、配风的基本概念与标志

锅炉合理配风是提高燃烧效率、节约燃料、保证出力的重要条件。合理配风就是在确保燃料充分燃烧的前提下实现最低空气系数，既要保持一定的空气量，满足燃烧过程对氧气的需求，又要保证空气与燃料充分接触并混合，使空气得到有效利用。合理配风就是寻求最佳的“量”与“质”的技术手段。

链条锅炉合理配风的标志：一是确保燃料的充分燃烧，合理控制火段（火床长度），炉膛出口空气系数控制在 1.3 左右；二是火焰致密均匀，燃烧不偏斜，具有良好的火焰充满度；三是燃烧中心位置适当。良好的配风要有良好的通风设备、较高的操作水平,其通过炉膛出口空气系数来检验。因此,搞好链条炉排一次风的分配是提高链条炉燃烧效率的关键技术之一。

九、链条炉排燃烧方式对配风的基本要求

链条炉排燃烧所具有的分段燃烧以及燃烧在炉排与空间同时进行的特性,决定了沿炉排纵向配风的适应性、沿炉排横向配风的均匀性和二次风配置的要求。

1. 沿炉排纵向风量分配的适应性要求

链条炉排的燃烧特性决定了沿炉排纵向不同位置的燃煤处于不同的燃烧阶段,对于氧气量(通风量)有不同的要求。炉排前端的新燃料区处于煤的干燥预热阶段,炉排末端的燃料层处于燃尽阶段,都只需要相对少量的空气供给。而炉排中部的燃煤分别处于挥发分燃烧、炭的激烈氧化反应以及还原生成一氧化碳的燃烧阶段,需要供给大量空气。因此要求沿炉排纵向风量的分配必须适应煤层各燃烧阶段所需要的风量。通常采取分段风室配风方法,在炉排中部多送空气,而在炉排前后两端少送空气。按锅炉容量不同,可配备 5 ~ 9 个风室或多风斗的结构分别调控,以满足不同燃烧要求的空气量。

在分室送风系统中,空气可从炉排前部或侧向输入。炉侧送风又有单侧送风和双侧送风之分,大容量锅炉多为双侧送风。同一个风室有单风室、双风室或三风室等不同结构,还有大风仓小风斗结构。

2. 沿炉排横向配风的均匀性要求

(1)为了达到沿炉排横向燃烧工况的一致性,需由沿炉排横向配风均匀性来保证。然而,横向配风不均匀在运行中较为普遍,给燃烧带来不良后果。

①在通风量小的弱风区域,一方面减慢氧化反应,另一方面又使还原反应加剧,致使 CO 和其他碳氢化合物增加,化学不完全燃烧损失增大,q_3 可达 3% 以上;在通风量大的强风区域,易形成火口、火龙,大量空气未参加燃烧就直接窜入炉膛,不仅降低了炉膛温度,而且使排烟热损失 q_2 增加。同时因空气过量,使引风机电耗上升。

②横向配风不均匀使煤层中许多焦炭难以燃尽,造成 q_4 增加。

③横向配风不均匀导致炉膛两侧炉温不均匀,甚至单侧结焦,影响安全运行,易损坏炉排。

(2)影响炉排横向配风均匀性的因素。

①燃烧设备的结构及其制造精度,如侧密封与炉排运动部分间隙过大,造成炉排两侧风量偏大,而中部风量偏小。

②进风形式影响。对于单侧进风的炉排,易出现进风侧风量偏小,而相对一侧风量较大,个别情况也有进风侧风量较大而相对一侧风量较小的现象,使火床出现“阴阳脸”状况。对于两侧进风的炉排,易出现中间风量偏大的现象,火线呈倒马蹄形。

③炉排阻力及煤层阻力增加有利于配风均匀。由于煤斗中煤颗粒大小的自然离析,多见炉排两侧煤块多,中部煤末多,造成煤层横向通风阻力差异较大,火线呈马蹄形。

④风道、风室结构对横向配风均匀性影响较大。当风室断面积 F 减小,空气流速增大,则气流动压头增大致使风量分配更趋不均匀;当风室进口窗截面积 F_1 减小,在进口处由于流通断面突然扩大,在风室进口后拐角处形成更强的涡流区,静压降低,空气流量不均匀性更为突出。此外,风室调风门的开度方向、大小和调风门转轴位置等因素也会引起气流偏

斜、分布不均。

十、改善横向配风均匀性的技术措施

1. 横向配风规律

进风口截面积 f 总是小于风室横截面积 F，二者的比 $S=f/F$ 总是小于1。气流从进风口进入风室，由于截面积突然扩大，造成流体局部阻力损失加大；而后气流在向前流动过程中逐步分流，部分气体穿过炉排和煤层进入炉内，致使流体流速大小和方向发生变化，反映在流体动压和静压的转换、损失加大与不均匀性。

(1) 单侧进风沿炉排横向压力分布由进口至末端压力逐渐增大，末端大到最高值，进口附近有一小高值，是因炉排侧密封漏风所致。

(2) 双侧进风沿炉排横向压力分布为两进口压力偏低，炉排中部压力最高。

(3) 风压的不均匀性与风室进口断面积大小、进口流体速度有关，进口窗截面越小越不均匀；进口流体速度越大，压力分配越不均匀。

2. 提高横向配风均匀性的技术措施

(1) 改进风室结构：

①风室加装均压阻挡件、导流板（节流孔板、多孔风箱等）。

②尽量采用双侧进风。

③尽量扩大风室断面面积。

④扩大风室进口截面积，既可减少局部阻力损失，又可降低流体流速，当 $f/F\geqslant 0.7$ 时，进风口的影响可忽略。

⑤改进进风口结构。对于小容量链条炉，进风门加装格栅、活动百叶挡板，可以纠正通风偏移，改善通风的均匀性。

(2) 减少侧密封漏风，选用良好密封结构件。

①加装防漏挡铁；

②鳞片炉排两侧密封装置及导轨间浇筑耐火混凝土密封。

(3) 合理增加炉排通风阻力和燃料层阻力。

十一、典型配风结构

(1) 进风窗喇叭口结构。为了提高 f/F 数值，改进风室进口，在进口处用喇叭口连接，消除涡流。

(2) 单侧送风风室加布风板；双侧送风风室中间加装隔板，每侧加布风板。较宽炉排应采用双侧送风，因风室较长，两侧进风的风量、风压不尽相同，所以沿炉排横向配风更容易出现不均匀的问题，在中部加装隔板，使之变成两个独立的单侧风室，便于调控。单侧送风风室加装不同形式的布风板，使空气沿风室长度方向保持相同流速，静压基本一致，实现均匀配风。

(3) 大风仓小风斗配风系统。结构如图2-18所示，一次风从左右两侧炉墙进入炉排下部大风仓内。在炉排下部纵向设置5组风斗，每组10只小风斗，均分两行。每组10只风斗的调风门用同一根转轴在炉侧操作，进行炉排纵向风量的分区调控。调风门在风斗底部，起着进风、调风、密封和放灰的作用。小风斗1与调风门2的结构如图2-19所示。每个小风斗都由以60°倾斜的四壁围成，呈长方形的小斗。每两个小风斗是由一整块铸铁构成的，风斗底部与调风门的接触面全部经过精加工，以保证密封性能和转动调节灵活。风斗组间有长密封，每组两行风斗间有短密封，风斗组及长短密封块布置如图 2－20 所示。炉排纵向风量的大小是利用小风斗的调风门来调节的。为使大风仓建立足够的风压，大风仓与炉排前后装有特殊的密封块，结构如图 2－21 所示。为了进一步减少炉前炉后窜漏风的情况，可将大风仓改成数个独立的中风仓来解决。试验证明，大风仓小风斗配风系统具有良好的炉排横向配风均匀性，不必采用其他均风措施就可以使炉排横向配风相当均匀，这主要源于大风仓的稳压和均风作用。由于密封性能和风门同步性能好，在用调风门调节风量时，对炉排横向配风均匀性影响不大。大风仓小风斗配风系统具有良好的调风性能，是较理想的配风装置，缺点是结构复杂，加工工作量大，制造成本高。

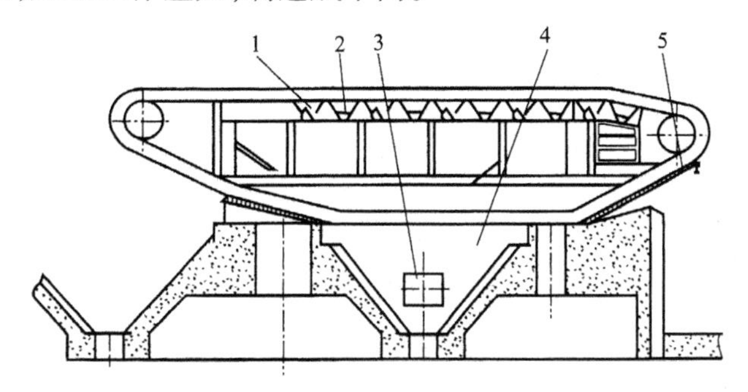

1—小风斗；2—调风门；3—进风口；
4—大风仓；5—密封件。

图 2－18　锅炉供风系统结构示意图

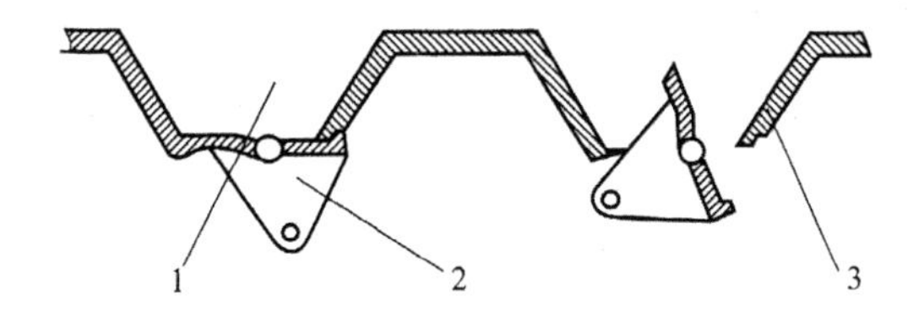

1—小风斗；2—调风门；3—整体铸铁件。

图 2－19　小风斗和调风门结构示意图

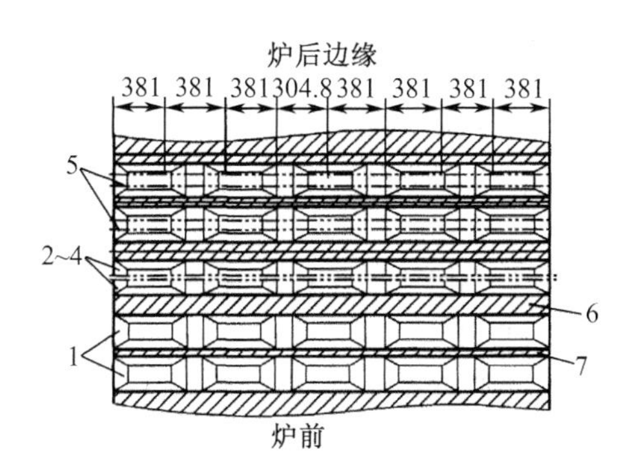

1～5—风斗组；6—长密封块；7—短密封块。

图 2－20　风斗组及长、短密封块布置示意图

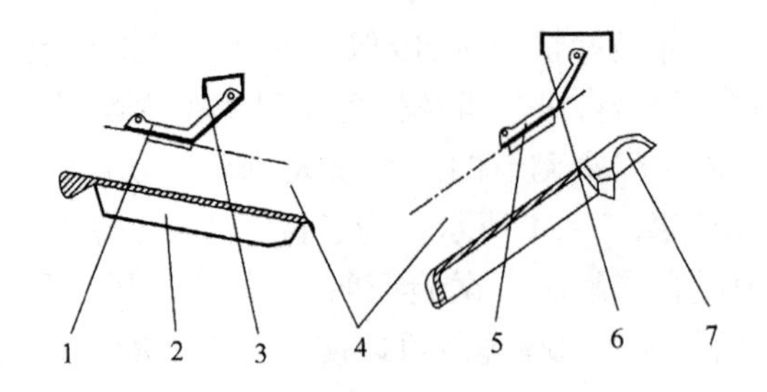

1—上密封块Ⅰ;2—下密封块Ⅱ;3—前密封块;4—炉排;
5—上密封块Ⅱ;6—后密封块;7—下密封块Ⅱ。

图 2-21 炉排前、后密封块结构示意图

十二、二次风的应用与强化燃烧

对于层燃炉,燃料集中在炉排上,主要是通过炉排通入的空气来实现燃料的燃烧,这部分空气称为一次风。同时燃烧过程中存在气化过程,即析出的挥发分、还原反应产生的一氧化碳以及少量的碳氢化合物形成的气体可燃物,这些气体可燃物的燃烧在炉膛空间进行,需要向空间送入一定量空气来满足。向炉膛空间通入的这部分空气称为二次风。二次风使空间气体混合流动,促进可燃物充分燃烧,具有部分炉拱的功能,是消除黑烟、提高燃烧效率的有效措施。

1. 二次风改善燃烧的机理与效果

(1)利用二次风改善燃烧的机理。

①扰动烟气,使烟气与空气混合,促使空间不同区域、不同组分气体的搅拌混合;

②造成烟气旋涡,改善炉内充满度,延长烟气流程,使可燃物质在炉内停留较长时间,得到充分燃烧;

③依靠旋涡的离心作用,把烟气中颗粒分离出来,减少排烟中的飞灰量,同时未燃尽的碳粒被甩回火床得以充分燃烧,减少固体不完全燃烧损失,并有一定消烟除尘的作用;

④帮助新煤着火和防止炉内局部结焦;

⑤当用空气作二次风时,可补充炉膛空间可燃物燃烧所需空气量。

(2)合理布置和使用二次风,一般可提高锅炉热效率5%左右。尤其是燃用挥发分含量较高的煤种,遏制黑烟效果十分明显。

2. 二次风的设计与控制

二次风的作用决定了二次风必须要具有足够的动量,它不是依靠增加风量,而是应注重气流的冲击力;二次风的布置要与炉膛结构、燃用煤种、燃烧过程有机地配合,对布置方式、风量、风压、喷口等都有相应的要求,以形成理想的炉内空气动力场。

(1)二次风布置方式。

①单侧布置(前墙或后墙)。单侧布置用于炉膛深度不大的场合,燃用挥发分较高的煤种时,二次风布置在前墙,此时有助于其与挥发分混合燃烧;燃用无烟煤时,二次风布置在后墙,目的是把燃烧室中部火焰和高温烟气推向火床前端,有助于新燃料的引燃。二次风布置在后墙时,一般将风口装设在后拱喉部鼻突处,如图 2-22 所示。

②双侧布置(前、后墙),此时二次风常装设在前后拱形成的喉部,前后墙风口在不同高度,风射出时增大搅拌区域,有利于烟气形成涡旋,可起到强化燃烧的作用,如图 2-23 所示。

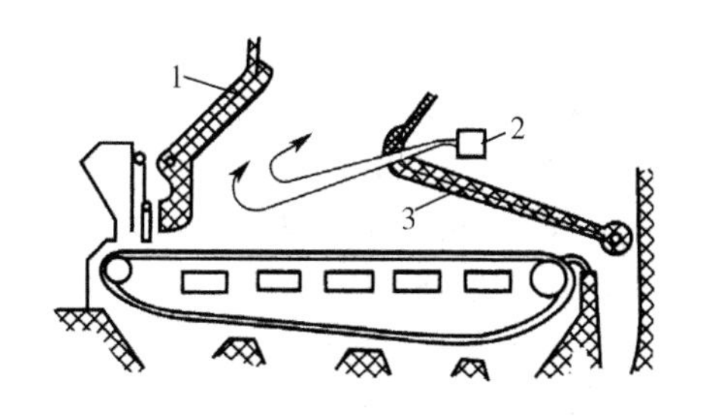

1—前拱;2—二次风箱;3—后拱。

图2-22 后拱喉部鼻突处装设二次风示意图

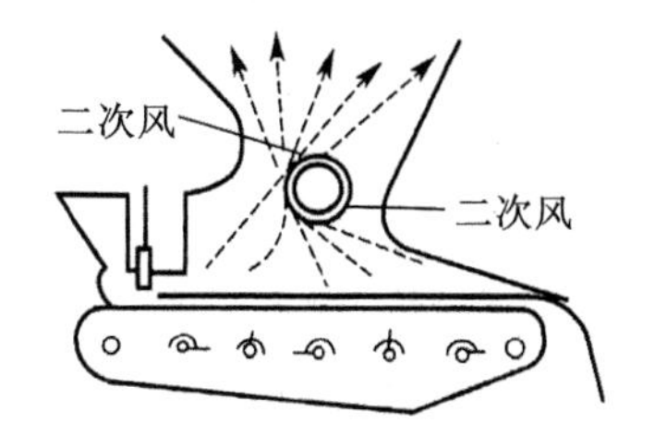

图2-23 前、后拱喉部不同高度装设二次风示意图

(2)二次风占总风量的5%~10%,挥发分含量较高时选用较高值。

(3)二次风的风口。

①风口形状。采用圆形风口时,风口直径ϕ为40~60 mm;采用矩形风口时,风口短边为8~20 mm,风口长宽比为3~5。风口形状的选择取决于安装的方便,无论何种形状,气流喷出后其截面都逐渐变成圆形。决定二次风效果的主要因素不是风口形状,而是风口气流的动量。

②风口数量一般取2~7只。

③风口距火床高度取0.6~2.0 m,二次风位置应尽可能低,使搅拌后的烟气能充分利用炉膛容积,保证足够的燃尽空间和时间。但不能布置得太低,风口太低易吹到炉排上,扰乱煤层,破坏火床燃烧,风口太高又会失去二次风的功能。二次风应优先布置在喉口处。

④二次风吹入风口通常向下倾斜一定角度(一般为10°~25°),与炉内上升气流形成更好的扰动效果。

(4)二次风出口风速是确保二次风有效性的关键参数,为了使其能够对烟气产生足够的扰动,形成烟气流动有效组织,就必须具有一定的动能和穿透深度,即达到一定的风量和出口速度。对于链条炉排燃烧方式,二次风量受到一定限制,因此出口风速的主导作用更为突出。它主要决定于所需要的射程,二次风出口速度选用40~70 m/s时,二次风的射程为3~5 m,可以满足一般炉腔的要求。

(5)二次风的风压在风口前一般为2 000~3 500 Pa。

(6)二次风可以是空气、蒸汽或蒸汽与空气的混合物(汽带风)。

3. 二次风的应用

(1)二次风是改善燃烧工况的有效技术途径,得到广泛应用。在小型立式锅炉、2~6 t/h层燃炉上应用蒸汽二次风都可收到明显效果,利用自身产生的蒸汽作为二次风时,立式炉可将二次风管安装在炉门两侧。小型层燃炉一般可采用直径为40 mm左右的钢管,将管头部砸扁使之形成矩形缝隙喷口,从燃烧室两侧墙中后部的炉门伸入炉膛,喷口朝炉膛前方,并调整喷口略向下倾斜,使蒸汽喷射至火床前中部,可以达到消烟助燃的效果。由于蒸汽的冷却作用,钢管不会被烧坏。蒸汽二次风管道要做好疏水以确保入炉蒸汽不带水。蒸汽二次风简单易行,利用蒸汽压力可以达到一定的射程而且在低负荷时炉膛空气系数也不致太高,用于不具备二次风机及送风系统的场合。其缺点是要耗用一定的蒸汽量。

(2)为了克服蒸汽二次风蒸汽消耗量大的弊端,出现了用蒸汽引射空气作为二次风的方法。20世纪60年代,浙江湖州发电厂在10 t/h链条锅炉上应用了蒸汽引射二次风,在后拱喉部安装三个喷口,向前下方(与水平成18°~20°)射向炉前距煤闸板500 mm、距炉面

300 mm左右的交线上。锅炉运行压力1.25 MPa,用于蒸汽引射的蒸汽压力为0.8~1.0 MP。现场观察到,当二次风关闭时,炉膛火焰变得稀疏发红,火焰软弱;当二次风开启投运后,炉膛火焰立即转为明亮、均匀、充满度好、火焰有力,收到立竿见影的效果。一般情况下,蒸汽压力为0.3~1.0 MPa,喷嘴ϕ3~4 mm,空气套管ϕ51×4 mm,喷嘴2~4只,喷嘴和空气套管均采用不锈钢材料,以提高耐热性能。应用蒸汽引射二次风省去了二次风机和二次风道系统,与蒸汽二次风相比,可以减少蒸汽耗量,在锅炉改造中应用较广。

(3)利用专门设置的二次风机通过风道、喷嘴将空气送入炉膛。空气二次风一般由二次风机直接吸入冷风而不经过空气预热器,广泛应用于大型锅炉。此外,还有以烟气为工质的二次风。

- **任务实施**

1. 教师介绍本任务的内容及学习方法。
2. 教师组织学生分组(平均5人一组),并按要求就座。
3. 学生分组讨论。

(1)工业锅炉供热系统由哪几部分构成?节能领域涉及哪些技术?

(2)工业锅炉供热造成的污染包括哪些?什么是供热系统能源利用效率?

- **任务评量**

每组提交最终答案,按照关键字计分,10分为满分。说出最多关键字的小组为优胜。

- **复习自查**

1. 链条炉排炉拱怎样设计才最优化?
2. 提高横向配风均匀性应该采取哪些技术措施?

任务2.3 燃煤化学添加剂改善燃烧技术

- **学习目标**

知识:

1. 化学添加剂的应用效果。
2. 应用化学添加剂应注意的问题。

技能:

1. 合理选用化学添加剂。
2. 分析化学添加剂改善燃烧效果的成因。

素养:

1. 养成积极主动的学习习惯。
2. 养成善于思考的习惯。

- **知识导航**

一、燃煤化学添加剂简介

众所周知,煤质的好坏直接影响锅炉的燃烧工况。燃煤化学添加剂在不更改锅炉燃烧设备的前提下投入参加燃烧时，可降低燃料的着火点，逐级分解生成多种较强的氧化剂和催化剂，并改变内焰和中焰不能完全燃烧的状态，同时释放大量的氧，使燃煤中的可燃物充分燃烧，火势猛、火焰高、火床长，起到强烈助燃的作用，促进煤中碳和碳化物的反应；另外，还能与受热面上的烟垢发生化学反应，使烟垢中的碳和碳化物变成二氧化碳挥发，降低烟气中碳和碳化物的含量，尤其是将烟气中未完全燃烧的一氧化碳转变为二氧化碳释放出大量的热，提高了锅炉的效率，降低了锅炉的煤耗，从而达到消烟、除尘、助燃的目的，是一种高效助燃、节煤率高、减除污染、提高燃烧效率、延长锅炉使用寿命的高科技节能、环保产品。燃煤化学添加剂使用简便，性能稳定，无须大投入，无须改造设备，具有劣煤优烧、优煤省烧的功效。

二、燃煤化学添加剂节煤机理

(1)化学添加剂由特殊乳化剂、分散剂、缓蚀剂及渗透剂组成，经水稀释后在渗透类组分的协助下，添加剂在煤炭中渗透分散，尤其是在煤核的大量空隙中分散，能保证添加剂更大程度上与煤炭内外表面接触，最大程度地发挥产品的催化作用。

(2)化学添加剂喷洒到燃煤上数分钟后，所含的各种化学成分通过煤炭孔隙快速渗透、吸附到煤炭内部。当煤炭进入燃烧室后，添加剂所含的各种化学成分起着催化活性载体的作用，降低了煤的起火点温度，强化了燃煤的氧化还原反应。催化剂在不同温度段逐步释放出新生态活性氧，与煤中的可燃物结合，降低反应活化能，促进燃烧、改善工况和降低污染物排放。

(3)化学添加剂采用介孔结构的复合载体与稀土元素增加活性，能够快速让大分子碳链发生裂解，同时利用煤中固有水分提供氢原子，完成加氢过程，产生较多低分子量或小分子量的碳氢化合物，使煤炭含氢量和高、低位热值均提高8% ~10% 。

(4)由于火焰温度的升高和燃烧区域的扩大，增加了燃烧强度与密度，加大了热交换的传热面积，提高了热交换效率，从而提高了锅炉的出力和效率，以达到节煤的目的。

(5)化学添加剂中含有固硫剂和表面活性剂，能吸收和固化燃烧过程中产生的二氧化硫，并大量吸附粉尘及其他有害物质，同时还能清除燃烧器内壁附着的烟尘积垢和胶状物，从而抑制烟气排放浓度。

三、燃烧化学添加剂应用效果

化学添加剂使用特殊乳化剂、分散剂、缓蚀剂与渗透剂，借助稀土元素增加催化剂活性，使传统的煤炭由表及里的燃烧方式改变为内外一起燃烧，提高了煤炭燃烧的燃尽程度，减少了炉内燃煤的化学不完全燃烧和机械不完全燃烧带走的热损失，催化剂借助介孔结构的复合载体强化活性完成加氢脱硫过程，降低了废气中烟尘和有害气体的排放量，从而达到节煤固硫等目的。在众多应用企业中，化学添加剂节煤率稳定在10%以上。

(1)在环保固硫方面，企业使用化学添加剂后，锅炉煤渣中的全硫含量翻了一倍。进一步降低了企业的脱硫成本，并改善了大气环境。企业锅炉的炉壁结垢、结焦现象普遍存在，检修锅炉既影响生产，又造成成本增加，应用化学添加剂能解决企业在除垢和除焦方面的问题。

(2)在感官效果上，当化学添加剂进入燃烧层后，火焰会有所升高，颜色变浅。增加了燃烧强度与密度。随着时间的增加，炉温升高，蒸汽量、锅炉出力都将增加。燃烧煤层膨胀升高,炉渣松散,残碳量降低,锅炉壁垢逐步脱落,热效率提高。一般3日后达到第一次平衡;20~25日后,炉膛及锅炉底部灰垢和焦状物开始剥落,蒸汽量、出力将进一步提高,然后达到第二次平衡。

(3)由于化学添加剂采用抑硫稳定配方,火焰燃烧稳定,炉体得到保护,延长了锅炉寿命。

(4)烟尘排放浓度与黑度削减,灰渣含碳率降低。

(5)能解决贫煤、褐煤等劣质煤的充分燃烧与灰渣结焦的难题。

四、应用化学添加剂需注意的问题

1.应用化学添加剂必须重视和抑制新的污染物产生

由于化学添加剂在燃烧过程中产生“微爆”现象,使烟气中可吸入颗粒物PM10量增加,飘尘对人体危害更为严重;燃烧温度的提高增加了燃烧中氮氧化物的含量以及重金属盐类的增加,因此化学添加剂的应用应经过环保指标测试。

2.应注意化学添加剂中某些成分对锅炉长期运行安全性的影响

目前化学添加剂对受热面金属的腐蚀问题还不很清楚,添加剂开发单位和锅炉使用单位要密切关注,并不断总结经验。

• 任务实施

1.教师介绍本任务的内容及学习方法。

2.教师组织学生分组(平均5人一组),并按要求就座。

3.学生分组讨论。

(1)化学添加剂是如何生产出来的?

(2)采用化学添加剂要注意哪些问题?

• 任务评量

每组提交最终答案,按照关键字计分,10分为满分。说出最多关键字的小组为优胜。

• 复习自查

1.通过网络收集应用燃煤化学添加剂的实例。

2.通过网络收集各种燃煤化学添加剂的价格和生产厂家资料。

任务2.4　膜法富氧强化燃烧技术

• 学习目标

知识:

1.富氧燃烧的基本概念。

2.富氧燃烧的种类。

3.富氧燃烧的设备。

技能:

1.熟悉富氧燃烧的原理。

2.熟悉富氧燃烧技术适用范围。

素养：

1. 养成积极主动的学习习惯。

2. 养成勤于思考的习惯。

● **任务描述**

富氧燃烧节能技术在国外的发展应用很早，在20世纪七八十年代苏联和美国都有少量应用，新建电厂和其他的燃烧工业普遍采用富氧燃烧技术。开始阶段是将氧气混合在空气中应用。现阶段富氧燃烧节能技术发展成全富氧和局部富氧等多种方式。在部分特殊行业中，会应用到纯氧的燃烧。富氧燃烧节能技术在中国的应用也只是这几年的事情。近几年中国大力提倡节能减排工作，一共公布了四批国家注册的合同能源管理公司。这四批公司中涉及富氧燃烧节能领域的共计49家，另外还有一些涉及具体的锅炉底吹技术。富氧燃烧节能领域近几年发展快速。

● **知识导航**

一、富氧燃烧的基本概念

燃料中的可燃质进入锅炉内与空气中的氧气发生氧化反应，实现燃料的燃烧。空气中通常含有21%的氧气，通过提高助燃空气中氧气浓度所完成的燃烧过程称为富氧燃烧。富氧燃烧是一项高效燃烧技术，更是一项燃煤最有效的强化燃烧技术。制氧技术的发展，尤其是膜法制氧技术的开发应用，降低了小容量制氧成本。将富氧燃烧技术应用于工业锅炉和工业窑炉，可取得显著的节能减排效果。

二、富氧强化燃烧的机理及应用效果

1. 提高火焰温度

用富氧空气取代全部或部分供燃烧的空气时，可以减少空气总量，使空气中占70%以上不参与燃烧的氮气相应减少，这就减少了这部分氮气的吸热。另外氧气浓度的增加，强化了氧化反应，从而提高了火焰温度，增强了辐射传热效果。氧浓度在26% ~30%为提高火焰温度的最佳值，而这也正是膜法制氧的氧浓度范围。膜法制氧可以减少资金的投入，运行经济且可以获得最佳的燃烧效果。

2. 降低燃料着火温度，提高燃烧速度，促进完全燃烧

燃料的燃点温度不是一个常数，随燃烧条件变化而变化，随着助燃气体中氧浓度的增加，燃料着火温度降低。同时燃料在富氧环境下的燃烧速度和燃烧强度显著提高，有利于燃料的燃尽、降低灰渣可燃物，并从根本上消除燃烧黑烟污染。

3. 降低空气系数，减少排烟量

利用富氧空气可以减少空气总量即降低空气系数。用普通空气助燃时，约占4/5的氮气不但不参加燃烧反应，而且还要吸收热量使排烟温度升高，增大排烟热损失。用富氧空气助燃，氮气量减少，排烟量相应减少。使用含氧量为27%的富氧空气助燃，与氧浓度为21%的空气助燃比较，空气系数$\alpha=1$时，烟气体积减小20%。说明富氧燃烧技术可有效降低排烟热损失，提高锅炉热效率。

4. 膜法富氧助燃技术适用面广

膜法富氧助燃技术适用于包括燃气、燃油、燃煤的所有工业锅炉，既能提高劣质燃料的应用范围，又能充分发挥优质燃料的性能。如用26.7%富氧空气燃烧褐煤，所得到的理论燃

烧温度 T 与普通空气燃烧重油得到的 T 相当，说明应用富氧空气燃煤可代替用空气烧油，开辟了一条燃油的替代途径，具有重要意义。

三、富氧燃烧的种类

富氧空气中氧的浓度不同，可以分为工业全氧燃烧，氧气浓度达95%；低浓度富氧燃烧，氧气浓度为26%～30%。两种方式在工业生产中均有应用，但从制氧、锅炉设备改造费用等方面综合考虑，采用膜法局部富氧助燃技术最为有利。

局部富氧燃烧技术，一般是把燃烧所需全部空气量1%～3%的富氧空气用于对改善燃烧最为有效的部位，也就是把好钢用在刀刃上。

四、膜法富氧制备工艺及设备

1. 工业制氧方法

(1) 深冷法(低温法)

该方法安全性好，噪声低，技术成熟，产氧浓度高，可同时生产氧气和氮气。但制备系统复杂，产量调节性差，适用于较大规模生产，生产量低时成本偏高。

(2) 变压吸附法(PSA法)

利用分子筛生产氧气，方法简单，可靠性高，产量调节性好，适用于中等生产规模、氧气浓度小于95%的情况。

(3) 膜法分离法

该方法设备简单，操作方便、安全、启动快，不污染环境，生产规模可小可中，损益少，应用灵活，工业发达国家称之为“资源的创造性技术”。当氧浓度在30%左右，生产规模小于15 000 m^3/h(标况)，膜法分离法投资、维修及操作费用之和仅是深冷法和PSA法的2/3～3/4，而且规模越小越经济。

2. 膜法局部增氧助燃技术

(1) 膜法富氧技术原理

膜法富氧是利用空气中的氧气和氮气透过高分子膜时的渗透速率不同制氧的。各种气体透过高分子膜时由难至易依次为：氮气、甲烷、一氧化碳、氩气、氧气、二氧化碳、氦气、氢气、水蒸气。可见氧气渗透速率高，易通过；而氮气渗透速率最低，不易通过。在压力差的驱动下，空气通过高分子膜后，在低压侧将氧气富集起来，可获得富氧份额达27%～30%的富氧气体。

(2) 膜法富氧气体的制备方法

膜法富氧有正压法和负压法两种。工业锅炉系统多采用负压法，典型工艺流程如图2-24所示。空气经过过滤器除去大于10 μm的灰尘后，由风机(全压为1～5 kPa，风量约为富氧空气量的7～10倍)送入膜富氧分离装置，利用真空泵产生的压差，使氧气在膜的低压侧富集成为富氧空气，高压侧的富氮气体排空。富氧空气经气水分离和除湿处理，之后经稳压系统并预热后(应大于100 ℃)，再经富氧喷嘴送入炉膛中，因富氧气体所占空气量的比例有限，故将其以最佳的方式(速度、分布)送入炉内最需要的地方，是实现经济、有效地富氧强化燃烧的基本原则。

(3) 富氧空气的送入

通过布置在炉膛不同位置的富氧喷嘴，以二次风的形式送入，构成 α 型燃烧、四角燃烧、推迟燃烧和分级燃烧，分别适用于煤粉炉、抛煤机炉、沸腾炉、循环流化床炉和链条炉等。

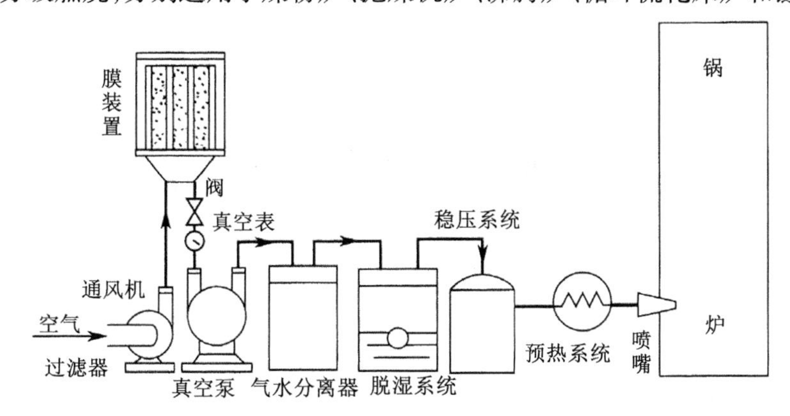

图2－24　膜法富氧助燃系统典型工艺流程图

五、膜法富氧燃烧技术应用实例

1. 南阳油田

南阳油田一台4 t/h燃煤锅炉应用膜法富氧燃烧技术，平均节煤率29.7%，热效率平均提高15.96%，最高提高17.44%，平均负荷提高17.69%，蒸汽压力提高39%。

2. 江西阜宁化肥厂

1998年6月在国内首次将膜法富氧燃烧技术应用于20 t/h燃煤蒸汽锅炉，配用富氧空气量为200 m^3/h（标况），经测试炉膛温度提高了90 ℃，空气系数下降0.3，灰渣含碳量下降5.32%，排烟林格曼黑度小于1级，热效率提高11.04%，已稳定运行十多年，综合效益十分显著。

3. 济南某医院

1995年，济南某医院在4 t/h燃煤锅炉上应用膜法富氧燃烧技术，自行安装、调试设备，配用富氧空气量为50 m^3/h（标况），结果不仅解决了排烟污染问题，而且平均节煤14%以上。

4. 瓦轴集团

2001年在两台35 t/h抛煤机锅炉上应用膜法富氧燃烧技术，富氧空气中氧浓度为27%～30%，压头1 000～1 200 Pa，10只喷嘴布置在两侧墙上，出口流速60～90 m/s。经测试排烟林格曼黑度由3～4级降低到1级以下，结束了10年冒黑烟被罚款的历史。锅炉热效率达到75.62%，较应用前提高了9.35%，且出力增加，可达额定负荷。

• 任务实施

1. 教师介绍本任务的内容及学习方法。

2. 教师组织学生分组（平均5人一组），并按要求就座。

3. 学生分组讨论。

（1）膜法富氧制备工艺及设备；

（2）膜法局部增氧助燃技术原理。

• 任务评量

每组提交最终答案，按照关键字计分，10分为满分。说出最多关键字的小组为优胜。

• **复习自查**

通过网络收集膜法富氧燃烧技术的应用实例。

任务 2.5 循环流化床锅炉节能技术

• **学习目标**

知识:

1. 循环流化床锅炉发展概况。
2. 循环流化床锅炉的工作原理。
3. 循环流化床锅炉节能减排功效。

技能:

1. 熟悉循环流化床锅炉燃烧特点。
2. 区辨循环流化床锅炉节能减排功效。

素养:

1. 养成积极主动的学习习惯。
2. 养成勤于思考的习惯。

• **知识导航**

一、国外循环流化床锅炉发展概况

流化床的概念最早出现在化工领域。1921 年德国科学家发明并成功投运了流化床装置,1938 年美国在催化裂化工艺上应用了快速流化床技术,60 年代末期德国又投运了氢氧化铝燃烧反应器,循环流化床正式进入了工业应用领域。

20 世纪 70 年代世界范围内的能源危机和 80 年代的环境保护运动,推动了循环流化床燃烧技术的发展。1977 年芬兰运行了一台小型循环流化床装置,燃用泥煤、废木屑和煤来产生蒸汽。第一台 5 MW 商用循环流化床锅炉于 1979 年在芬兰投产。从 20 世纪 80 年代开始,循环流化床技术得到了迅猛发展,并出现了几个有代表特色的炉型。

1. 鲁奇炉型

20 世纪 70 年代鲁奇公司(Lurgi)第一个申请了循环流化床技术的专利,并很快得到了应用。1982 年该公司第一台 50 t/h 商用循环流化床锅炉投入运行。1995 年鲁奇公司在法国投产了 250 MW 循环流化床电站锅炉(700 t/h、16.3 MPa)。这是循环流化床锅炉技术迈向大型化的重要标志。

鲁奇炉型的主要特点是采用高温绝热旋风分离器技术,高循环倍率,设有外置流化床热交换器。图 2-25 为鲁奇型循环流化床。

高温绝热旋风分离器外壳用钢板制作,内部敷设耐火耐磨材料。这种分离器具有良好的气固分离效果,使该循环流化床锅炉具有较高的物料和燃烧循环性能。据统计,国外目前有 78% 的循环流化床锅炉采用高温绝热旋风分离器。当然,这种分离器也存在一些缺点,主要是旋风筒体积大、钢材耗量多、内衬耐火材料较厚等。

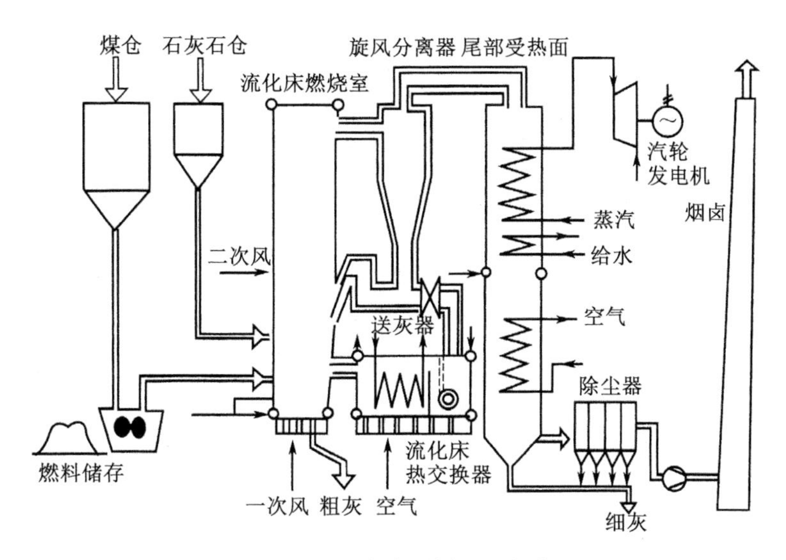

图 2-25　鲁奇型循环流化床

外置式流化床热交换器发展较早,并成为鲁奇炉型的标准设计。其内布置了部分过热器和再热器,主要优点是可改善锅炉负荷的调节性能,有利于污染物的排放控制,具有良好的气温调节性能和燃料适应能力。

2. 奥斯龙炉型

芬兰奥斯龙公司(Ahlstrom)从20世纪70年代初专门从事开发燃用各种燃料的循环流化床大型电站锅炉,80年代末期生产投运了当时最大的循环流化床锅炉。

奥斯龙炉型的最大特点是采用高温绝热旋风分离器,高循环倍率,不设外置式换热器。图2-26是芬兰奥斯龙公司循环流化床锅炉的典型结构。该炉型结构比其他形式的循环流化床锅炉简单,占地面积小,在炉膛中部设置了抗磨性能较强的Ω形管屏,并沿后墙布置有双面曝光水冷壁,增强了炉内热交换;而且还采用了少量烟气再循环技术,更有利于床温的控制。我国四川内江1996年投产运行的额定蒸汽流量410 t/h、主蒸汽温度540 ℃、主蒸汽压力9.8 MPa的循环流化床电站锅炉就是从奥斯龙公司引进的。

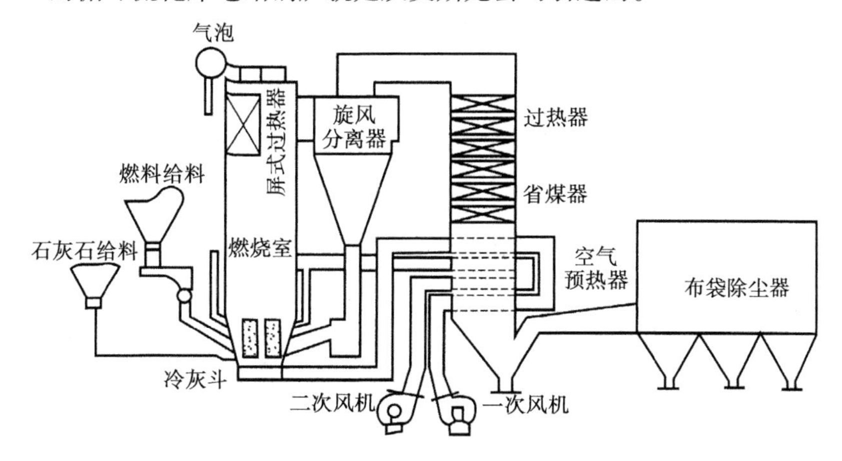

图 2-26　奥斯龙循环流化床锅炉

3. 福斯特惠勒炉型

福斯特惠勒公司(Fosten Wheeler,FW)是美国三大锅炉公司(B&W、ABB - CE、FW)之一,从事锅炉制造已有百年历史。该公司生产的循环流化床锅炉有以下特点:

气固分离装置改用水(汽)冷旋风分离器,较好地克服了高温绝热旋风分离器的缺陷。分离壁面用膜式水冷壁或汽冷鳍片管弯制而成,用磷酸盐烧制的刚玉作为耐火耐磨层,厚度只有 50 ~ 70 mm。因而分离器内外温差小,锅炉启动快,能适合负荷有变动的场合使用。炉膛内设有整体化循环物料换热床(INTREX),床内装有部分过热、再热受热面,有利于锅炉向大型化方向发展。炉膛截面沿高度方向无变化,炉膛内装设对流屏,磨损小,寿命长。

福斯特惠勒型锅炉由于结构紧凑、不易磨损、启动快、调节控制性能好,受到用户的好评。据介绍,福斯特惠勒公司产品占美国市场 37.5% 的份额。图 2 - 27 为福斯特惠勒型循环流化床锅炉的典型结构。

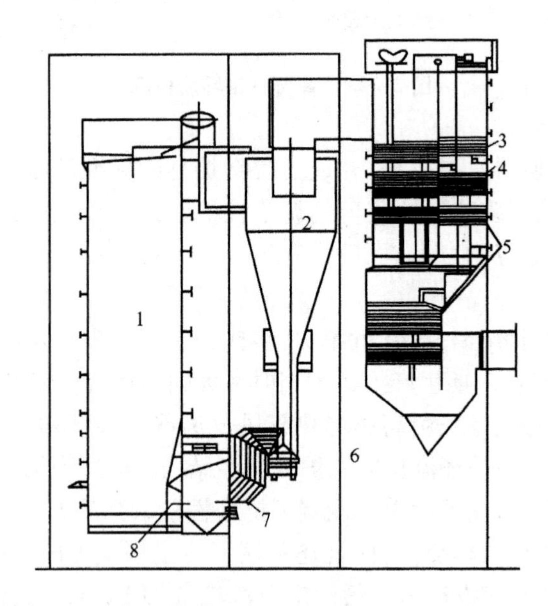

1—炉膛;2—分离器;3—过热器;4—再热器;
5—省煤器;6—钢架;7—返料装置;8—INTREX。

图 2 - 27　福斯特惠勒型循环流化床锅炉

二、国内循环流化床锅炉发展概况

1. 我国最早研制的鼓泡床锅炉就是一种流化床锅炉

20 世纪 40 年代我国在化工材料合成和冶金材料焙烧方面开始应用流化床技术(沸腾炉),并一度领先于世界水平。到 60 年代为解决劣质煤的燃烧问题,首次试成了流化床(鼓泡床)应用于燃煤锅炉,并于 1965 年在广东茂名投产一台 14 t/h 鼓泡床锅炉,实际就是一种流化床锅炉。1970 年以后,燃煤供应紧张,为了适应当时的形势,锅炉生产厂家大力发展燃用劣质煤的鼓泡床锅炉并取得了一定进展。但鼓泡床锅炉的磨损问题尚未解决,安装电除尘器的不足 10% 。在煤炭行业,全国已建成用煤矸石、洗中煤和煤泥作为燃料的综合利用电厂约 150 座,装机容量为 250 万千瓦,约占全国发电装机容量的 0.74%,鼓泡床锅炉占一半以上。但烟尘排放不达标,多数锅炉不加石灰石脱硫剂,脱硫效果差,SO_2排放超标,环境污染问题未解决,而且热效率较低,不能实现循环燃烧,因而用循环流化床锅炉取代鼓泡床锅炉成为必然的发展趋势。

2. 国内循环流化床锅炉快速发展

我国正式对循环流化床技术的研究始于 1981 年,原国家计委下发的“煤的流化床燃烧技术研究”课题。清华大学和中国科学院工程热物理研究所分别开展了循环流化床技术的研究,标志着我国循环流化床技术研究和产品开发的正式起步。1988 年 35 t/h 循环流化床锅炉正式应用于电厂发电,成为国家“七五”科技攻关成功的标志。1991 年投产了 75 t/h 循环流化床锅炉。原国家经贸委又在“八五”期间组织了 75 t/h 循环流化床锅炉的完善化示范工程,进一步推动了循环流化床锅炉技术的发展与改进。当时的循环流化床锅炉基本上采用高温绝热旋风分离器结构,图 2 – 28 为改进后的国产 75 t/h 循环流化床锅炉。此后,循环流化床锅炉除电站锅炉外,又扩展到工业锅炉和热水采暖锅炉领域。

随着国内城市基本建设的蓬勃发展,采暖用循环流化床热水锅炉得到迅速发展,并已形成系列产品。根据国内两家锅炉生产厂家的统计,仅 29 MW、58 MW 的热水锅炉,目前已投入运行的有 100 台左右。

3. 自主开发研制与引进消化吸收相结合

循环流化床技术发展到“九五”期间,在国家科技攻关计划和自主开发研究的基础上,同时又大力引进和消化吸收国外大型循环流化床的先进技术。为解决高温绝热旋风分离器在运行中出现的复燃和高温磨损问题,在跟踪国外最新水冷方形分离器技术的同时,自主开发了 75 t/h 方形水冷循环流化床锅炉,如图 2 – 29 所示。

在解决高温绝热旋风分离器技术缺陷过程中,还自主开发了中温旋风分离器技术。中温旋风下排气分离器进口温度只有 450 ℃左右,且能够进行塔形布置,可防止灰渣在分离器内复燃。

近几年来,我国在循环流化床锅炉大型化方面做了大量工作,引进了国外多家 50 ~ 135 MW的循环流化床技术,开发研制出 125 MW(420 t/h)带中间再热器的循环流化床电站锅炉。100 MW循环流化床锅炉的辅机已经国产化。目前已有多家科研单位从事循环流化床技术的开发研究,能够从事设计、制造循环流化床锅炉的骨干企业多达 19 家。通过市场竞争机制,锅炉产品质量不断提高,生产成本逐步下降。随着锅炉运行台数的增加和运行人员的不断努力,运行经验、操作技术与处理突发事故的能力也在逐年提高。

循环流化床锅炉对煤种的适应能力很强,可烧次煤,实行中温燃烧技术,有利于炉内脱硫、降低 NO 的排放,保护环境。循环流化床技术在处理废弃物方面也取得了新的进展。目前国内已有锅炉制造厂家生产了专烧垃圾或以垃圾为主以煤做辅助燃料的循环流化床锅炉,图 2 – 30 为蒸发量 75 t/h、日处理垃圾量 200 ~ 550 t 的循环流化床蒸汽锅炉。

目前,循环流化床燃烧技术在工业锅炉和采暖锅炉上的应用也取得了很大的进展,130 t/h的蒸汽锅炉和 100 MW 的热水采暖锅炉有多家企业生产,运行效果很好。

三、循环流化床锅炉的工作原理

煤和脱硫剂送入炉膛后,迅速被炉膛内的大量高温惰性床料加热,快速析出水分、挥发分,完成着火燃烧过程并伴随脱硫反应。这些物料在高速上升气流作用下,向炉膛上部运动,处于悬浮流化状态,继续进行燃烧并与炉膛内的受热面进行热交换。粗大颗粒进入悬浮区后,在重力及其他外力作用下,不断偏离主气流形成附壁下降粒子流。被气流携带逸出炉膛的气、固混合物进入旋风分离器，未燃尽的固体颗粒与床料被分离、捕捉，返回燃烧室继续进行循环燃烧和脱硫。未被分离的极细粒子随烟气进入尾部烟道，进一步对尾部受热面进行加热，然后这些粒子被除尘器捕集，未被捕集的极细粒子排入大气。典型的循环流化床锅炉的工作原理如图 2－31 所示。

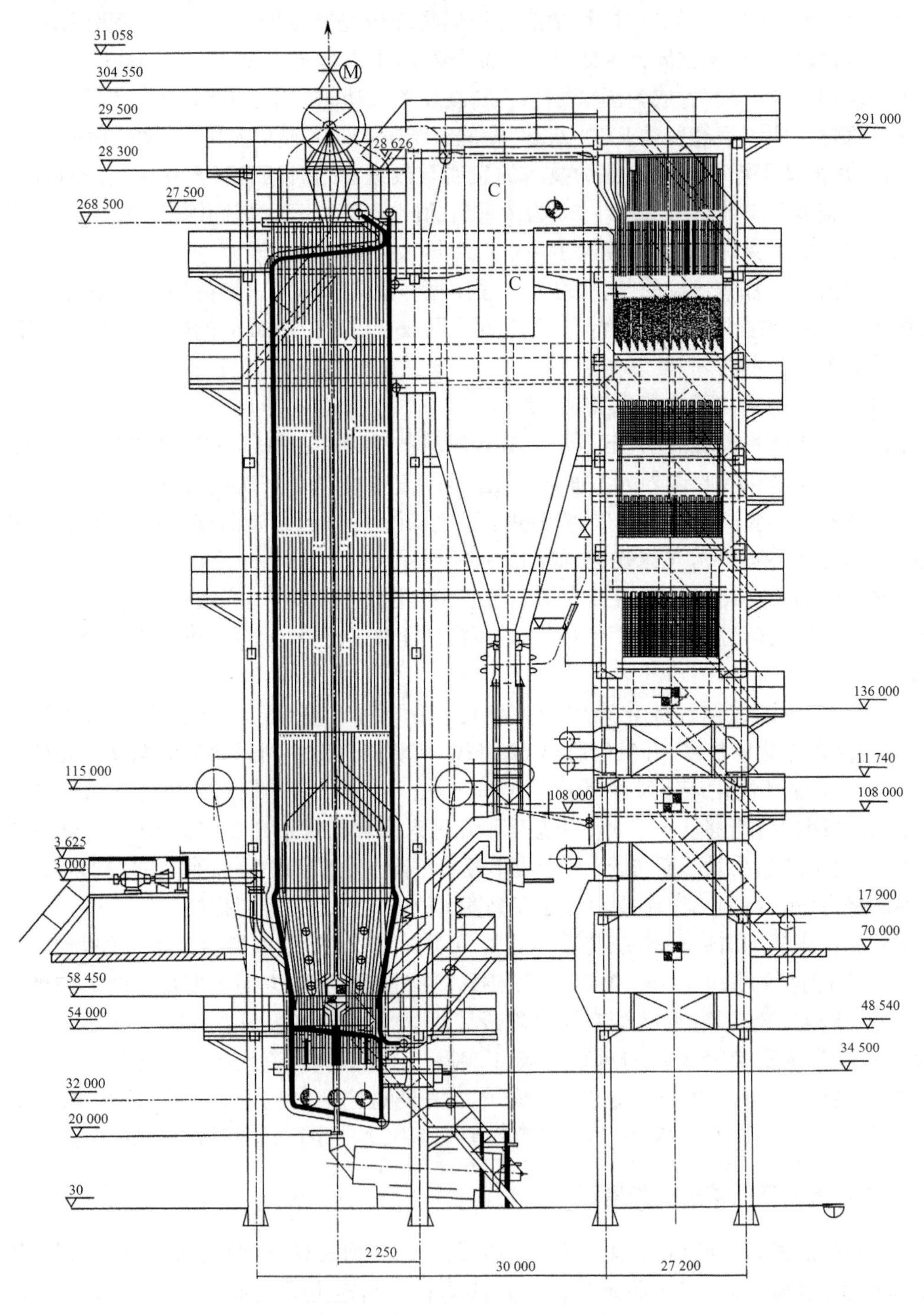

图 2－28　国产 75 t/h 循环流化床锅炉

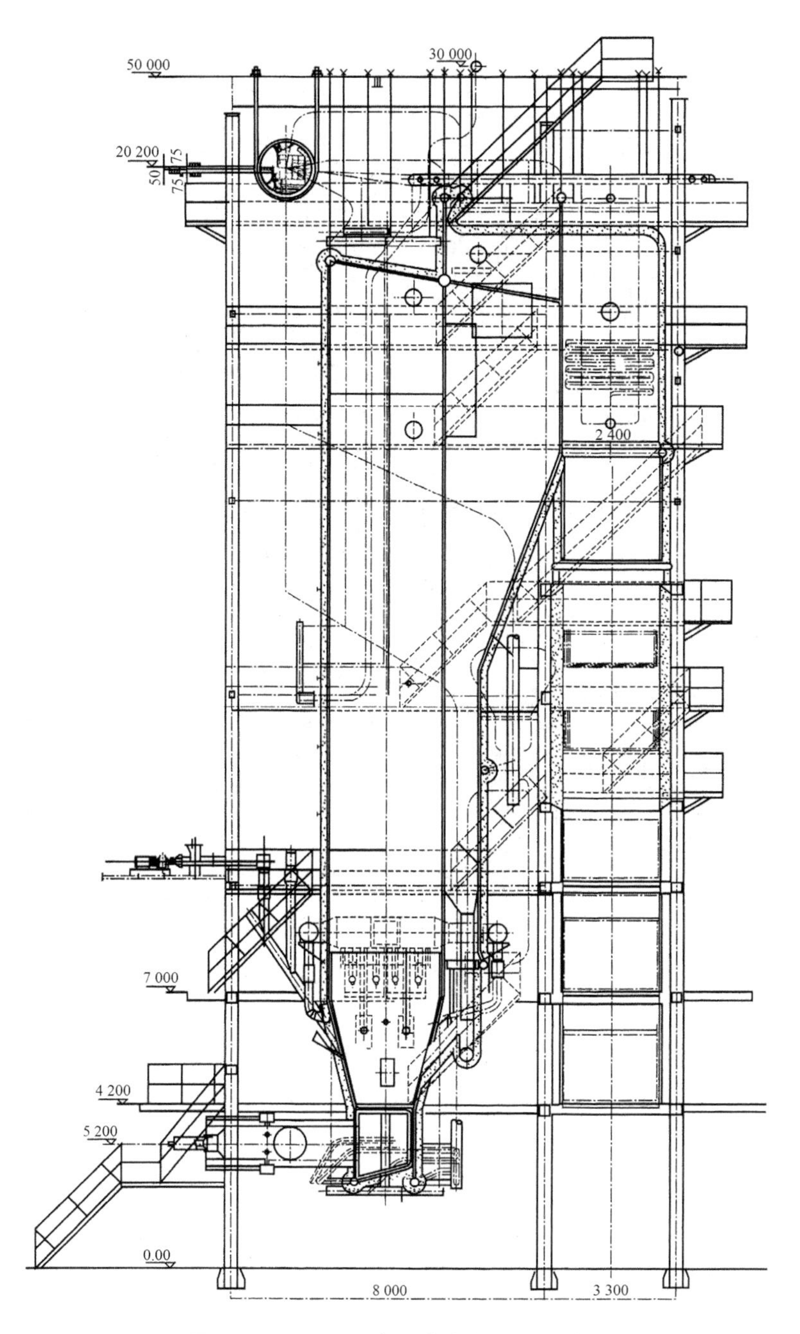

图 2－29　75 t/h 方形水冷循环流化床锅炉

循环流化床的工作过程存在两个平衡，即热平衡和物料平衡。燃料燃烧，气、固流体对受热面放热，再循环灰与补充物料及排渣热量的带出与带入组成热量的平衡，使炉膛温度维持在一定水平。大量循环灰的存在，较好地维持了炉膛温度的均匀性，增强了传热效果。燃烧灰、脱硫剂与补充床料以及粗渣排出，维持了炉膛的物料平衡。

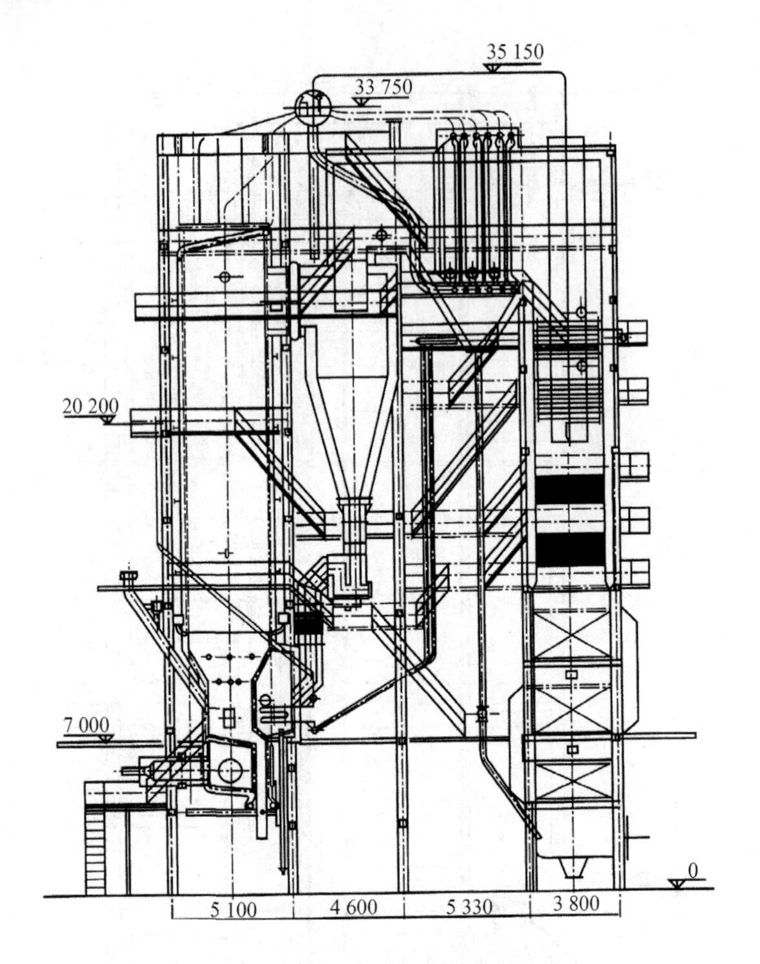

图 2－30　垃圾＋煤混烧循环流化床蒸汽锅炉

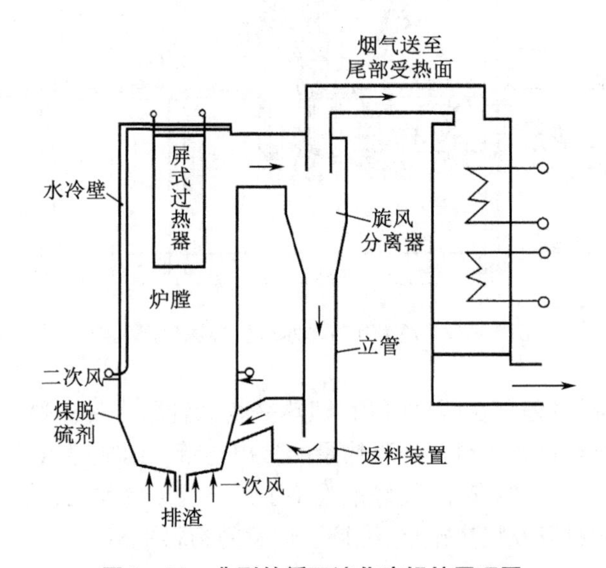

图 2－31　典型的循环流化床锅炉原理图

四、循环流化床锅炉的特点

1. 流态化燃烧

循环流化床锅炉的燃烧方式既不同于固定床层状燃烧，也不同于煤粉炉的悬浮燃烧，而是在流态化下燃烧。层状燃烧固体颗粒基本不产生运动。悬浮燃烧固体颗粒随气流运动，颗粒与气流之间基本没有相对运动；流态化下固体颗粒既随气流运动，又与气流有强烈的相对运动。它与鼓泡流化的主要区别在于炉膛内气流速度提高，在炉膛出口设置旋风分离器，被烟气携带排出炉膛的固体颗粒经分离后再返回炉内继续燃烧。循环流化床燃烧简称 CFBC，加压循环流化床是在压力条件下循环燃烧的流化床，简称 PFBC，是循环流化床更进一步的发展阶段。现以前者为例，说明其特点。

当一次风以一定的速度通过床料颗粒层，并对固体颗粒产生作用力，且达到平衡时，固体颗粒层会呈现出类似于液体状态的现象。或固体颗粒群与气体接触时，固体颗粒转变成类似流体状态，这种状态称作流态化，流态化燃烧有以下特点：

①由于流态化的固体颗粒有类似于液体的特性，颗粒的流态平稳，主要作用因素是气体压力，因而其操作过程可连续自动控制。

②固体颗粒与一次风混合均匀，使整个炉腔内呈等温状态，所以传热效率高。通过流化床对换热面的传热系数比固定床高约 10 倍左右，因此流化床所需的传热面积较小，可降低其制造成本。

③由于床层热交换强烈，进入床层的新燃料比例很小，新燃料颗粒温度迅速接近床温而着火燃烧，无须依靠其挥发分着火引燃，所以可以燃烧低挥发分甚至无挥发分的燃料，燃料适应性极强。

2. 中低温燃烧温度

循环流化床内的燃烧是一种在炉内高速运动的气体与其所携带的紊流扰动极强的固体颗粒悬浮接触，并具有大颗粒返混的流态化燃烧过程。在炉膛出口处设置分离器，大部分未燃尽煤粒和床料被分离捕捉，并将其返回炉膛下部再次参与燃烧。由于反复循环燃烧，延长了燃料在炉内的燃烧时间，既实现了循环燃烧，又减少床料消耗，并改善了燃烧条件。循环流化床锅炉的炉膛温度一般控制在 830 ~ 930 ℃，这一温度属于中低温燃烧，是脱硫反应的最佳温度，并低于灰渣的熔点。所以中低温燃烧有以下特点：

①燃烧对燃煤灰分的敏感性降低；

②由于可进行循环燃烧，燃烧效率高，一般可达 97% ~ 99%；

③使用容易得到而又廉价的石灰石作为脱硫剂，并且有很高的脱硫率；

④循环流化床锅炉在 830 ~ 930 ℃中低温范围内燃烧，热力型 NO_x 的生成很少。

3. 高浓度、高速度的固体物料液态化地循环流动

①循环流动过程。循环流化床锅炉内的燃料、残炭、灰渣、脱硫剂和惰性床料等固体物料要经历炉膛、分离器和返料装置组成的外循环系统，进行多次循环，同时还伴随炉膛内的内循环，整个燃烧和脱硫过程都是在这两种循环过程中进行的，如图 2 - 32 所示。

②循环倍率。循环流化床锅炉的一个重要指标就是循环倍率。循环倍率指锅炉的外循环倍率，并用下式定义：

循环倍率(R) = 单位时间内循环物料量/单位时间内锅炉给煤量(kg/kg)　　(2 - 4)

由试验得知，内循环的循环物料量很大，其循环倍率可以用参与内循环的物料量与同时

间内锅炉给煤量之比来定义。但是内循环物料量的测量是极其困难的。经验表明,内循环量大约是外循环量的 3～5 倍。锅炉在运行中如果炉膛内的流速增加,内循环物料量相应减少,而外循环物料量却增加,这对分离器的分离效率是不利的。

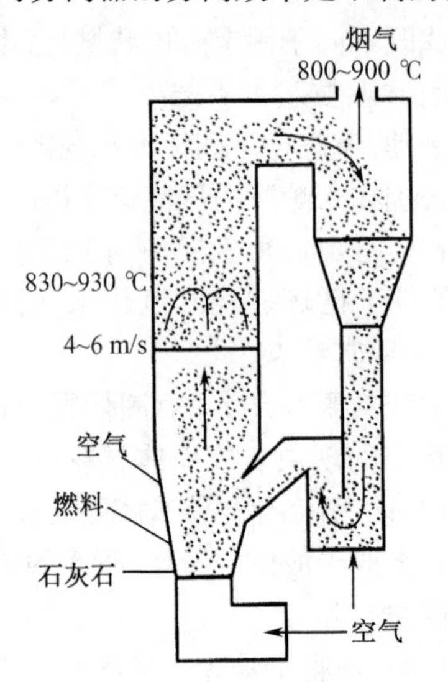

图 2－32　循环流化床内固体物料内外循环

4. 高强度的热量传递

在循环流化床锅炉中,大量的固体物料在强烈的紊流状态下进行流化燃烧,并可多次循环,经人为操作可控制其循环量与循环倍率,改变其炉内物料的分布规律,以适应不同的工况。在这种特殊状况下,极大地强化了传热过程,提高了热效率,并使整个炉膛高度方向的温度分布较为均匀。

五、循环流化床锅炉的主要优势

1. 燃料适应性广,可燃用低质煤

循环流化床锅炉使用的燃料,有烟煤和无烟煤,也可以是贫煤、煤矸石和洗选煤泥,还可以使用树皮、废木屑和垃圾等。无论这些燃料的灰分、挥发分高低,都可应用于循环流化床锅炉的燃烧。尤其是高硫煤,由于可以在炉内进行脱硫,且脱硫效率高,更显示出循环流化床锅炉实现洁净燃烧的优良性能。需要注意的是,燃料适应性广是说这种燃烧技术可以适应多种燃料,但是在设计时,针对不同燃料的燃烧室有不同的结构,并不是同一台锅炉就能适应多种燃料。例如按烧劣质烟煤设计的循环流化床锅炉燃烧优质烟煤时就会出现很多问题,甚至无法正常运行。

2. 燃烧效率高,符合节能降耗要求

随着循环流化床锅炉技术的不断完善,操作运行水平不断提高,国内循环流化床锅炉的燃烧效率可达到 97%～99%,锅炉热效率达 88%～90% 以上。表 2－6 是一台 420 t/h、10.3 MPa、蒸汽温度 540 ℃的循环流化床锅炉的热平衡试验结果。

表 2-6　420 t/h 循环流化床锅炉热平衡测试结果　　单位：%

项　　目	平均值	最大值	最小值	项　　目	平均值	最大值	最小值
碳不完全燃烧损失	2.1	2.3	1.6	脱硫剂分解吸热	0.3	0.5	0.1
排烟损失	4.5	4.7	4.0	散热损失	0.4	0.5	0.1
燃料及脱硫剂水分汽化热	0.6	0.7	0.5	灰渣冷却水热损失	0.6	0.8	0.5
气体不完全燃烧损失	1.2	1.3	1.0	其他损失	0.2	0.2	0.2

由表 2-6 可见，该锅炉最高热效率为 91.9%，最低为 89.0%，平衡热效率为 90.1%。

3. 脱硫效率高，减排功效明显

循环流化床锅炉的燃烧温度可控制在 830～930 ℃，与脱硫剂脱硫反应最佳温度相一致。燃料在炉内停留时间长，且可循环燃烧，因而脱硫效率高，这是循环流化床锅炉节能减排的独特优势，是其他燃烧方式不可比的。循环流化床锅炉在结构设计合理、运行操作适当及脱硫剂品种合适、Ca/S = 1.5～2.5 时，脱硫效率可达 80%～90%。

4. 氮氧化物（NO_x）排放低，满足环保要求

循环流化床锅炉属于中低温燃烧，可抑制热力型 NO_x 生成，因而另一个突出优势是 NO_x 排放量低，其 NO_x 的排放范围为 $50\times10^{-6}\sim150\times10^{-6}$。

5. 燃烧强度高，炉膛截面小

表 2-7 是循环流化床、层燃炉和煤粉炉设计及运行参数的比较。

表 2-7　三种燃烧形式参数的比较

参数	循环流化床	层燃炉	煤粉炉
燃料燃烧区高度/m	15～40 整个炉膛	0.2 煤层及附近区	27～45 整个炉膛
截面风速/($m\cdot s^{-1}$)	4～8	1.2	4～6
空气系数 a	1.2～1.3	1.3～1.5	1. 15～1.3
截面热负荷/($MW\cdot m^{-2}$)	3.0～5.0	0.5～1.5	4～6
传热系数/[$W\cdot(m^2\cdot ℃^{-1})$]	100～250	50～150	50～100
燃烧中心温度/℃	850～950	1 200 煤层及附近区域	1 600
燃烧效率/%	97～99	85～90	99
NO_x 排放量/($mg\cdot m^{-3}$)	50～200	400～600	400～600
炉内脱硫效率/%	80～90	无	无
负荷调节比	(3～4):1	4:1	

6. 灰渣综合利用，符合循环经济发展模式

循环流化床锅炉的燃烧温度一般在 950 ℃以下，所产生的灰渣是具有高活性的微细孔颗粒。这一特点为其综合利用提供了广阔的前景。目前，国内外在建材、填充物料和元素回收等领域，进行了大量的试验研究，并获得了实际应用。

六、循环流化床锅炉存在的问题

我国经过多年对循环流化床锅炉的研究和实践，积累了大量科研、设计和运行经验，循

环流化床技术已经迈入了稳步发展阶段。但是随着循环流化床锅炉在工业和热水采暖方面的广泛应用,在目前已投入运行的循环流化床锅炉中,尚有以下问题需要解决。

1. 磨损是影响锅炉使用寿命的主要问题

炉膛、分离器和返料装置是循环流化床锅炉外循环的主要部件。由于大量物料的载热循环流动,与高的循环倍率,上述部位容易出现磨损问题。如设计选材和施工工艺不当,更会加剧磨损,甚至耐磨材料出现裂纹或大面积脱落,致使炉体寿命短,检修时间长,影响供热。

2. 密封不严,造成烟气和循环物料外泄

炉膛、分离器和返料装置之间均有不同形式的膨胀和密封装置,由于选型不当或锅炉的启停过于频繁,会出现膨胀装置损坏或密封不严而导致烟气和循环颗粒的外泄。这种现象既影响锅炉正常运行,又造成锅炉周围环境污染,恶化了操作条件。

3. 炉膛温度高,影响脱硫效率

锅炉运行中,如果过于追求锅炉出力,采取高负荷率的运行方式,会造成炉膛温度居高不下,偏离最佳温度区间,导致脱硫效率下降。用石灰石做脱硫剂时,对其品种、CaO 含量与活性选择不当时,也会造成脱硫效率降低。另外,炉膛温度过高还可造成炉内结焦、积渣,影响锅炉正常运行。

以上问题通过精心设计、严格施工、保证耐火耐磨材料质量、加强科学管理与运行等各个环节的把关,都是可以得到解决的。

七、循环流化床锅炉炉膛结构

循环流化床锅炉的炉膛结构一般采用Π形布置,其上部为立式矩形,下部为锥形结构。这种布置方式适合于炉膛内进行流态化燃烧,并可方便地布置水冷壁受热面,且制造工艺简单。因而在炉膛内可以更好地完成燃料的燃烧、物料的循环、火焰对辐射受热面的放热和炉内脱硫反应。循环流化床锅炉的典型炉膛形状如图 2 – 33 所示。根据燃料在炉膛内的燃烧特点,可分成炉膛下部的密相区和上部的稀相区。二者的分界线为二次风的入口处。

炉膛密相区内充满了灼热的惰性床料、燃料和脱硫剂,形成一个稳定的着火源。一次风由炉膛的底部送入,起着对物料进行流化的作用,同时还应满足燃料燃烧所需的空气量。由于燃料品种不同,燃烧所需的空气量是不同的,但物料在炉膛内流化的稳定性是必须保证的。为此流化风速应维持在 5 ~ 8 m/s。密相区内的物料基本上是大颗粒的物料,由于附壁流动内循环的作用,物料对内壁的磨损非常严重。所以密相区的水冷壁管应用耐磨材料包裹起来,以防止水冷壁管严重磨损而出现爆管事故。实际运行证明,水冷壁管磨损最严重的部位在密相区和稀相区的过渡部位。所以在该部位应采取避让措施,减少磨损,保证锅炉安全经济运行。

在二次风的作用下,炉膛内的中小颗粒在炉膛上部继续燃烧,形成炉膛上部的稀相区。在稀相区内颗粒继续燃烧,大一些的颗粒通过炉膛出口处的分离器时,被分离、捕捉,通过返料装置返回炉膛继续燃烧。而分离不下来的细小颗粒则必须保证在炉膛内达到完全燃烧,因此炉膛高度要保证燃料在稀相区的燃烧时间。在一般情况下,细小颗粒的燃尽时间为 3 ~ 5 s。控制颗粒在稀相区的流化速度非常重要,二次风送入炉膛应保证稀相区内燃料燃烧所需要的风量和颗粒的流化速度。根据煤种的不同,二次风的送风方式也应该有所调整,所以有时二次风需要分成两层或三层送入炉膛,以确保细小颗粒的完全燃尽。

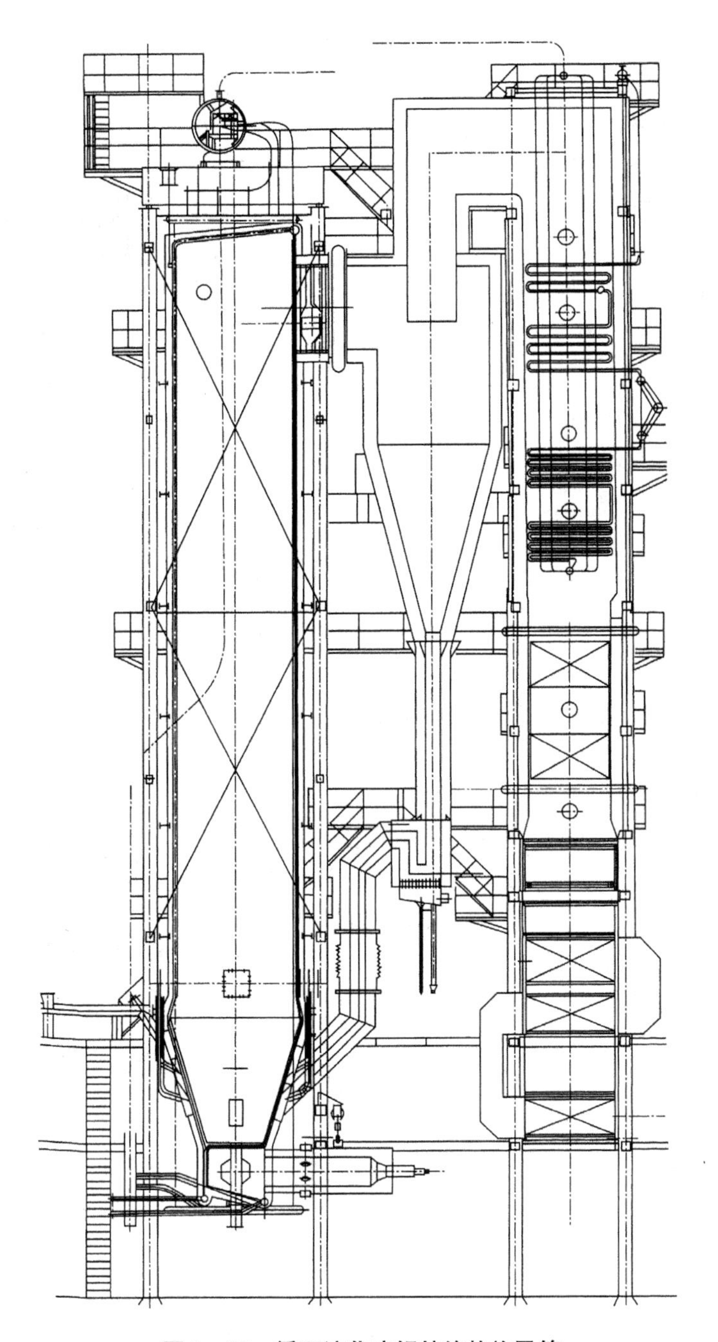

图 2-33 循环流化床锅炉绝热旋风筒

八、布风装置

布风装置是循环流化床锅炉实现流态化燃烧的关键部件。布风装置由风室、布风板、风帽和隔热层组成。图 2-34 是典型的循环流化床锅炉的布风装置。锅炉燃烧需要的一次风由布风板上的风帽小孔径向吹入炉内。风帽小孔的总面积远小于布风板面积,因此从风帽小孔中喷出的气流具有较高的速度和动能,将底部床料吹起并产生强烈的扰动,强化了气固之间的混合,形成良好的流化状态。

1. 风室

由送风机来的空气通过风室进入炉膛，所以风室起到了稳压和均流作用，降低风速，将动压转化为静压。风室应满足下列要求：

①应具有足够的强度和刚度以及严密性；

②应具有足够的容积，可起到稳压作用，一般要求风室内空气的平均流速小于1.5 m/s；

③尽量避免死角，具有稳定导流作用；

④结构简单，便于检修。

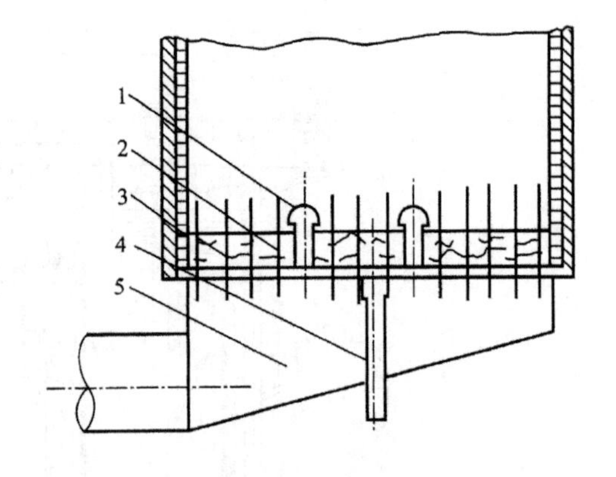

1—风帽；2—隔热层；3—花板；
4—冷渣管；5—风室。

图2-34　典型风帽式布风装置结构

循环流化床锅炉常采用等压风室结构。风室具有倾斜的底面，以保持其静压沿深度方向不变，提高布风的均匀性。等压风室一般由水冷管组成。布风板上的水冷壁延伸管向下弯曲90°，构成等压风室后墙水冷壁；锅炉前墙水冷壁向下延伸构成水冷风室前墙；然后弯曲形成等压风室倾斜底板；锅炉两侧的水冷壁延伸至布风板以下，构成水冷等压风室的两侧墙水冷壁。水冷等压风室内侧敷设耐火绝热材料，水冷壁管之间加焊鳍片密封。

2. 布风板

布风板是循环流化床锅炉的重要组成部分，它起着支撑床料、使床料均匀流化和顺利排渣的作用。目前循环流化床锅炉大部分采用水冷式布风板，可适应负荷变化快、锅炉启停时间短和采用热风点火的要求。水冷式布风板常采用膜式水冷壁管拉稀延长的办法，在管与管之间的鳍片上开孔，布置风，在布风板的上部敷设耐火耐磨材料，如图2-35所示。风帽和排渣口在布风板上的分布如图2-36所示。

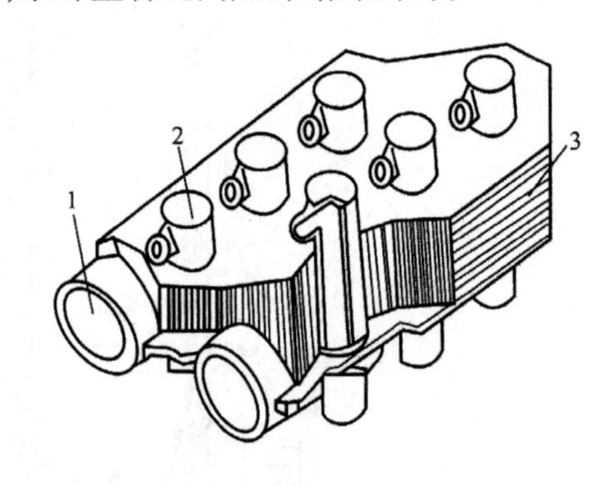

1—水冷管；2—定向风帽；3—耐火层。

图2-35　水冷布风板

在布风板的适当部位设置排渣管，其具体位置应能满足顺利排渣的要求。为了弥补由于开设排渣孔而减少的风帽数量，排渣口周围的风帽开孔要适当加大，或者布置特殊的风帽。

3. 风帽

风帽是锅炉实现均匀布风和维持炉内合理的气固两相混合流化的关键部件。循环流化床锅炉常用的风帽形式如图2-37所示。图中(a)(b)为带有帽头的风帽。这种风帽阻力大，气流分布均匀性较好，但在运行中一些大的物料容易卡在帽檐下面，不易清除；(c)(d)为无帽头风帽。这种风帽阻力较小，制造简单，但气流分配性较差。风帽在布风板上安装时要仔细检查其严密性，以免影响布风的均匀性和安装的牢固性与稳定性。风帽的材质大部分为高硅耐热球墨铸铁，有时热风点火的循环流化床锅炉采用耐热不锈钢风帽，但其耐磨性稍差。

为了解决较大炉渣顺利排出炉外的要求，可采用定向风帽。定向风帽能促进大块炉渣的顺利排出，并可增加底部料层的扰动。

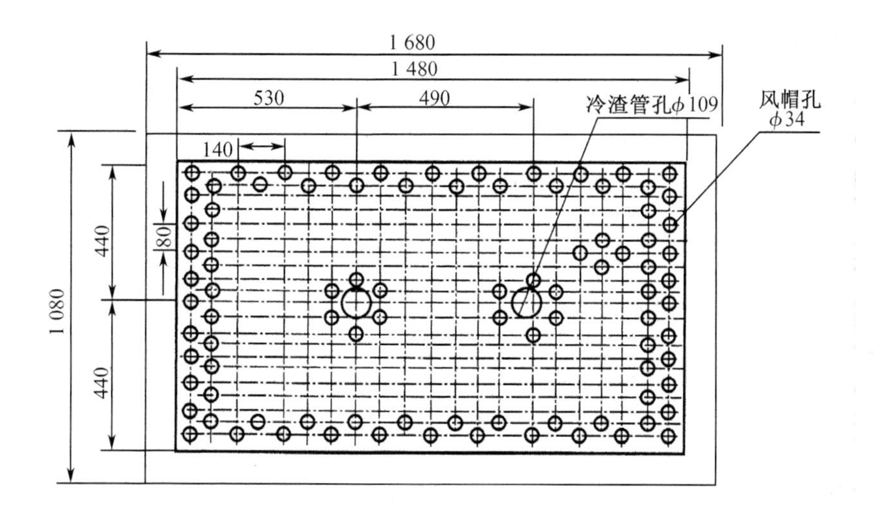

图 2－36　布风板结构

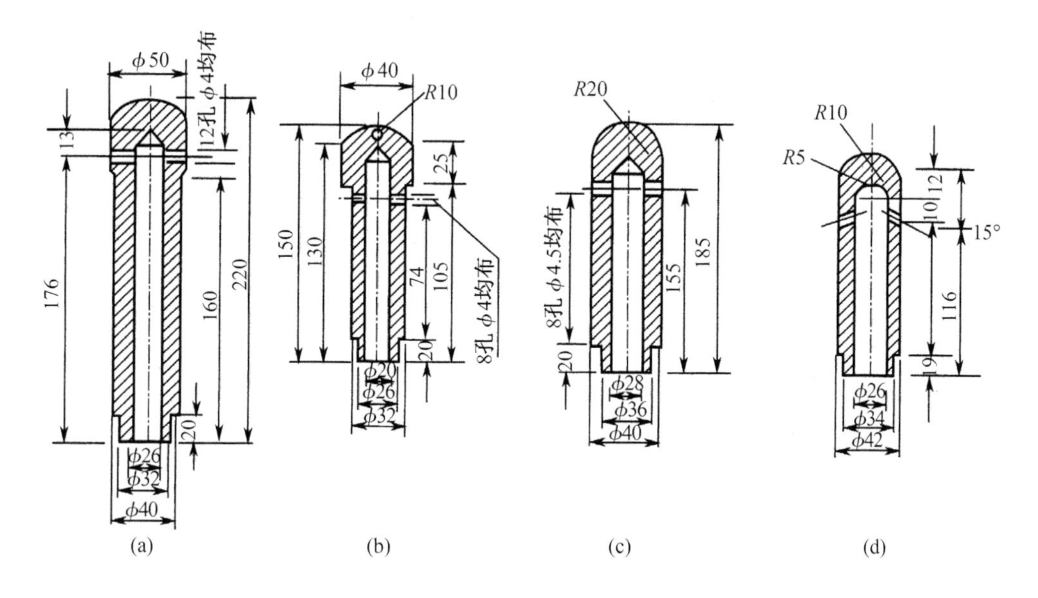

图 2－37　典型风帽结构

风帽小孔的风速是布风装置的重要参数。小孔的风速越大，气流对床料底部颗粒的冲击力越大，扰动就越强烈；但风速过大会增加风机的电耗。根据多年实践经验，燃煤颗粒直径为 0～10 mm 时，小孔风速一般为 35～40 m/s；粒径为 0～8 mm 时，小孔风速为 30～35 m/s。

风帽的另一个重要参数是开孔率，系指风帽小孔面积的总和与布风板有效面积的比值。由于循环流化床锅炉采用高流化风速，开孔率一般取 4%～8%。

4. 耐火保护层

为了防止布风板受热变形和水冷管的磨损，在布风板上敷设耐火耐磨保护层，其结构如图 2－38 所示。保护层自下而上为密封层、绝热层、耐火耐磨层。为防止风帽小孔被灰渣堵塞，保护层到小孔的距离控制在 15～20 mm 为宜。

九、气固分离装置

1. 气固分离装置的重要性

循环流化床锅炉气固分离装置的作用是将大量高温固体物料从气流中分离、捕捉，再回送到燃烧室，以保证炉膛内燃料和脱硫剂的多次循环、反复燃烧和充分反应的效果，达到提高燃烧效率和脱硫效率的目的并可节省床料。对循环流化床锅炉而言，气固分离装置的性能直接影响锅炉运行的优劣。因此，通常把气固分离装置的形式、运行效果与寿命长短作为循环流化床锅炉的标志。从某种意义上讲，循环流化床锅炉的性能取决于气固分离装置的性能，循环流化床技术的发展也取决于气固分离技术的发展，分离器结构形式的差异标志着循环流化床技术各流派的区分特征。

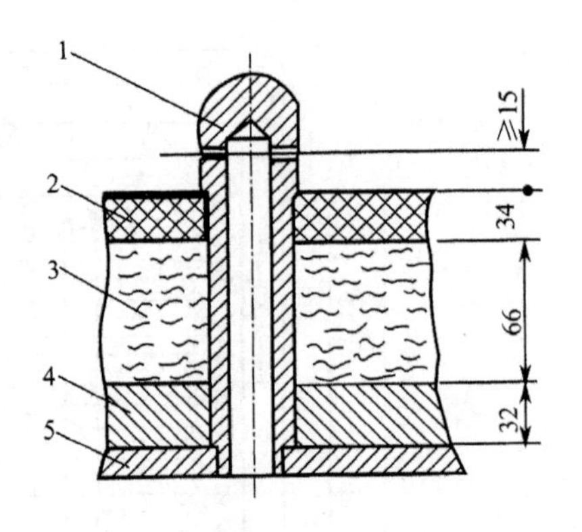

1—风帽；2—耐火层；3—绝热层；
4—密封层；5—鳍板。

图 2-38　耐火保护层结构

2. 高温绝热旋风分离器

旋风分离器有着悠久的使用历史，是成熟的气固分离装置，因此在循环流化床燃烧技术中也得到了广泛的应用。

旋风分离器在化工、冶金、建材等行业的用途是净化烟气，可降低粉尘的排放浓度，所处理的流动介质一般在 200 ℃以下，含尘浓度一般低于 0.1 kg/m^3，粉尘粒度在 15 μm 以下。循环流化床锅炉使用旋风分离器的目的是分离和捕集循环灰，注重物料的顺畅流动和可靠回送，所处理的烟气介质中固体含量一般在 2～5 kg/m^3，烟气的温度达到 850 ℃，固体颗粒的粒度分布从零微米到几百微米。这些差别显现出循环流化床锅炉气固分离技术具有其独特性。

为避免高温烟气对分离器的烧蚀和大量固体物料的磨损，在其内侧敷设了耐火耐磨材料，并采取了防止耐火耐磨材料脱落的措施。

考核循环流化床分离装置的重要指标是分离效率。分离效率的表达式为

$$分离效率 = (循环灰流率/炉膛出口的固体流率) \times 100\% \tag{2-5}$$

由式(2-5)可见，被分离出来又加入炉膛的固体物料与从炉膛出口进入分离器的固体物料之比称为分离效率。但是这个分离效率是不全面的，要想全面衡量分离器的分离效率，还应考核它的分级分离效率。即在一定的气流速度下，在可扬析颗粒的粒度分布中，至少要有某个粒径范围内的颗粒分离效率基本达到100%，一般将这个临界颗粒直径表示为 d_{qq}，这个粒径范围内的颗粒将成为循环灰中的主体。

旋风分离器由进气口、筒体、排气口和圆锥管组成，图 2-39 为典型的旋风分离器内气体的流动形态和固体颗粒分离过程。在旋风分离器内是三维湍流的强旋流，在主流上还伴有许多局部二次涡流。主流是双层旋流，外侧向下旋转，中心向上旋转，其旋转方向相同。旋风分离器内因其气固两相物性的复杂性，至今尚未全面掌握其内在规律。对旋风分离器内介质流动状况的了解，来自大量的实测数据，包括三维速度的测定。

采用绝热旋风分离器作为气固分离装置的循环流化床锅炉称为第一代循环流化床锅炉。由于高温绝热旋风分离器具有相当好的分离性能，所以被大多数循环流化床锅炉用作气固分离装置。但是这种气固分离装置有它的不足之处，如旋风筒体积过大、钢材耗量高、占地面积

大，且由于敷设了大量耐火耐磨材料，其总体质量较大。

3. 中温旋风分离器

为了解决高温绝热旋风分离器的不足，进一步研制了中温旋风分离器。这种分离器一般布置在屏式过热器之后，分离器的进口烟温在 600 ~ 450 ℃。由于进口温度低，可减轻分离器耐火耐磨材料的磨损，同时减少了循环物料复燃和结焦问题。中温旋风分离器一般采用下排气的布置形式，其优点是分离器可以布置在尾部竖烟道的上方，节省了锅炉的占地面积，图 2－40 为上排气与下排气布置的比较。

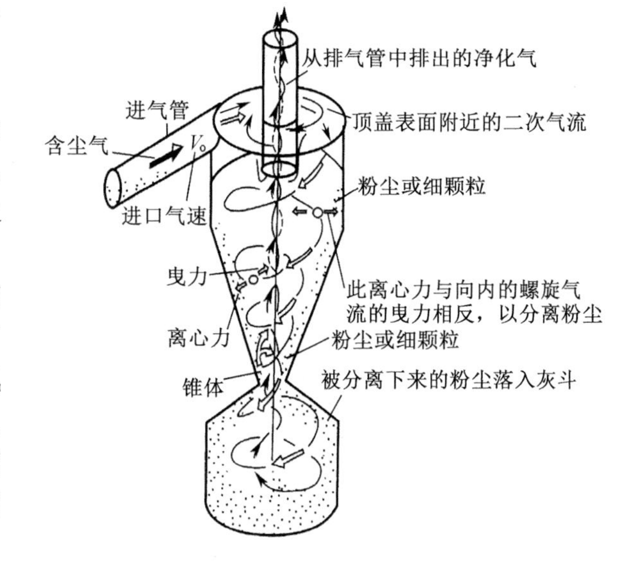

图 2－39　气体的流动形态和固体颗粒的分离过程

中温旋风分离器具有以下特点：

①分离器进口烟气温度低，烟气中固体物料浓度低，所以分离器的尺寸减小，分离效率高；

②由于工作温度低，耐火耐磨材料的厚度减小，加快了锅炉的启停速度；

③分离器和下部料腿内不易发生二次燃烧，不会结焦；

④减少了锅炉总质量和占地面积。

采用中温下排气分离器的循环流化床锅炉国内已有厂家生产。

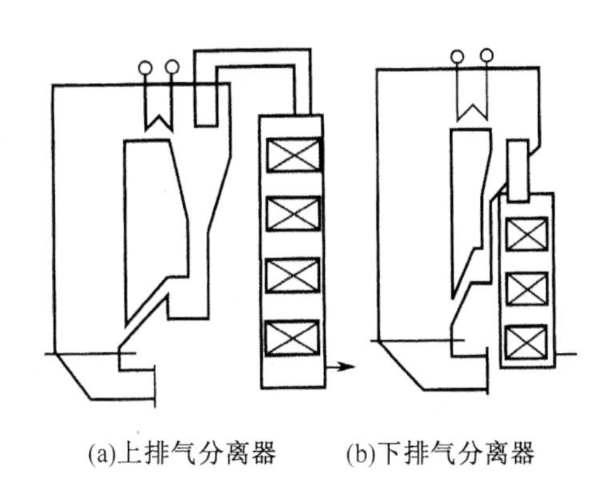

图 2－40　不同分离形式的锅炉布置

4. 水(汽)冷旋风分离器

为了保持高温绝热旋风分离器的优点，同时有效地克服其缺点，又研制了如图 2－41 所示的水(汽)冷旋风分离器。应用水(汽)冷旋风分离器的循环流化床锅炉称为第二代循环流化床锅炉。

水(汽)冷旋风分离器的外壳利用水冷管或汽冷管代替原来的钢板，起到了冷却作用，厚重的耐火耐磨材料被一层较薄的高温耐磨材料代替，如图 2－42 所示。由于围成分离器的水(汽)冷管具有冷却作用，分离器内的烟气温度有所下降，因此分离器和料腿内的物料复燃结焦问题得到了较好的解决。随着耐火耐磨材料厚度的减薄，锅炉启停时间的长短不再决定于耐火材料，而取决于水循环的安全性，使得锅炉的启停时间大大缩短。以一台 75 t/h 蒸汽锅炉为例，采用高温绝热旋风分离器时，启动时间为 6 h 左右，而采用水(汽)冷旋风分离器时启动时间只有 2 ~ 3 h。但水(汽)冷旋风分离器的制造工艺复杂，制造成本高，降低了其市场竞争力。

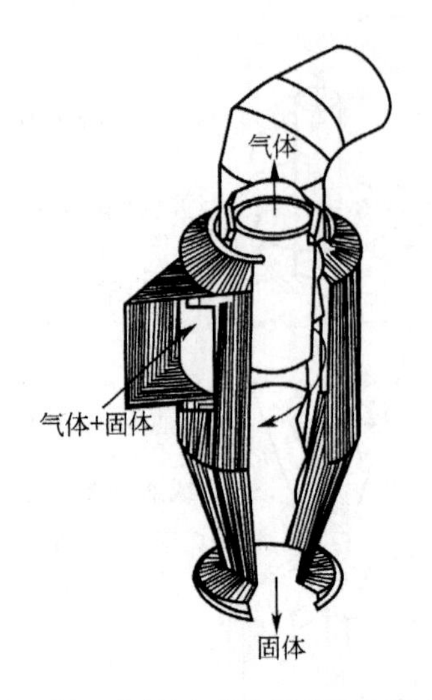

图 2-41　水(汽)冷旋风分离器筒体结构

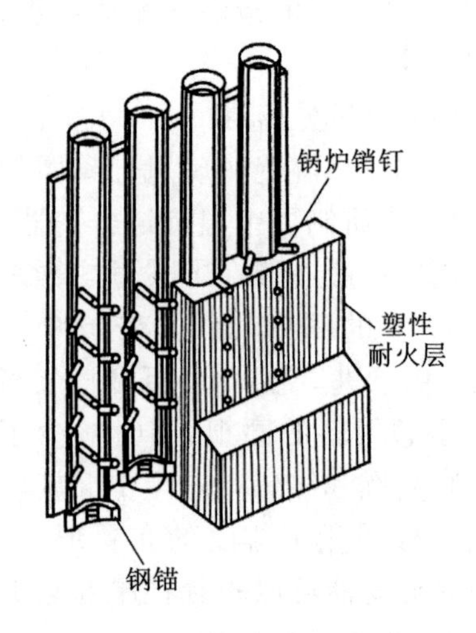

图 2-42　水冷却旋风分离器耐火材料结构

5. 水冷方形分离器

水冷方形分离器的分离机理与圆形旋风筒本质上无差别,只是筒体为平面方形结构而别具一格,这就是第三代循环流化床锅炉,最突出的特点就是锅炉的布置非常紧凑。

水冷方形循环流化床锅炉与其他形式的循环流化床锅炉的最大不同之处,就是配置了方形气固分离装置。分离器的壁面作为炉膛壁面水循环系统的一部分,因此分离器紧贴炉膛,使整个循环流化床锅炉体积大为减小,十分紧凑,并且分离器与炉膛之间免除了热膨胀节。所以水冷方形循环流化床锅炉推出后立即引起广泛关注。多年运行经验表明,该装置具有明显的技术优势和发展前景。1996 年 8 月,我国首台自行研制的带水冷方形分离装置的循环流化床锅炉投产,经多年的运行,效果良好。因而水冷方形循环流化床锅炉已成为国内一个新的产品。

6. 返料装置

(1)返料装置的作用与要求

循环流化床锅炉返料装置的作用是将分离器分离下来的高温固体物料稳定地回送到炉内重新参与燃烧和脱硫。所以返料装置工作的可靠性对锅炉安全经济运行具有重要影响。返料装置通过的固体物料量非常大,循环流化床锅炉的循环倍率一般在 5 ~ 20,通过返料装置的固体物料量是锅炉耗煤量的 5 ~ 20 倍。因此,对返料装置有以下要求:

①经过返料装置的物料流动要稳定,并要防止物料的复燃或结焦。

②返料装置的物料来自压力较低的分离器,送入压力较高的密相区,所以返料器充气压力要大于炉膛压力以克服其阻力;返料装置对分离器的气体反窜量应等于零。

③返料装置能够稳定开启和关闭,并能控制其物料流量,以满足锅炉变负荷稳定运行的要求。

(2)返料装置的组成

①料腿。循环流化床锅炉中的分离装置大多采用旋风分离器,即使仅有少量气体从料腿中窜入分离器,也会对分离器内的流场造成不良影响,降低分离效率。料腿将固体物料由低压区送至高压区的同时,还要防止气体向上窜,因此它在循环系统中起着压力平衡的重要作用。

②返料阀(回料阀)。在循环流化床锅炉的发展过程中,返料阀的结构出现了很多形式,

归纳起来不外乎图 2－43 所示的五种形式。图中 U 阀是一种得到大力开发和广泛应用的返料阀。U 阀可以一点充气，也可两点或多点充气。影响 U 阀工作性能的因素很多，如充气点的位置、充气点的组合和 U 形通道的高低等。

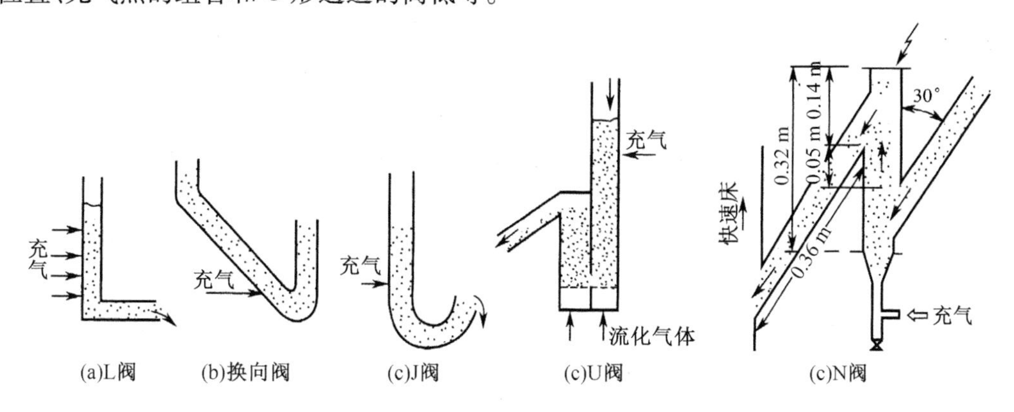

图 2－43　返料阀种类

十、循环流化床锅炉硫氧化物的生成与控制

1. 燃煤中硫的组成

燃煤所含硫分基本上以四种形态存在，即以黄铁矿硫为主的硫化物、硫酸盐（$CaSO_4 \cdot 2H_2O$、$FeSO_4 \cdot 2H_2O$）、有机硫和元素硫。硫酸盐硫是不可燃烧的，是煤中灰分的组成部分，其余三种均为可燃硫。煤中元素硫的含量很少，硫化物硫和有机硫占煤中硫分的 85% 以上。

2. 硫化物生成 SO_2 机理

硫化物硫包括黄铁矿、白铁矿、砷黄铁矿等，其中以黄铁矿为主，通常称黄铁矿硫。在一定温度下和氧化性气氛中，黄铁矿硫直接氧化生成 SO_2：

$$4FeS_2 + 11O_2 \longrightarrow 2Fe_2O_3 + 8SO_2 \tag{2-6}$$

在还原性气氛中 FeS_2 会分解为 FeS 和 H_2S：

$$2FeS_2 \longrightarrow 2FeS + S_2 \tag{2-7}$$

$$FeS_2 + H_2 \longrightarrow FeS + H_2S \tag{2-8}$$

$$FeS_2 + CO \longrightarrow FeS + COS \tag{2-9}$$

以上反应生成的 H_2S、COS 遇氧后氧化生成 SO_2。

3. 有机硫生成 SO_2 机理

有机硫的组成是非常复杂的，其中硫醇类和硫醚类两种物质的侧链和环链结合较弱，在煤加热至 450 ℃时首先分解；而含噻吩环的芳香体系、硫醌类和二硫化物等物质的结构比较稳定，煤加热到 930 ℃以上时才能分解析出。在氧化性气氛中，它们全部氧化生成 SO_2，反应如下：

$$RHS + O_2 \longrightarrow RH + SO_2 \tag{2-10}$$

$$RS + O_2 \longrightarrow R + SO_2 \tag{2-11}$$

在还原性气氮中，有机硫会生成 H_2S 或 COS，遇氧后生成 SO_2。

4. SO_2 排放浓度

煤在燃烧过程中，可燃硫基本上都可氧化生成 SO_2，可根据其含硫量来估算出燃烧后 SO_2 的生成量。但煤的灰分中含有金属氧化物如 CaO、MgO、Fe_2O_3 等碱性物质，与烟气中的

SO_2发生化学反应生成 $CaSO_4$等,所以煤中的灰分具有一定的脱硫作用。因此即使锅炉本身不采取任何脱硫措施,烟气中 SO_2的实际排放浓度也低于其原始生成浓度。

飞灰脱硫作用的大小取决于灰的碱度

$$K = 63 + 34.5 \times 0.99 A_j \tag{2-12}$$

$$A_j = 0.1\alpha_{fh} A_{zs}(7C_{CaO} + 3.5C_{MgO} + C_{Fe_2O_3}) \tag{2-13}$$

$$A_{zs} = A_{ar}/ Q_{net,ar} \times 1\ 000 \tag{2-14}$$

式中,K 为烟气中 SO_2的排放系数,即在煤燃烧过程中不采取脱硫措施时排放出的 SO_2浓度与原始总生成的 SO_2浓度之比(%);A_j为煤中灰分的碱度;α_{fh}为煤灰分中飞灰所占的份额;A_{zs}为煤的折算含灰量(g/MJ);A_{ar}为煤的收到基灰分(%);$Q_{net,ar}$为煤的收到基低位发热量(MJ/kg);C_{CaO}、C_{MgO}、$C_{Fe_2O_3}$分别为灰中氧化钙、氧化镁、氧化铁的含量(%)。

根据上式,只要知道了煤燃烧的含硫量、发热量以及灰中碱性组分的含量,就可以计算出锅炉不采取脱硫措施时烟气中 SO_2的含量。

值得注意的是,在锅炉实际运行中,判断燃用不同煤种时 SO_2的排放浓度,不能只比较其收到基含硫量,而应比较其折算含硫量,要与煤的收到基发热量联系起来。

折算含硫量按下式计算:

$$S_{zs} = S_{ar}/ Q_{net,ar} \times 1\ 000 \tag{2-15}$$

式中,S_{zs}为折算含硫量(g/MJ);S_{ar}为煤的收到基含硫量(%)。

在考虑了煤灰的自身脱硫作用,已知排放系数 K,排烟处空气系数 $\alpha = 1.4$ 时,利用折算含硫量计算烟气中 SO_2的浓度:

$$C_{SO_2} = 5\ 438\ KS_{zs} \tag{2-16}$$

式中,C_{SO_2}为烟气中 SO_2排放浓度(mg/m^3)。

从上式可看出,燃煤锅炉在出力相同时,燃用不同发热量的煤种,尽管煤的含硫量相同,但由于燃煤数量不同,造成烟气中排放的 SO_2浓度不同。很多地方对锅炉燃煤的含硫量进行了限制,但在燃用劣质煤时还是达不到控制 SO_2低排放的要求。只有同时限制燃煤的含硫量和收到基低位发热量,才能达到限制 SO_2排放浓度的要求。

5. 循环流化床锅炉脱硫原理及脱硫剂的选择

循环流化床锅炉在燃烧过程中的脱硫,系指煤在燃烧过程中生成的 SO_2如遇到碱金属氧化物 CaO、MgO 等,便会反应生成 $CaSO_4$、$MgSO_4$,进入灰渣而排出床层的过程,又称为固硫。石灰石是循环流化床锅炉普遍使用的脱硫剂。

石灰石的主要成分是 $CaCO_3$,石灰石进入炉膛内,遇高温进行煅烧反应,生成 CaO 和 CO_2:

$$CaCO_3 \longrightarrow CaO + CO_2 \tag{2-17}$$

$$CaO + SO_2 + 1/2O_2 \longrightarrow CaSO_4 \tag{2-18}$$

上述反应如温度过高或过低会减缓反应速度,最佳反应温度在 830 ~ 930 ℃。在还原性气氛中,燃煤中的硫分主要生成 H_2S,会发生下列反应,最终产物都是 $CaSO_4$:

$$CaCO_3 + H_2S \longrightarrow CaS + H_2O + CO_2 \tag{2-19}$$

$$CaO + H_2S \longrightarrow CaS + H_2O \tag{2-20}$$

如果 CaS 再遇到氧气时,根据氧的浓度可产生如下反应:

$$2CaS + 3O_2 \longrightarrow 2CaO + 2SO_2 \tag{2-21}$$

$$CaS + 2O_2 \longrightarrow CaSO_4 \tag{2-22}$$

脱硫剂可分为天然和人工制备两大类。循环流化床锅炉使用的天然脱硫剂主要有石灰石（$CaCO_3$）、白云石（$CaCO_3 \cdot MgCO_3$）和一些贝壳；人工制备的脱硫剂主要有碱金属类 Na_2CO_3、Na_2SO_4、NaOH 等；另外燃煤电厂的煤粉灰也可作为循环流化床锅炉的脱硫剂。目前循环流化床锅炉所用脱硫剂大部分为石灰石，因其脱硫效率高，容易得到，价格低。

6. 循环流化床锅炉脱硫效率的影响因素

（1）钙硫摩尔比（Ca/S）

从脱硫反应式可看出，在理论上脱除 1 mol 的硫需要 1 mol 的钙，或者说每脱除 1 kg 的硫需要 3.125 kg 的钙。因此为达到一定的脱硫效率所消耗的脱硫剂量，常用 Ca/S 作为一个综合指标来说明其钙的有效利用率。Ca/S 可用下式表达：

$$\mathrm{Ca/S} = G/B \times w_{\mathrm{CaCO_3}} / \mathrm{S_{ar}} \times 32/100 \qquad (2-23)$$

式中，Ca/S 为 Ca 和 S 的摩尔比；G 为达到一定的脱硫效率应投入的脱硫剂量（kg/h）；B 为燃煤消耗量（kg/h）；$w_{\mathrm{CaCO_3}}$ 为脱硫剂中 $CaCO_3$ 的质量分数（%）；S_{ar} 为燃煤中收到基含硫量的质量分数（%）；32 为硫的相对分子质量；100 为 $CaCO_3$ 的相对分子质量。

所谓脱硫效率是指烟气中的 SO_2 被脱硫剂吸收的百分数。在最佳脱硫温度 850 ℃、Ca/S = 1时，理论上的脱硫效率只有 60% 左右。如要达到 90% 以上的脱硫效率，Ca/S 值应达到 3 ~ 5，需加入大量石灰石，不仅运行费用增大，$CaCO_3$ 分解还要吸热，降低其锅炉的出力，大量灰渣还会增加物理热损失，并加大了受热面的磨损。锅炉在实际运行中既要达到较高的脱硫效率，又不过分增大受热面的磨损，一般将 Ca/S 掌握在 2 左右，并可根据燃煤的实际情况进行必要的调整。

（2）脱硫剂粒径的影响

石灰石进入炉膛后，在高温作用下，首先由 $CaCO_3$ 分解成 CaO，CaO 的颗粒比 $CaCO_3$ 颗粒的摩尔体积缩小 45%，因而使原 $CaCO_3$ 内的自然孔隙扩大了许多，多孔隙的 CaO 有利于和 SO_2 进行反应。但是，在由 CaO 转变成 $CaSO_4$ 的反应过程中，其摩尔体积会增加 180%，在 CaO 表面生成一层厚度为 22 μm 的致密 $CaSO_4$ 薄层，如图 2 - 44 所示。$CaSO_4$ 薄层的孔隙比 SO_2 分子的尺寸小，阻碍了 SO_2 穿过 $CaSO_4$ 薄层进一步扩散到 CaO 颗粒内部进行反应，因而又降低了石灰石的利用率。为解决这一问题，就要对石灰石的粒径进行限制。其粒径不能太大也不能太小，粒径小于 100 μm 时，由于在炉内停留时间太短而不能全部参加反应。实践证明，石灰石粒径大于 3 mm 时，钙的利用率也要降低。在一般情况下，石灰石粒径不宜超过 2 mm，平均粒径在 100 ~ 500 μm 为宜。

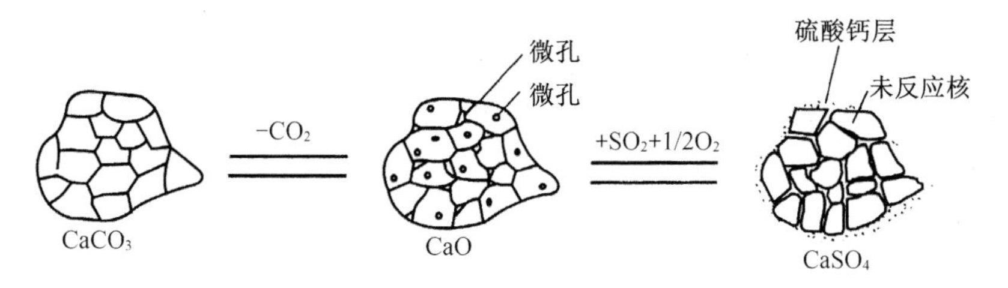

图 2 - 44　石灰石在燃烧过程中的脱硫原理

（3）床温的影响

流化床床温的变化可导致脱硫反应速度的变化。石灰石脱硫反应的最佳温度为 830 ~ 930 ℃，当温度偏离这一范围时，脱硫效率明显下降。床温高于 1 000 ℃时，CaO 的高温烧结退速增加，造成反应比表面积明显减小，脱硫效率下降；当床温低于 800 ℃时，反应速度放慢，并且产物层扩散系数也要减小，同样会造成脱硫效率下降。

（4）循环倍率的影响

锅炉内物料的循环倍率越高脱硫效率越高。随着循环倍率的升高，脱硫效率可达到 90% 以上。这是因为飞灰的再循环延长了石灰石在炉膛内的停留时间，所以提高了脱硫剂的利用率。

如果不考虑石灰石颗粒在炉膛内的磨损，反应 30 min 后其利用率只有 20% ~40%，若将石灰石在炉膛内的停留时间增加到 1 h，石灰石的利用率大幅度提高。

（5）其他因素对脱硫效率的影响

除上述影响脱硫效率的主要因素外，还有风速、分段燃烧、给料方式、氧浓度、负荷变化等因素的影响。循环流化床内的脱硫反应是一个受多种因素制约的反应过程，在实践中要通过不断的试验调试，总结出自己锅炉的最佳脱硫反应控制方案，从而达到节能减排目的。

十一、循环流化床锅炉氮氧化物的生成与控制

1. 氮氧化物的组成

燃料燃烧时，燃料中的氮发生氧化反应，同时助燃空气中的氮也被高温氧化。氮氧化生成的氮氧化物有 NO、NO_2 和 N_2O。在生成的氮氧化物中，NO 占 90% 以上，NO_2 占 5% ~10%，而 N_2O 只占 1% 左右。一般将氮氧化物分为 NO_x 和 N_2O。N_2O 是影响大气温室效应的主要物质，这种气体多在低温燃烧过程中产生，是循环流化床锅炉必须解决好的问题。

2. NO_x 生成机理

NO_x 由三种类型组成，即热力型、燃料型和快速型。

（1）热力型 NO_x 生成机理

热力型 NO_x 是燃料燃烧时空气中氮和氧在高温下生成的 NO 和 NO_2 总和，反应如下：

$$N_2 + O_2 \rightleftharpoons 2NO \quad (2-24)$$

$$NO + 1/2O_2 \rightleftharpoons NO_2 \quad (2-25)$$

试验研究表明，当温度达到 1 500 ℃时，每提高 100 ℃，反应速度增加 6 ~7 倍。可见温度对热力型 NO_x 的生成浓度起决定性作用。通常温度低于 1 350 ℃时，几乎没有热力型 NO_x 生成。循环流化床锅炉的最佳燃烧温度在 830 ~930 ℃，煤在循环流化床中燃烧基本上不会产生热力型 NO_x。

（2）燃料型 NO_x 生成机理

燃料型 NO_x 是燃料燃烧时煤中的氮化合物发生分解、氧化反应生成 NO_x。燃煤中氮含量一般在 0.5% ~2.5%，它以原子状态与各种碳氢化合物结合成氮的环状化合物或链状化合物。由于燃煤中氮与上述化合物的 C—N 结合键能较小，在燃烧时很容易分解出来，而氧更容易首先破坏 C—N 键与氮原子生成 NO_x。燃料燃烧时所涉及的反应非常复杂，其反应机理有待于更深一步研究。

（3）快速型 NO_x 生成机理

快速型 NO_x 是煤燃烧时空气中的氮和燃料中的碳氢离子团如 CH 等反应而成的。研究表明，快速型 NO_x 的生成受温度影响不大，一般情况下对不含氮的碳氢燃料在较低温度燃烧时才重点考虑快速型 NO_x，在流化床燃烧条件下一般也不考虑快速型 NO_x。

以上三种类型的 NO_x 在循环流化床燃烧条件下，燃料型 NO_x 是主要的研究对象，它占

NO_x 的 90% 以上。

3. N_2O 生成机理

N_2O 是一种燃料型氮氧化物，其生成机理与燃料型 NO_x 基本相似。在挥发分析出和燃烧期间，挥发分氮首先析出并和氧生成 NO，然后再和挥发分中的 HCN、NCO、NH 等发生反应生成 N_2O。因此 NO 的存在是生成 N_2O 的必要条件。链条锅炉燃烧时 N_2O 的排放量很低，但在研究中发现，循环流化床 N_2O 排放浓度较高。因此在循环流化床锅炉燃烧过程中，如何减少 N_2O 的排放浓度成为关键问题。

影响 N_2O 生成的主要因素有床温、空气系数、烟气在炉膛内停留时间、煤种等。研究发现 N_2O 达到最大浓度时的温度为 800 ~900 ℃，对比循环流化床最佳燃烧温度 830 ~930 ℃可知，最佳燃烧温度和控制 N_2O 生成温度相一致，因而构成了循环流化床锅炉在运行过程中需要解决的问题。

4. NO 排放浓度估算

循环流化床锅炉在燃烧过程中生成的 NO_x，主要是燃料型 NO_x，因此可以通过计算燃料型 NO_x 浓度估算 NO_x 的生成量。

$$C_{NO_x} = (BN_{ar} \times \eta \times 10^6)/G \tag{2-26}$$

式中 C_{NO_x}——燃料型 NO_x 的排放浓度（mg/m³）；

B——每小时燃煤量（kg/h）；

N_{ar}——煤中收到基氮的质量分数（%）；

η——燃料型 NO_x 的转化率，其值为 0.2 ~0.5，与燃烧温度有关；

G——燃烧产生的烟气量（m³/h）。

5. 影响氮氧化物排放的主要因素

（1）床温

锅炉在运行中，随着床温的升高，NO_x 的排放浓度也随之升高，而 N_2O 的排放却下降。通过降低床温来控制 NO_x 的排放会导致 N_2O 排放的升高。所以在考虑控制床温的同时，还要兼顾燃料的燃烧效率，床温在 850 ℃左右时脱硫效果最好，但燃料中的氮向 NO 转化的转化率也最高。

（2）循环倍率

前面提到，提高循环倍率对脱硫是非常有利的，同时对降低 NO_x 的排放也很有利。提高循环倍率可以增加悬浮段的碳浓度，从而加强了 NO 与碳的反应：

$$2C + 2NO \longrightarrow N_2 + 2CO \tag{2-27}$$

$$C + 2NO \longrightarrow N_2O + CO \tag{2-28}$$

这两个反应中 NO_x 排放下降，而 N_2O 略有增加。

（3）脱硫剂

采用石灰石作脱硫剂时，为提高脱硫效率，应提高 Ca/S 值。但富余的 CaO 却成为燃料氮转化为 NO 和 N_2 的强催化剂；富余的 CaO 在氧化性气氛中也是促使 N_2O 分解的强催化剂。在一般情况下，CaO 对燃料氮生成 NO 的作用大于它对还原性气体还原 NO 反应的作用，因此 NO_x 的排放浓度有所增加。富余的 CaO 和 CaS 的催化作用还与石灰石的粒径有关，小颗粒较多的高活性石灰石对 NO 刺激增长作用比低活性石灰石小，所以脱硫剂应选用前者，这与脱硫对石灰石的要求是一致的。

(4)空气系数

循环流化床在未实施分段燃烧时,空气系数对 NO_x 和 N_2O 有相似的影响。当实施低氧燃烧,适当降低空气系数时,NO_x 和 N_2O 的排放都下降;如果空气系数很大时,对 NO_x 和 N_2O 排放的影响大大减弱,因为空气系数很大或很小时 CO 浓度可能会升高,促使 NO_x 和 N_2O 还原和分解。在氧含量小于 1.5% 或 CO 含量等于 1% 的区间内,床温等于或大于 900 ℃时,N_2O 的分解只需 100 ms。所以采用低氧燃烧技术可减少 50% ~75% 的 N_2O 的排放。

如循环流化床实施分段燃烧,则以二次风送入点为界限,上部形成富氧区,下部形成贫氧区,在下部还原性气氛中可抑制 NO_x 的生成。当空气系数维持一定值时,加大二次风率,相应减少一次风率,NO_x 的生成量也随之减少。实施分段燃烧,SO_2和 CO 的排放都可不同程度地降低。因此分段燃烧技术是一种安全可行的洁净燃烧方式,节能减排效果明显,被大多数循环流床锅炉所采用。

(5)炉膛高度

循环流化床运行时,随炉膛高度的增加,NO_x 浓度急剧下降,而 N_2O 浓度则有较大的升高。这是因为 NO_x 主要产生于床层之中,随着挥发分和焦炭的燃烧,虽然也产生一些 NO_x,但焦炭对 NO_x 的分解起主要作用,因而 NO_x 浓度随炉膛的增高而降低。炉膛的上部随着炭继续燃烧,导致产生 N_2O,而 NO_x 在炭表面分解的同时也产生一定数量的 N_2O。

(6)燃料性质

下面给出一组对比试验数据,两个煤种同样在床温为 880 ℃、烟气中氧含量为 6% 时,氮氧化物排放情况测试结果见表 2-8。

表 2-8　两个煤种在相同条件下的氮氧化物排放情况

煤种	NO_x		N_2O	
	排放浓度/($mg \cdot kg^{-1}$)	转换率/%	排放浓度/($mg \cdot kg^{-1}$)	转换率/%
徐州烟煤	294	13.6	56.4	5.2
河南无烟煤	238	10.8	67.2	6.2

煤中燃料氮以芳香族化合物存在时,HCN 是挥发分氮的主要中间产物;而燃料氮以胺族形式存在时,其挥发分氮的中间产物主要是 NH_3。HCN 的均相氧化反应主要生成 N_2O,NH_3的均相氧化反应主要生成 NO_x。所以在相同条件下,烟煤的 NO_x 排放高于无烟煤,无烟煤的 N_2O 排放高于烟煤。

6. 同时降低 SO_2和 NO_x 排放的措施

在循环流化床锅炉运行中,为了降低 SO_2的排放,往往会导致 NO_x 的含量升高;采取降低 NO_x 的措施又会造成了 N_2O 排放的增加。这就产生了如何从优化设计和运行操作来综合解决 SO_2、NO_x、N_2O 的排放问题。

通过国内外各厂家的多年实践,循环流化床锅炉目前多采取以下几项综合措施同时降低各种有害气体的排放,并保持经济运行。

①坚持中低温燃烧技术,将运行床温控制在 900 ℃左右;

②采用低氧燃烧技术,将空气系数降至 1.10 ~1.20;

③采用分段燃烧技术,保持高的脱硫效率和 NO_x 低排放效果;

④优选石灰石品种、质量和粒径及 Ca/S 值；

⑤尽量利用炉膛悬浮空间和旋风分离器的循环脱硫和脱氮能力，提高燃烧效率。

从国内外实践看，很多循环流化床床温控制在 870 ℃，并采用较小粒径的脱硫剂。对于 Ca/S 值控制在 1.5～2.0 能基本满足脱硫要求。从降低燃煤的 SO_2 和 NO_x 等排放的难易程度来看，脱除 NO_x 较为困难。因此在考虑同时脱除两类污染物的措施时，应注意首先控制 NO，对 SO_2、N_2O、CO 可以采取一些行之有效的方法，如添加钙基吸收剂脱硫等。

十二、循环流化床锅炉灰渣排放与除尘

循环流化床锅炉排放的污染物中除 SO_2、NO_x、CO 等有害气体外，还要排出炉渣、飞灰、烟尘等固体污染物。炉渣通过冷渣器收集起来送入灰仓集中处理，飞灰要通过除尘器收集起来送入灰仓，而粒径较小的烟尘一般经烟囱排到大气中。

1. 灰渣总量

循环流化床锅炉排出的灰渣总量主要包括两部分，即燃煤的含灰量和加入脱硫剂而产生的灰渣。灰渣总量因煤中灰分的变化和投入石灰石的数量不同而变化。灰渣总量可按下式计算：

$$G_a \approx BA_{ar} + 3.12RS_{ar}B \quad (2-29)$$

式中 G_a——灰渣总量（kg/h）；

B——送入锅炉的燃料数量（kg/h）；

A_{ar}——燃料中收到基灰分的质量分数（%）；

R——脱硫剂的 Ca/S 值；

S_{ar}——燃料中收到基硫分的质量分数（%）。

循环流化床锅炉运行时灰渣中的部分微小颗粒随烟气排入大气，在排出的灰渣中也会含有未燃尽的炭，因此计算值与实际灰渣总量会有一些出入。灰渣总量中灰渣和飞灰各占多少要根据锅炉生产厂家提供的灰渣比进行计算，也可以进行灰平衡实际测定。锅炉生产单位往往按用户提供的煤种及其成分，结合锅炉特点，通过设计给出不同的灰渣比。锅炉在使用过程中改变了煤种，应根据所变煤种的灰分和硫分重新核算灰渣总量。

2. 灰渣的收集和输送

经冷渣器冷却至 200 ℃以下的炉渣可集中到渣仓。炉渣的输送可采用机械输送的方法，也可以采用水力冲渣的方法。除尘器收集下来的飞灰可以采用机械、水力冲灰和气力输送等方法送至灰仓。在制订灰渣输送方案时，应根据锅炉房所处的位置与布置形式来选用输送设备。无论选用何种输送设备，都要求在输送过程中不造成二次污染。选用机械方式输送时，应注意输送设备的密闭性，要防止粉尘逸出造成污染。选用水力冲灰时，要有防止管道堵塞的措施和有效的污水处理设施，避免造成二次污染。

值得注意的是，如果大量回收利用飞灰或者将其用于脱硫，最好选用气力输送方法。因为飞灰着水以后，其中大部分活性物质遭到破坏，降低了飞灰资源的利用价值。

十三、循环流化床锅炉的冷态试验

1. 锅炉冷态试验前应做好下列工作

（1）检查燃烧室、布风板和返料阀风管等处有无杂物并清理，检查风帽小孔是否通畅、耐火砌体是否完好。

(2)检查送、引风机及风道是否完好无杂物,挡板是否灵活可靠、运转是否正常,测量和控制仪器、仪表是否灵敏准确,物料循环系统的控制阀门是否灵活可靠。

(3)准备粒径为0~3 mm的灰渣底料。

(4)为冷态试验做好其他有关准备工作。

2. 布风均匀性试验

布风板布风均匀与否是循环流化床能否正常运行的关键。布风的均匀性直接影响床层的阻力特性和运行中流化质量的好坏。流化不均匀时,床内会出现局部死区,造成温度场的不均匀,以致引起结渣。

试验前先在布风板上铺一层灰渣底料,通常料层厚度为300~400 mm。然后开启引风机,送风机,再逐渐加大风量,注意观察床层表面是否开始均匀地冒小气泡,再慢慢打开风门。待床料充分流化,维持1~2 min后迅速关闭送风机、引风机,并关闭风室的风门,观察料层情况。当床料大部分被流化时,注意观察是否有不动的死区,如出现局部死区,则要查明原因予以处理。如果床层出现高低不平的现象,说明料层厚的地方风量较小,反之亦然。出现这种情况就需要检查风帽小孔是否有堵塞现象及布风板是否有漏风现象。在正常情况下,只要布风板设计、安装合理,床料配料均匀,床料会呈现出良好的流化状态,床层也会平整。

3. 布风板阻力特性试验

布风板阻力特性试验是在布风板上无任何床料的情况下进行的。一次风道的挡板全部打开,试验开始,先启动引风机和送风机,逐渐开启风机调节阀门,调整引风机风量,使二次风口处负压为零,此时风室压力计显示的风压值即为布风板的阻力值。然后加大送风机调节阀门的开度,再次调节引风机的风量,当二次风口处的负压为零时,再次记下压力计上的阻力值。然后再继续加大送风机调节阀门的开度,直到完全打开,记下每次的阻力值。接着再平稳地逐次缩小调节阀门开度,并记下每次的阻力值。每次增加或减小调节阀门的开度时,可掌握在风量为500 m^3/h左右。布风板的阻力值也可通过计算的方法近似得出:

$$\Delta P = \zeta \frac{\rho_g U_{cr}^2}{2} \tag{2-30}$$

式中 ΔP——布风板阻力(Pa);

ζ——风帽阻力系数,由锅炉制造厂家提供或参照有关资料;

ρ_g——气体密度(kg/m^3);

U_{cr}——风帽小孔风速,通过总风量和小孔面积计算(m/s)。

4. 料层阻力特性试验

料层阻力是指气体通过布风板上料层时的压力损失。试验时对料层有如下要求:料层为0~6 mm的炉渣或0~3 mm的黄沙;料层应干燥,在布风板上铺放平整;料层厚度可按200 mm、300 mm、400 mm、500 mm分次试验。床料铺好并平整后测出准确厚度,关闭好炉门即可进行试验。

试验的步骤与布风板阻力试验的方法相同,每个料层厚度都要重复一次试验。

对于正在运行的锅炉,当已知燃用煤种、风室压力和同一风量时的布风板阻力时,可按图2-45来估算料层厚度。不同燃用煤种的料层阻力见表2-9。

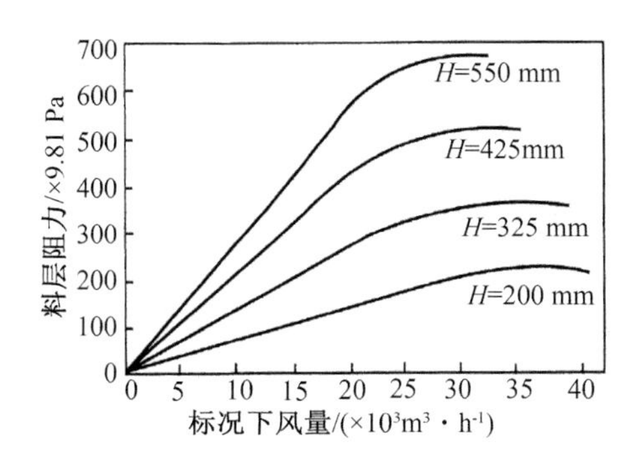

图 2-45 料层阻力特性曲线

表 2-9 料层阻力的近似值

燃料名称	每 100 mm 厚的料层对应的阻力/Pa	燃料名称	每 100 mm 厚的料层对应的阻力/Pa
褐煤	500~600	无烟煤	850~900
烟煤	700~750	煤矸石	1 000~1 100

5. 确定临界流化风量

床层从固定状态转化为流化状态时的风量称为临界流化风量。流化状态指料层中的大颗粒全部进入流化状态。锅炉运行中,当小颗粒进入流化状态,而大颗粒没有完全进入流化状态时,容易出现结焦现象。确定临界流化风量的目的在于估算热态运行时的最低风量,这是循环流化床锅炉低负荷运行时的下限风量,低于该风量时炉膛内可能发生结焦。

最低运行风量与床料颗粒的大小、密度及料层堆积孔隙率有关。对于典型的循环流化床而言,为了保证有较高的物料夹带量,一方面要求 0~1 mm 的燃料粒度应占有一定比例,通常不低于 40%;另一方面要求燃烧室密相区冷态空截面风速维持在 1.1~1.2 m/s,热态烟气速度为 5 m/s 左右。为保持低负荷时有良好的流化状态,冷态空截面风速也不能低于 0.7 m/s,否则在低负荷运行时,炉膛内空气系数可能偏大。

6. 物料循环系统输送性能试验

物料循环系统的输送性能试验主要指返料装置的输送特性试验。返料器的结构不同输送特性不同。图 2-46 是以常用的非机械式流化密封阀(即 U 阀)为实例的物料循环系统。返料器的立管上设置一个供试验用的加灰漏斗,试验前将 0~1 mm 的细灰加入,并将细灰充满返料器,使其与实际运行工况相一致。试验时将送风门缓慢开启,并密切注视炉内的下灰口。当观察到下灰口有少许细灰开始流出时,说明返料器已开始工作,记录其送风量、风室静压、各风门开度等参数。当送风量约占总风量 1% 时,说明送灰量已经很大。可采取计算时间和称灰量的方法求出单位时间内的送风量、气固输送比等。试验时要求连续加入细灰以保持立管内料柱的高度,

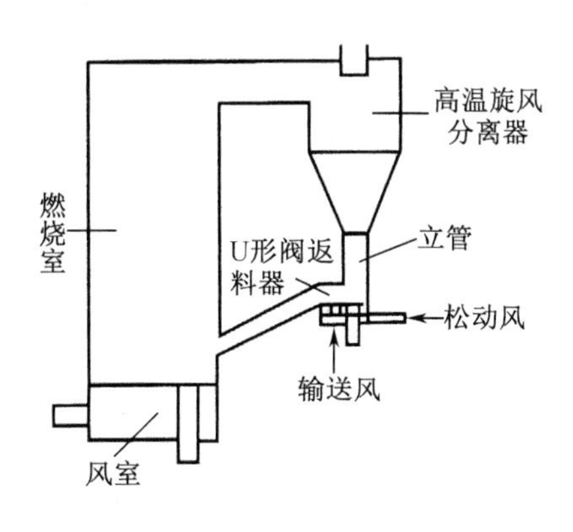

图 2-46 物料循环系统

并使试验前后料柱高度一致,因而试验中加入的细灰量即为送入炉内的总灰量。

通过物料循环系统输送性能的冷态试验,可知返料器的启动风量、工作范围、风门的调节性能及气固输送比等参数,对热态运行将起到重要参考作用。

十四、循环流化床锅炉烘炉

1. 循环流化床使用的耐火材料种类

循环流化床锅炉使用的耐火材料种类较多,它包括耐火耐磨材料(砖、浇注料、可塑料和灰浆)、耐火材料(砖、浇注料、灰浆)、耐火保温材料(砖、浇注料、灰浆)等。

磷酸盐砖:经低温(500 ℃)热处理的不烧砖,使用温度为 1 200 ~ 1 600 ℃,由于没有经高温烧结,耐磨性能不能充分发挥。但价格便宜,应用广泛。

硅线石:是一种优质耐火材料,常与其他耐火材料混用,使用温度为 1 450 ~ 1 600 ℃,是经高温烧结的砖制品,因循环流化床燃烧达不到要求的烧结温度,耐磨性有所下降,因而使用受到了一定限制。

碳化硅制品:在高温无氧条件下使用,具有较高的耐磨性和很好的热稳定性。但遇到带有少量氧化条件时就达不到满意的效果。

刚玉制品:分为白刚玉、高铝刚玉和棕刚玉等品种。耐火度高,体积密度大,耐磨性能好。但热稳定性稍差,在锅炉压火和升火次数频繁时,短时间内温差大,耐火层容易发生剥落、开裂等现象。

2. 烘炉要求与操作

耐火耐磨材料使用的部位有布风板、炉膛、分离器与料腿、返料器、尾部烟道和冷渣器等。烘炉的目的是去除耐火材料中的物理水和结晶水。物理水一般在 100 ~ 150 ℃时即可被大部分排出,而结晶水则需要 300 ~ 400 ℃时才能析出。因此烘炉需要采用一定的升温速率和在该温度下的保温时间。升温速率太快和保温时间太短都可造成耐火材料出现裂纹和其他缺陷。

烘炉要按锅炉制造商提供的烘炉曲线和有关烘炉要求文件进行,尤其是给出的烘炉曲线及烘炉方法一定要严格遵守。

一般情况下,轻型炉墙的锅炉烘炉过程简单,时间在 1 周左右,重型炉墙的锅炉烘炉过程较为复杂,时间需 2 周左右。对重型炉墙、绝热旋风分离器及料腿以及返料阀等重要部位的烘烤,应予特别注意。

烘炉过程大致分为三个阶段。第一阶段主要是为了排出物理水分,开始升温速度可控制在 10 ~ 20 ℃/h,当炉膛温度升至 100 ℃后,升温速度应控制在 5 ~ 10 ℃/h,当温度升到 110 ~ 150 ℃时,须保温一定时间。重型炉墙、绝热旋风分离器等的保温时间应在 50 ~ 100 h。第二阶段主要是为了析出结晶水,升温速度在 15 ~ 25 ℃,当炉膛温度升至 300 ℃后,升温速度可控制在 15 ℃/h 左右。当温度达到 350 ℃时,应保温一段时间。第三阶段为均热阶段,控制一定的升温速度,并在 550 ℃时保温一定时间,然后再升温至工作温度。

烘炉前应先铺好点火底料,所用燃料有木柴、块煤,有条件的厂家最好用煤气、天然气或烘炉机提供的热风。一般前期用木柴,采取自然通风,保持炉膛 20 ~ 30 Pa 负压。木柴要采用少加、勤加的方法,防止升温过快,中期用煤烘烤,必要时可开引风机,要保证均匀、稳定升温,防止忽高忽低,要注意经常检查各部位情况,做好记录并及时调整。后期烘炉可开启油枪或天然气,要控制火焰温度在600 ℃左右,防止升温过快,出现问题及时采取措施。

十五、循环流化床点火与启动

循环流化床点火是锅炉运行的一个重要环节。点火的实质是循环流化床锅炉在冷态试验合格后、将床料加热升温,使之从冷态达到正常运行温度,以保证燃料进入炉膛后能稳定燃烧。

1. 点火底料的要求

循环流化床锅炉点火前,先铺一层350~500 mm厚的点火底料。点火底料的粒径应比正常运行时要小一些,如正常运行时底料粒径要求0~12 mm时,点火底料应控制在0~8 mm。点火是从冷态开始的,底料颗粒太大要消耗较多风量,使较多的热量被带入锅炉尾部,延长点火时间。点火底料的粒径太小,大量细小颗粒在启动时会被烟气带走,使底料厚度变薄,造成局部吹穿。所以底料中既要有1 mm以下的小颗粒作为初期点火源,又要有6 mm左右的大颗粒以维持后期床温之用。实践证明,大颗粒超过10%时将不利于初期点火,容易出现床内结焦。表2-10是点火筛分底料的推荐值。

表2-10　点火筛分底料推荐值

筛分范围/mm	5以上	2.5~5	1~2.5	0.5~1	0.5以下
底料筛分比/%	5~15	12~25	25~35	15~25	5~15

2. 点火方式与操作

循环流化床锅炉点火方式大致有固定床床上柴点火、床上油枪点火、床下热烟气点火、床上床下混合点火等几种。国产循环流化床锅炉常用的点火方式是床下热烟气点火。

床下热烟气点火是流态化点火,整个启动过程均在流态化下进行,它是目前应用较好的点火方式,已得到推广,如图2-47所示。

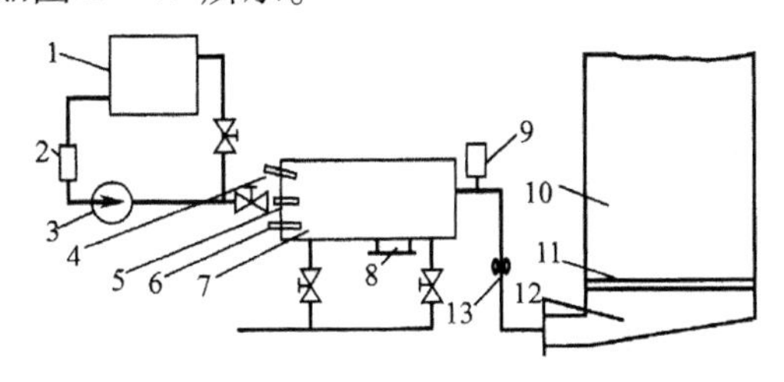

1—油箱;2—油过滤器;3—油泵;4—电弧点火器;
5—油燃烧器;6—窥视孔;7—热风炉;8—人孔门;
9—热电偶;10—循环流化床燃烧室;11—布风板;
12—等压风室;13—风量计。

图2-47　循环流化床锅炉热烟气点火系统

采用床下热烟气点火方式,先在膜式水冷壁组成的布风板上铺一层粒径为0~3 mm、厚度为400~500 mm的底料,由于热量是从布风板下均匀送入料层中,整个加热启动过程在流态化下进行,不会引起低温或高温结焦。

点火一般使用轻柴油,油点燃后在热烟气发生器(预热室)内筒中燃烧,产生的高温火焰和夹套侧的冷风均匀混合成 85 ℃左右的热烟气，进入风室后通过布风板风帽小孔吹入床内加热物料。

为避免烧坏风帽，一定要控制热烟气温度。为了准确地测量热烟气温度，热电偶应插入风室内 800 ~ 1 000 mm，并正对烟气发生器出口。锅炉启动要严格控制升温速度，防止炉墙变形、开裂，特别是在冷态启动初期更应注意控制床温，升温速度为 5 ~ 10 ℃/min，冷态启动时间保持 2 h 左右。热态启动时升温速度可以快一些，启动过程保持 40 min 左右。

热烟气温度和烟气量的调节，可通过调节油枪油压改变其喷油量，并调节热烟气的助燃风和冷却风量来实现。启动初期，床料只需在微流态化即可，不要采用高流化速度。冷态启动时，当床层温度从室温慢慢上升到 400 ℃左右的过程中床料中含有未燃尽的煤。因而在 480 ~ 550 ℃时床温会迅速上升。出现此现象时即可往主床中添加少量煤并减小油枪压力。当床温升到 650 ~ 700 ℃时，即可关闭油枪，改用调节给煤量来控制床温，锅炉进入运行状态。

3. 启动

影响循环流化床锅炉启动时间和速度的因素有床层的升温速度、汽包等受压部件金属壁温的上升速度以及炉膛和分离器耐火材料的升温速度。实践表明，汽包金属壁的升温速度最为关键。过高的升温速度会导致应力集中，成为影响安全运行的重要因素。但是在温态和热态启动的情况下，限制因素则是蒸汽和床料的合理升温速度。

十六、系统投入运行

1. 返料系统投入运行

当床温达到 650 ~ 700 ℃以上时，返料系统便可投入，以建立物料循环。返料器投入后，随着负荷的增加，物料分离和循环量的增加，稀相区温度升高，燃烧气充满炉膛，锅炉便进入循环流化燃烧工况。

循环流化床锅炉对返料系统有三个基本要求，即物料流动稳定、无气体返窜和物料流可控。目前循环流化床锅炉所配返料器基本定型为非机械虹吸密封返料器。图 2 – 48 所示为常用的返料器结构。图 2 – 48（a）为自动返料器，事先调节好的返料器投入运行后就不再进行调节，以不变的流量进行物料循环。图 2 – 48（b）为可调节返料器，可通过改变返料流化风量对返料量加以控制和调节。

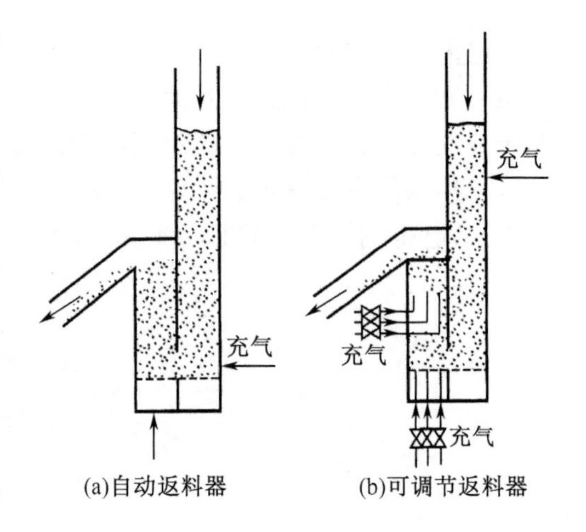

图 2 – 48　常用返料器

返料器开始投运时，应采取脉冲返料的方式，防止启动过程中返料腿内积累的物料突然大量通入床层，造成床温突降或熄火。并防止返料腿中积累的可燃物大量进入床层，引起温度骤升而结焦。在返料系统投运过程中，还要注意返料器的排料问题，当分离器和返料器积灰过多时，容易造成床温过高或过低。

2. 灰渣排放系统投入运行

循环流化床锅炉的灰渣排放系统与其他排渣装置特点不同。锅炉排出的灰渣温度高达 850 ~ 900 ℃，所以必须加以冷却才能输送至渣仓。这样既可解决热污染问题，又能保障操作人员的安全。同时灰渣物理热具有回收利用价值,可促进节能减排,提高锅炉的热效率。

灰渣排放系统投入顺序为:开启排出系统;冷渣器水侧或风侧通水或通冷却风;排渣管水冷夹套通水;启动冷渣器进渣控制阀,用脉冲式间断进渣方式控制进渣;根据流化床内的床料高度,控制排渣阀开启和排出速度。具有多级冷渣器时,先启动后一级冷渣器,再启动前一级冷渣器。

十七、循环流化床锅炉的运行调节

循环流化床锅炉进入正常运行时,运行人员应根据实际负荷变化情况对其燃烧工况进行调节,以保证锅炉出力和安全经济运行。对循环流化床锅炉进行运行调节应本着两个原则,即物料平衡和热平衡。锅炉在运行中负荷经常发生变化,为了保持锅炉的稳定运行,就要对一些参数进行调节,其目的是保证锅炉的运行状态达到新的平衡。锅炉运行参数调节的关键是燃烧调节和负荷调节。对于气压、给水流量等参数的调节,与其他锅炉的调节方式相同。

1. 燃烧调节

循环流化床锅炉的燃烧调节,主要通过对给煤量,返料量,一次风量,一、二次风的分配比例,床温和床层高度等参数的控制和调节,保证锅炉连续稳定运行及有效地脱硫、脱硝。

(1)给煤量调节

当锅炉负荷发生变化时,对给煤量应进行及时调节;如果煤质发生改变,对给煤量也要进行调节。应注意在改变给煤量的同时,也要对风量进行调节。在增加负荷时通常采取先加风后加煤的调节方法。在负荷减少时,调节方法相反,先减煤后减风。

(2)风量调节

循环流化床的风量调节包括一次风,二次风,一、二次风的分配比例及回料风和播煤风的调节。

一次风有两个作用:一是保证物料处于良好的流化状态;二是提供燃烧所必需的风量。一次风的风量不能低于最低流化风量,否则床料就不能正常流化,造成床层结焦。风量过大难以形成稳定的燃烧密相区,并且加大了不必要的循环倍率,增加受热面的磨损与电耗升高。调整一次风时要注意床温的变化,在给煤量一定时,一次风量过大容易引起床温的下降。

循环流化床锅炉的燃烧大多采用分段送风的方法,目的是在密相区造成缺氧燃烧形成还原性气氛,降低热力型和燃料型 NO_x 的生成。另外,一、二次风的分配比例还直接决定密相区的燃烧份额。加大一次风量,即加大了密相区的份额,如果循环物料不足,就要导致床温过高。二次风一般在密相区的上部进入炉膛,其作用是补充燃烧所需要的空气,并起到扰动作用,强化燃烧,促进气、固两相的充分混合,改变炉内物料的浓度分布。

(3)一、二次风分配比例的调节

在一般情况下,一次风所占比例为60%~40%,二次风量占40%~60%。播煤风和回料风约占5%。锅炉制造单位应按用户提供的燃煤资料在设计中选取二次风的合理配比,在调试时应对用户给予具体的指导。

锅炉启动时,燃煤所需空气由一次风供给,锅炉启动后逐步加入二次风。在实际运行中,负荷下降时,一次风按比例减少,降至临界风量时就不可再减少了。此时要维持一次风量不变,减少二次风,以保持炉膛正常燃烧的状况。

(4)料层厚度调节

料层厚度是通过测量炉膛压降来监测和控制的。在冷态试验时,风室静压是布风板阻力和料层阻力之和。布风板的阻力相对较小,所以运行中利用风室静压可估计出料层阻力。风室静压增大,说明料层较厚;风室静压减小,说明料层较薄。当流化燃烧状态良好时,压力表指针摆动幅度较小,且摆动频率较高。如果压力表指针变化缓慢且摆动幅度加大,说明流化质量较差,这时应及时进行合理调整。

底渣合理排放是稳定料层厚度的通常做法,料层过厚或过薄都会影响流化质量,甚至造成结焦。在连续排放底渣的情况下,放渣速度是由给煤速度、燃料灰分和底渣份额确定的,并与排渣装置和冷渣器本身的工作条件相协调。

(5)炉膛差压调节

炉膛上部区域与炉膛出口之间的压力差称为炉膛差压,它是反映炉内循环物料浓度大小的参数。炉内循环物料越多,炉膛差压越大,反之越小。炉内循环物料的上下湍动,使炉膛内不仅要发生辐射和对流传热,还有循环物料与水冷壁之间的热传导,显著提高了炉内传热系数。炉膛差压越大,炉内传热系数越高,反之越低。在运行中应根据负荷变化情况及时调整并保持合理的炉膛差压。在正常情况下,炉膛差压应在0.3~0.6 kPa变化。

(6)床层温度调节

床层温度是通过布置在密相区和炉膛各处的热电偶来监测的,维持正常的床温是循环流化床锅炉稳定运行的关键。影响炉内温度变化的因素是多方面的,如风、煤及时匹配,给煤量和回料量的合理调节,一、二次风分配比例的适时调整等。总之,风、煤和物料循环量的变化都可引起床温的变化。循环流化床锅炉的燃烧室热惯性很大,怎样调节才能保持床温的稳定呢?可采用下列三种方法。

①前期调节法

当炉温或气压稍有变化时,就要根据负荷的变化趋势小幅度调节给煤量。如果等到负荷变化很大时再调节,就难以保证稳定运行了。

②冲量调节法

当炉温下降时,应立即加大给煤量,加大的幅度是炉温未变化时的1~2倍。同时减少一次风量和二次风量,维持1~2 min后再恢复到原始给煤量。如果采用上述方法2~3 min内炉温没有上升,可将上述过程再重复一次,确保炉温上升稳定。

③减量给煤法

当炉温升高时,不要中断给煤,可把给煤量减到比正常值低得多的水平,同时增加一次风和二次风量,维持2~3 min后,若炉温停止上升,就把给煤量恢复到正常值。因为煤的燃烧有一定的延迟时间,所以不要等炉温下降再增加给煤量。

床温的控制范围根据煤种及脱硫剂使用情况掌握。燃用无烟煤时,床温控制在900~1 000 ℃;燃用烟煤时,床温控制在850~950 ℃;采用石灰石进行炉内脱硫时,床温最好控制在830~930 ℃,该温度范围是石灰石的最佳脱硫温度,可取得更好的脱硫效果。

2. 负荷调节

(1)改变给煤量和总送风量

这是循环流化床锅炉负荷调节最常用的方法。当要求负荷上升时,首先增加总送风量和给煤量。如果炉膛内总的空气系数和一、二次风配比不变,则炉内各段的烟速和颗粒浓度将有明显提高,加大了各受热面的传热系数,从而满足负荷升高的要求。但在采用这种调节方法时应注意炉膛内密相区的温度变化,如发现其温度上升过快,则要采用加大循环灰投入量的办法,使密相区的温度不出现较大的变化,以便抑制 NO_x 的生成量。

(2)改变一、二次风的分配比例

通过改变一、二次风的分配比例来改变炉内物料浓度分布,也可达到负荷调节的目的。当负荷需要增加时,减少一次风,同时增加二次风的比例,从而提高炉膛上部稀相区物料浓度和燃烧份额,进而提高稀相区受热面传热系数,使传热量随之增加,保证负荷增加的需要。

(3)改变床层厚度

适量增加或减小床层厚度,可改变密相区与受热面之间的传热量,以达到调节负荷的目的。密相区布置有埋管的循环流化床锅炉采用这种方法进行负荷调节是非常方便的。

● 任务实施

1. 教师介绍本任务的内容及学习方法;
2. 教师组织学生分组(平均 5 人一组),并按要求就座;
3. 学生分组讨论。

(1)国内外循环流化床锅炉发展情况如何?

(2)循环流化床锅炉节能减排功效。

● 任务评量

每组提交最终答案,按照关键字计分,10 分为满分。说出最多关键字的小组为优胜。

● 复习自查

1. 循环流化床锅炉燃烧控制方案和特点。
2. 循环流化床锅炉运行中产生的污染物及控制。

● 项目小结

1. 整合学习内容

小组派一名学生回顾本项目任务的要点。

2. 检验学习成果

①每个小组对完成的任务单做出评价。

②每个小组对本单元表现做出评量。

3. 反省与改善

(1)对任务提交的成果进行省思。

①比较各组观点,分享扩充学习效果。

②归纳:以小组为单位,讨论燃煤强化燃烧技术的发展前景和存在的弊端。

(2)教师归纳总结,强化知识内容。点评各组效果,指出优点和不足。

项目3　洁净煤技术

项目描述

2012年,在党的十八大报告中首次提出了"建设美丽中国"的概念,并把生态文明建设放在了突出地位,尤其强调了在经济建设、政治建设、文化建设、社会建设中生态文明的融入。美丽中国,是环境之美、时代之美、生活之美、社会之美、百姓之美的总和。生态文明与美丽中国紧密相连,建设美丽中国,核心就是要按照生态文明要求,通过经济、政治、文化及社会建设,实现生态良好、经济繁荣、政治和谐、人民幸福。

目前,能源短缺和环境污染已成为全球性的两大问题,严重威胁着人类的生存和发展。我国是当今世界上最大的煤炭生产国和消费国,煤炭作为能源也在我国国民经济发展中做出了巨大贡献,但在对其开发与利用的过程中也带来了一系列环境污染问题。因此寻求一种高效、洁净的燃煤方式是我国经济可持续发展的重要任务。从煤炭行业的自身发展情况看,推广洁净煤技术(clean coal technology,CCT)无疑是一个有效的途径。

洁净煤技术是指在煤炭开发、加工、利用全过程中旨在提高煤炭利用效率、减少环境污染的各种新技术的总称,发展的主要方向是煤炭的气化、液化、高效燃烧与发电技术等。洁净煤技术是当今世界各国解决煤炭利用和环境问题的主导技术,也是高新技术国际竞争的重要领域之一。煤炭是中国最主要的能源资源,煤炭开发、加工、利用中效率低及污染严重已成为制约国民经济发展的重要因素之一,发展洁净煤技术是当前经济发展的需要,是人类生存发展自我保护的战略措施,对实现可持续发展具有长远战略意义。

基于我国的能源结构以及环境状况,为实现环境、资源与发展的和谐统一,中国已把发展洁净煤技术作为重大的战略措施,列入《中国21世纪议程》。《中国洁净煤技术"九五"计划和2010年发展纲要》中提出,在中国发展洁净煤技术主要包括煤炭加工、煤炭高效燃烧与先进发电技术、煤炭转化、污染物治理与资源综合利用等四个领域的技术。

教学环境

1. 参考书和网络资源

(1)史培甫. 工业锅炉节能减排应用技术[M]. 北京:化学工业出版社,2016;

(2)蒸汽锅炉、热水锅炉安全技术监察规程。

2. 学校资源

(1)锅炉机组模型室;

(2)多媒体教室;

(3)案例或录像;

(4)多媒体设备。

任务3.1 洗选煤技术

- **学习目标**

知识：

1. 原煤洗选原理。
2. 工业锅炉燃用洗选煤节能减排功效。

技能：

1. 熟悉原煤洗选原理。
2. 熟悉工业锅炉燃用洗选煤节能减排功效与问题。

素养：

1. 养成积极主动的学习习惯。
2. 养成严谨的计算习惯。

- **知识导航**

一、原煤洗选原理

原煤洗选又称选煤，是指利用煤和杂质（如矸石）的物理与化学性质的差异，采取物理、化学或微生物等分选方法，把地下采出的含有矸石和其他杂质的毛煤，经过手选、筛选和洗选，清除杂质，使煤中的灰分、磷和硫等成分降低到国家规定的标准。

手选是利用人工把煤里的大块矸石和杂物拣出，要求块煤含矸率降低到1%～2%，拣出的矸石中含煤率一般应不超过1%。

筛选是采用一组不同孔径的筛子，通过振动的作用，把不同粒度级的煤分开。筛选不能直接选出矸石，但能间接地提高煤的质量。如通过筛选可以使硬度较高的黄铁矿颗粒大部分集中在大块煤中，便于用手选的方法拣出。

洗选是使用机械加工的方法，把原煤中的杂质排除，降低煤的灰分、磷和硫的含量。常用的洗选加工方法按其工作原理可分为重力选煤法和浮游选煤法两种。

1. 重力选煤法

重力选煤法是依据煤和矸石的不同密度进行分选的方法，将原煤送入重力选煤机中，能得出精煤、中煤、煤泥、矸石等产物。重力选煤可细分为跳汰选煤、流槽选煤、重介质选煤等。

（1）跳汰选煤，使混有矸石的毛煤在时上时下的变速脉动水流中按密度进行分选。其加工过程中，毛煤进入煤仓后经原煤分级筛分级，筛下物经缓冲煤仓进入跳汰机，跳汰中的煤、矸石经脱水后装仓外运。

（2）流槽选煤，把毛煤和水一起送入倾斜的流洗槽（即洗煤槽）中，重的矸石逐渐沉到槽底，缓缓移动，最后通过槽底上的排料口漏出，轻的煤块则被流速较快的上层水流带走。在水流冲力的作用下，煤与矸石在洗煤槽中按密度分离。

（3）重介质选煤，是采用磨细的高密度磁铁矿粉（也可使用高炉渣、黄铁矿渣、重晶石、砂子等）作为加重剂与水混合成具有一定密度的悬浮液，在重力或离心力场中，低于该密度的精煤上浮，高于该密度的中煤或矸石就下沉，使入选原煤按密度不同精确地分离。改变悬浮液的密度,就可得到不同质量的选后产品。

2. 浮游选煤法

浮游选煤是一种物理化学过程,利用煤和矸石颗粒表面性质的不同而分选,煤粒的表面有疏水性质,而矸石的表面有亲水性质。疏水、亲水一般用接触角来判断。随着物质表面的疏水性逐渐增加,水滴从呈扁平状、表面易为水湿润到水滴呈团球状、表面不易为水湿润。如果以气泡与物质表面接触,则得到相反的情况,水滴呈扁平状的气泡呈圆球状,冶金备件水滴呈圆球状的气泡呈扁平状。说明亲水的物质疏气,而疏水的物质又必亲气。因此,由于疏水性质使煤粒容易浮向气泡,亲水性质又使得矸石粒不易为气泡黏住。但是仅靠煤和矸石本身的表面性质不同还不能有效地进行分选,必须加一种药剂以增强煤粒表面的疏水性(捕集剂),冶金备件添加一种药剂可以增加煤浆中气泡的产生和分散(起泡剂),然后在选煤机中增强充气,使煤粒黏在气泡上浮起,而矸石粒留在水中,完成浮选的过程。

浮游选煤法是精选煤泥或煤粉的方法,但因成本较高,一般只适用于炼焦煤选煤厂。

洗煤设备主要有卸煤机、给煤机、跳汰机、重介质选煤机、磁选机、破碎机、搅拌机、分级筛、脱水机等。原煤洗选加工不仅为各行业提供了较为优质的煤,同时也减少了煤的运输量。

洗选煤工艺流程大致如图 3-1 所示。

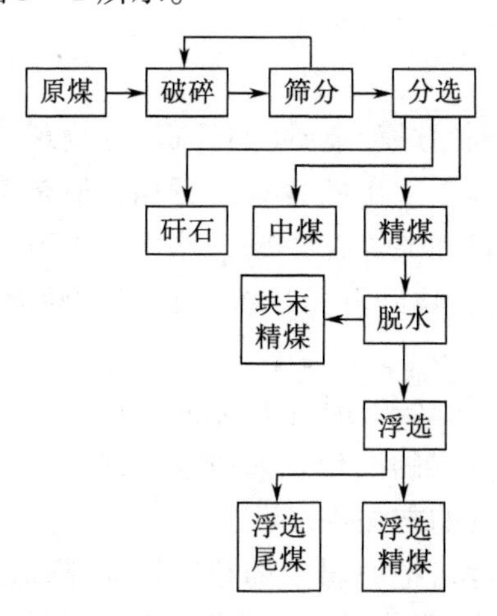

图 3-1　洗选煤工艺流程框图

二、工业锅炉燃用洗选煤节能减排功效

1. 提高煤炭产品质量,从源头上实行节能减排

煤炭经洗选可脱除矸石等杂质,煤中灰分减少 50% ~80%,全硫量降低 30% ~40%(黄铁矿硫脱除 60% ~80%),有效地提高了煤炭产品的质量,从源头上降低了煤中的有害物质,更适合锅炉燃用,可提高燃煤燃烧效率,并能减少烟尘量与 SO_2、NO_x 的排放量,对节能减排极为有利,是最经济、最便捷、最有效的节能减排方法之一。

2. 提高锅炉热效率,节能降耗

原煤经洗选后,灰分减少了,意味着固定碳与挥发分的提高,煤的发热量自然相应提高,可提高燃煤燃烧效率,促进锅炉热效率的提高。原煤洗选后去除了末煤,粒度适合工业锅炉燃用,尤其是符合层燃锅炉设计要求,可减少漏煤与飞灰量。燃煤粒度级配合理,煤层阻力小且均匀,有利于通风、布风,促进完全燃烧,减少灰渣含碳量,降低热量损失。同时,锅炉燃用洗选煤,可适当减小空气系数,有利于低氧燃烧技术推行,抑制 NO_x 生成,降低排烟热损失 q_2,提高锅炉热效率 6% ~8%,节能效果明显。

3. 减少运力,节省运费

煤炭经洗选后可除掉大量杂质,每洗选 1 亿吨原煤,按全国平均质量计算,能除掉矸石 1 600 万吨,节省运力 96 亿吨公里。不但能节省运费,而且还可以从源头上缓解铁路与公路运煤紧张状况,提高运输效率,同时还能防止不法商贩利用煤矸石破碎后掺入煤中坑害用户的行为发生。这对国家有利,对交通运输部门有利,对用户更有利。

三、洗选煤存在问题与发展建议

1. 企业用煤观念落后,应尽快促成原煤、散煤退出终端市场

中国工业锅炉是在小而全的旧体制中走过来的,处于辅助生产位置,属一线生产的后方单位,一般不被重视;管理相对落后,自动化水平低,辅机不配套,计量仪器不健全,考核不到位;煤炭消耗在产品成本中所占比例很少,认为只要供足热、不影响生产就行,对节能减排工作不重视;同时在历史上已长期形成烧原煤习惯,不注重锅炉设计煤种的要求,认为好煤、差煤一样能烧。改革开放后,国家对煤炭行业进行了一系列改革,煤价放开,允许小煤窑开采,一些不法煤贩趁机作祟,煤炭市场中间环节太多,秩序混乱。因而工业锅炉等用户形成了“有什么煤,买什么煤,来什么煤,烧什么煤”的被动局面,片面追求低价煤,不愿购买高质量的洗选煤,没有弄清楚燃用洁净煤可提高锅炉热效率、节能降耗、改善环境、延长设备使用寿命等一系列好处,用煤观念落后。

中小型工业锅炉应燃用专供的高质量洗选煤,坚决杜绝烧原煤、散煤。因为未经洗选的煤灰分高、硫分高、挥发分与发热量低,由于锅炉容量小,不可能采取烟气或炉内脱硫等装置,所以燃用洁净煤产品是必由之路。原煤、散煤应尽快退出终端消费市场。

2. 原煤入选比例小、品种少、质量差

目前我国原煤入选比例仅为30%左右,主要是炼焦煤,动力用煤入选比例很小。而工业发达国家需要选的动力煤全部入选,如美国 55%、俄罗斯 60%、英国 75%,德国 95%、日本 98%、澳大利亚 75%。而我国洗选煤设备闲置严重,开工率仅为 64%,动力煤洗煤厂设备利用率更低。原因是未形成洗煤市场,购买力不足,优质煤难以优价。

洗选煤品种少,质量差且不稳定。我国动力煤洗选后不能按照各个工业部门、各类企业和不同耗能设备所需品种、规格与质量进行对口供应。如发电厂需要 13 mm 粒度以下的洗选煤,硫含量高时可集中进行脱硫处理。中小型工业锅炉则不同,需要粒度为 6 ~25 mm、灰分小于 20%、硫含量≤0.5% 的专供洗选煤。

3. 无产品质量标准,国家质检部门无法监督检验

原煤是一种半成品,不是国家产品质量标准所规范的商品。生产厂家一般无自检,又不属于国家质量监督的范围,因而在流通过程中出现了许多问题。但是原煤经过洗选加工变为洁净煤后属于商品范畴,应根据国家标准规定制定强制性产品质量标准,接受技术监督部门的监督检查。

4. 煤炭市场混乱,亟待规范整顿

我国有 50 多万台工业锅炉和 16 万台窑炉,遍布全国各地,所用煤炭品种质量又有特殊

要求。而煤炭储藏分布却是西多东少、北多南少,而工业发达地区多集中在东南沿海地带。很多分散用户只能从煤贩子手中买到煤,品种质量无法保证,造成锅炉效率低、污染严重、煤炭供应体系混乱,市场失控。众多小煤窑违背科学开采规律,形成掠夺式开采;安全设施不达标准,重大事故不断发生,品种质量更无法保证。因此,必须依法取缔小煤窑,规范整顿煤炭市场,大力扶持、扩大现有的煤炭二级市场,达到如"十一五"规划所要求的"构建稳定、经济、清洁、安全的能源供应体系"。

- **任务实施**

1. 教师介绍本任务的内容及学习方法;
2. 教师组织学生分组(平均 5 人一组),并按要求就座;
3. 学生分组讨论。

- **任务评量**

每组提交最终答案,按照关键字计分,10 分为满分。说出最多关键字的小组为优胜。

- **复习自查**

1. 洗选煤的含义与作用及研究方法;
2. 洗选煤技术的工艺及发展方向;
3. 工业锅炉燃用洗选煤节能减排功效。

任务 3.2 动力配煤技术

- **学习目标**

知识:

1. 国内外动力配煤发展概况。
2. 工业锅炉燃用洗选煤能实现哪些节能功效。

技能:

1. 掌握动力配煤的概念和发展概况,了解动力配煤的工艺流程。
2. 了解燃用洗选煤能实现哪些节能功效。

素养:

1. 养成积极主动的学习习惯。
2. 养成勤于思考的习惯。

- **知识导航**

一、动力配煤简述

1. 动力配煤

所谓动力配煤,就是以化学、煤的燃烧动力学和煤质测试等学科和技术为基础,将不同种类、不同质量的单种煤,经过洗选、筛分、破碎、按优化比例混合并加入添加剂,生产出符合燃烧设备要求的动力煤"新煤种"。此种新煤种有别于原煤种的成分与燃烧特性,属于洁净煤产品范畴。

工业钢炉是按一定煤种设计的，要保证锅炉正常高效运行，就要求燃煤特性与锅炉设计相匹配。但是针对如此大的耗煤量，再加上产地的不同、矿井的差异、流通领域多种环节的限制，很难完全满足要求，尤其是小煤窑煤。即使煤的成分达到要求，煤的粒度与燃烧特性不一定符合要求，也不可能保持长时间的稳定供应，必然造成锅炉热效率降低、能源浪费、污染物超标排放以及运行操作困难等。锅炉动力配煤就是解决这些问题的。

2. 工业发达国家动力配煤简介

工业发达国家如美国、德国、日本、英国、法国等，很早就采用动力配煤技术，主要用于电厂。将不同种类、不同硫分、灰分、发热量与燃烧特性的单种煤进行混配，可保证入炉煤的品种质量符合燃烧设备的要求，达到节能减排的目的，并使锅炉稳定运行，减少结渣、积灰、腐蚀与磨损。动力配煤自动化程度很高，如瑞士 ABB 公司开发了专家配煤系统，均已收到良好的经济效益与环保效果。澳大利亚为煤炭出口国，煤质较好，为满足进口国的要求，在港口进行配煤，受到了欢迎，增强了竞争力，收到良好经济效益。

3. 我国动力配煤发展概况

我国动力配煤始于 20 世纪 70 年代末，从炼焦配煤的优越性受到启发。开始是上海燃料公司将几种不同品种、质量的原煤进行混配，供应用户，受到普遍欢迎，在全国许多大中型城市推广。

经过 30 多年的发展，我国动力配煤现已形成三大格局。第一种模式是煤炭流通领域中的动力配煤。集煤炭洗选、配煤、营销、煤矸石综合利用于一体，配有中国自主研发的配煤软件控制系统，建成后将成为世界上最大的配煤中心。第二种模式是电力系统自主配煤。我国发电耗煤量约占煤炭产量的一半左右，而且每年在快速增长，任何单一矿井或配煤企业很难满足要求，尤其是一些大型燃煤发电厂，只好自行设置配煤厂，并已取得良好的节能减排功效。第三种模式是煤矿或煤矿系统的所属单位，直接进行动力配煤，如株洲选配煤厂等。这些单位由于具有自身优势，如煤源多，一般配有洗煤厂，又有铁路专用线或在港口、集散地与集运站等地理条件，扩展生产配煤再供用户，减少中间环节，降低成本，经济效益与社会效益很好。

二、动力配煤主要工艺流程

动力配煤一般工艺流程如图 3－2 所示。

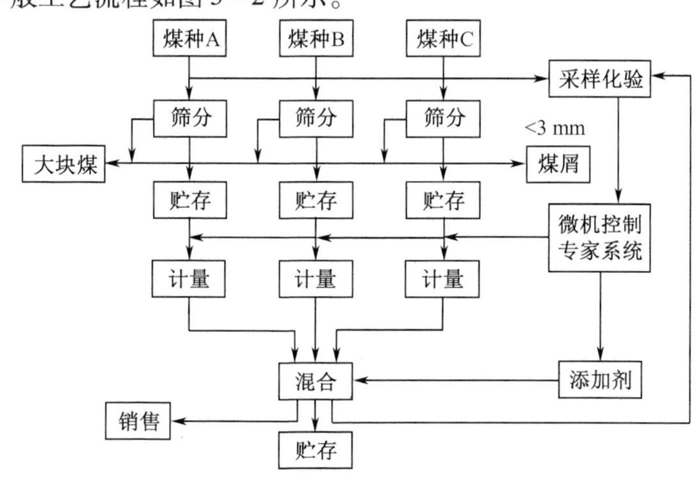

图 3－2　动力配煤工艺流程框图

三、工业锅炉燃用动力配煤节能减排功效

1. 充分利用当地煤源，节省成本

燃用动力配煤，应在满足质量要求前提下，最大限度地利用当地的煤炭资源，适量购进外地优质煤。既能达到锅炉对燃煤质量的要求，又能降低成本，节省运费。

2. 保证燃煤质量与燃烧特性要求相匹配

通过动力配煤可保证燃煤质量和燃烧特性与锅炉设计要求相匹配。原煤经筛分后除掉大块煤及末煤，燃煤粒度得到保证，更适合链条锅炉燃用，因而可减少漏煤与飞灰，同时由于粒度比较均衡，大大减少了煤斗内的粒度离析现象，有利于链条炉布煤，煤层均匀，阻力减小，通风性能得以改善，燃烧充分，灰渣含碳量低，减少 q_4 热损失。同时可适当减小空气系数，趋向于低氧燃烧，减少烟气量，q_2 热损失减小。可提高锅炉热效率，合计节煤 6% 以上。

3. 可从源头上控制燃煤质量与成分

由于配煤标准要求与订货合同的约定，应精心选配原料煤，控制硫、灰分等成分。一般洗选可降低灰分 50% ~80%，降低硫分 30% ~40%。同时，在配煤时必须加入一定比例的固硫添加剂与助燃剂等，从源头上降低烟尘与 SO_2 等的原始排放浓度。再视具体情况从尾部采取除尘、脱硫等措施，做到达标排放，保护环境。

4. 实施专家配煤系统，成分稳定，适合锅炉燃用

由于采用机械自动化配煤工艺，特别是专家配煤系统，可在线检测分析原料煤与配煤的化学成分，随时进行自动调整，从而能获得稳定的配煤质量，有利于锅炉运行操作的稳定，保证锅炉供热负荷，减少维修费用，延长设备使用寿命。

四、优化动力配煤特性与配煤专家系统

1. 工业锅炉对煤质的要求

工业锅炉型号不同，燃烧方式各异，对燃煤的具体要求也不一样。锅炉设计时是按特定的煤种设计的，动力配煤的煤质特性必须与锅炉设计相匹配。现以层燃锅炉为例，对煤质的要求及其影响略述如下。

（1）煤的低位发热量

发热量要高是对动力配煤的首要要求，因为锅炉的炉膛容积热负荷、炉型结构尺寸与受热面布置等都是按燃煤发热量高低设计的。发热量太低，燃烧困难，锅炉出力不够，达不到用户要求；如发热量太高，则炉膛温度过高，水循环系统不能把热量及时带走，有可能出现结渣、结焦，烧坏炉排，影响正常运行。因此，工业锅炉要求配煤的发热量一般为 18.8 ~23.0 MJ/kg（500 ~550 kcal/kg），但要由锅炉具体设计煤种与发热量决定。

（2）煤的挥发分

挥发分是评价动力配煤的重要指标。这是由于挥发分的高低不仅与燃煤起火早晚有关，而且关系到锅炉设计时的炉拱形状、炉排长短、炉膛容积等参数。所以工业锅炉尤其是链条锅炉要求挥发分要高一点，一般在 20% ~30% 较好。

（3）煤的灰分

灰分高，起火慢，燃尽困难。因为煤在燃烧时会形成灰壳，阻止助燃空气扩散进入，灰渣含碳量升高。同时煤的灰分高，固定碳含量下降，发热量低，必然影响锅炉出力与热效率。

例如，灰分为 20% 时，热效率为 76.6%；灰分为 40% 时，热效率仅为 59.6%。因此，原料

煤应经过洗选,降低灰分至 20% 以下 。

(4)煤的硫分

配煤中硫含量的高低直接影响锅炉排烟中 SO_2 含量的高低。因此,要求原料煤硫分越低越好。一般须经洗选处理,从源头上治理是最科学、最经济的方法。对中小型工业锅炉来说,配煤硫分应控制在 0.5% 以下。

(5)煤的水分

配煤水分对层燃锅炉经济运行既有利又有弊。适量含水可使煤粉与煤块黏合在一起,减少漏煤与飞灰热损失,同时煤中含水分可促进还原反应,水分蒸发能使煤块疏松,有利于煤的强化燃烧。但含水量过高时,因蒸发吸收热量会影响炉温,增大排烟热损失。因此,配煤水分控制在 8% ~10% 为最佳。

(6)煤的灰熔点

配煤的灰熔点应控制在 1 250 ℃以上。如若太低,燃煤在燃烧时会结成渣块,影响正常通风与排渣,恶化传热,使灰渣含碳量升高,严重时被迫停炉处理。

(7)煤的结焦性或黏结性

燃煤的焦渣特征分为 1 ~8 级,动力配煤取其 2 ~5 级为宜。这是因为结焦性好的煤黏结性强,在燃烧时易结成焦块,使通风受阻,灰渣含碳量升高,运行操作受到影响。但无结焦性的煤也不太好,燃烧后成为焦末,易从炉排漏掉或随烟气带走,也会造成热失。

(8)煤的粒度组成

燃煤粒度随燃烧设备不同要求也不一样。对层燃链条锅炉来说,配煤粒度最好是 6 ~25 mm,0 ~3 mm 的越少越好。这对锅炉正常燃烧、稳定运行、提高热效率非常有利。

由于不同种类、不同型号的锅炉对燃煤有不同的要求,在工业锅炉设计时,对其煤种的质量要求已明确列入设计计划书中。用户也可以提供具体煤种,让锅炉设计单位进行针对性设计。我国对锅炉设计进行了规范化工作,如表 3 –1 所列。

表 3 –1 工业锅炉行业煤的分类

类 别		干燥无灰基挥发分(V_{daf})/%	收到基低位发热量($Q_{net,ar}$)/($MJ \cdot kg^{-1}$)
石煤、煤矸石	Ⅰ类		≤5.4
	Ⅱ类		>5.4 ~ ≤8.4
	Ⅲ类		>8.4 ~ ≤11.5
褐煤		>37	≥11.5
无烟煤	Ⅰ类	6.5 ~10	<21.0
	Ⅱ类	<6.5	≥21.0
	Ⅲ类	6.5 ~10	≥21.0
贫煤		>10 ~ ≤20	≥17.7
烟煤	Ⅰ类	>20	>14.4 ~ ≤17.7
	Ⅱ类	>20	>17.7 ~ ≤21.0
	Ⅲ类	>20	>21.0

2. 动力配煤原则

①动力配煤是一种商品，必须满足工业锅炉的基本要求，要使配煤的品种质量保持相对稳定，与锅炉设计要求相匹配。

②要为工业锅炉节能减排从源头上创造条件，使其煤质成分特性，起火燃烧特性，结渣、结焦特性，污染物排放特性和煤的粒度组成等达到配煤质量标准要求。要为提高锅炉燃烧效率、促进经济运行、节能减排、保护环境创造条件。

③尽量扩大低质煤比例，节约优质煤，就近找煤源。配煤煤种不宜太多，一般 2～3 个，以便简化工艺，降低配煤成本，缓解运输紧张状况。

④配煤生产应选择机械化自动化生产工艺，最好选用专家配煤系统，实现清洁生产，以便加强在线检测化验分析，及时自动调整配煤成分，保持质量稳定。要加强自检，提供质检合格证书，并接受国家质检部门的监督检查。

3. 动力配煤优化与主要成分变化规律

动力配煤要发挥单种煤的特长，克服其缺点，使原来不适合单烧的煤，经过合理混配，生产出适合工业锅炉使用的"新煤种"。所以称之为"新煤种"，就是说动力配煤与各单种煤的特性参数之间并非是简单的加权关系，而是一种非线性关系。浙江大学热能工程研究所等单位的专家学者经过大量试验研究证明，除硫含量以外，都可以用神经网络或模糊数学的方法来综合描述配煤的各种特性，较为准确。在此基础上建立了优化配煤的非线性数学模型，开发了配煤专家系统，并已应用于杭州配煤场，取得了良好的经济效益和社会效益。

五、动力配煤存在问题与发展建议

1. 配煤总体技术落后，亟待提高自动化水平

从全国已投产的动力配煤厂情况分析，只有少数厂家如大同云冈配煤中心采用自主研发的自动化控制生产，配有软件系统；杭州配煤场采用专家配煤系统；株洲选配煤厂由波兰设计，自动化程度较高。其余大多数企业生产规模较小，自动化程度低，配煤品种单一，一般处于经验配煤阶段。要用科学的配煤理论做指导，采用自动化和专家配煤系统，生产各种配煤产品，满足用户需要。

2. 煤炭二级市场大力整顿规范，原煤应尽快退出终端消费

煤炭是我国的基础能源，而目前沿用的是传统落后的烧原煤方法，尤其是众多分散的工业锅炉与窑炉。要充分发挥基础能源作用，必须尽快让原煤退出终端市场，改用洁净煤产品。

3. 应建立统一的配煤质量国家标准

应根据新形势要求制定全国统一的配煤标准。各企业可生产高于国标的产品，并注册自己的商标，创名牌产品。

4. 加强政府指导和政策扶持力度

根据以上简要分析，为保证我国长远节能减排目标的实现，有必要重新制定新的洁净煤技术发展纲要和实施细则。对于已建成的动力配煤企业要大力扶持、整顿提高，要上规模、上水平，实现机械化自动化，积极采用我国自主开发的配煤专家系统，以新的配煤理论来指导配煤生产。

洁净煤的生产和流通是新型产业链，要不断发展壮大、显现节能减排功效，离不开国家政策的扶持和激励，在税收减免、银行信贷等方面给予优惠，用以更新改造老设备，采用现代

化先进技术，并不断研发新工艺、新技术，制造大型先进的配煤设备。一些有条件的大型燃煤工业锅炉也可以自行装设配煤系统。同时要加强环保执法力度，迫使企业采用洁净煤产品。

• 任务实施

1. 教师介绍本任务的内容及学习方法；
2. 教师组织学生分组（平均 5 人一组），并按要求就座；
3. 学生分组讨论。

• 任务评量

每组提交最终答案，按照关键字计分，10 分为满分。说出最多关键字的小组为优胜。

• 复习自查

1. 动力配煤的概念及发展概况。
2. 动力配煤的生产工艺。
3. 动力配煤的节能减排功效和动力配煤的原则。

任务 3.3　应用型煤技术

• 学习目标

知识：
1. 国内外型煤技术发展概况。
2. 型煤特性与节能减排功效。

技能：
1. 熟悉型煤的生产工艺。
2. 了解型煤特性与节能减排功效。

素养：
1. 养成积极主动的学习习惯。
2. 养成勤于思考的习惯。

• 知识导航

一、型煤技术简介

1. 什么是型煤

所谓型煤就是将一定粒度级配的粉煤配以黏结剂与固硫剂，施压加工成一定形状和物理化学特性的煤炭产品。此种加工过程称为粉煤成型工艺，其目的就是根据燃煤设备的不同要求，克服原煤存在的某些缺陷，使之赋予符合用户要求的优良特性，以实现煤炭的高效、洁净利用。

2. 国外型煤技术简介

国外型煤技术发展较早，起初用于壁炉取暖。工业型煤开发较晚，主要用于炼焦配用型焦型煤与高炉冶炼配用型焦。型煤生产技术较成熟的国家有英国、法国、德国和日本等，生产能力最大达到50万吨/年。但由于发达国家能源结构的调整，大量使用石油与天然气，煤炭主要用于发电，对型煤的需求量明显减少，型煤业日趋萎缩。

3. 国内型煤技术发展概况

我国锅炉型煤开发较晚。近期由于环境保护的需要，型煤发展有加快趋势。

工业锅炉燃用型煤有两种成型方法，即集中成型与炉前成型。在新的形势下，炉前成型技术获得了快速发展。如由浙江大学、西安交通大学和中原石油勘探局等单位设计的炉前成型设备，有的申请了专利，有自主知识产权，很受用户欢迎。仅在兰州地区就有100多个单位应用，取得良好的经济与环保效益。河南新乡、开封，河北石家庄，广西柳州，贵州等省(市)在4 t/h以下的链条锅炉上燃用炉前成型机型煤，亦有比较成熟的运行经验，取得较好的节能减排效果。

二、粉煤成型主要工艺

粉煤成型技术工艺主要有三种方法，即无黏结剂冷压成型、有黏结剂冷压成型和热压成型，如图3－3所示。

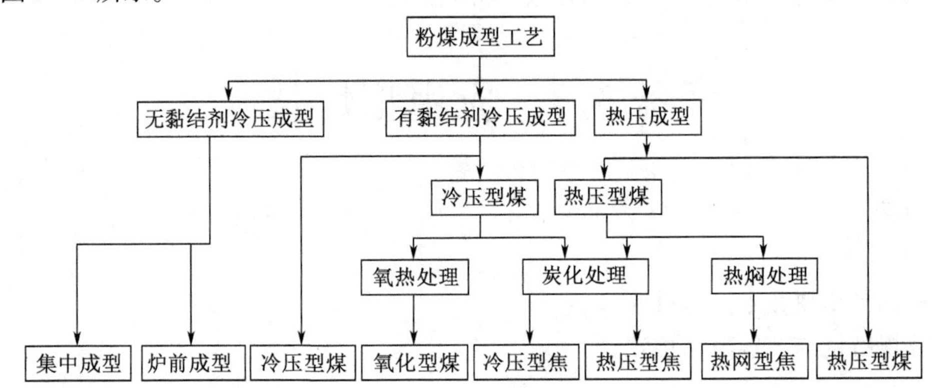

图3－3　粉煤成型技术工艺框图

三、型煤特性与节能减排功效

粉煤成型的目的在于克服天然煤的某些缺陷，使之赋予新的优良特性，更符合燃煤设备的要求，以实现洁净燃烧，收到节能减排效果。型煤是洁净煤产品，其节能减排效果与型煤特性密不可分。以下引用煤炭科学研究总院徐振刚、刘随芹主编的《型煤技术》一书中有关数据，加以说明。

1. 型煤块度规整、性质均化，能提高锅炉燃烧效率

前已述及，原煤粉煤太多，占60%～70%，不适合锅炉尤其是链条锅炉燃用，造成一系列弊端，主要是效率低、污染严重。要实现煤的洁净燃烧，特别是粉煤的充分利用与洁净燃烧，采用型煤是有效方法之一。因为型煤是几种原料煤优选相配压制而成的，并加入一定比例的固硫添加剂等。其形状、大小规整，无粉煤且性质均化、成分稳定。因而锅炉无漏煤，火床燃烧均衡，操作稳定，可减少灰渣含碳量，提高锅炉燃烧效率。而且煤层透气性好，配风阻力小，布风均衡，炉内火床整齐，风机耗电小，有利于实施低氧燃烧，可减少烟气量，降低排烟热损失。

2. 型煤固硫、节能减排效果明显

通过各单煤种优选相配，控制型煤的硫含量与灰分，并在压制前适量配入固硫添加剂与

改性剂等。一般固硫率可达 40% ~60%，降低烟气中 SO_2的排放量；烟尘量可降低 80% 以上，节能减排效果明显。还可降低排烟温度，减少设备腐蚀，有利于烟气余热回收利用。

3. 型煤孔隙率大，反应活性高

原煤是天然形成的，较为致密，孔隙率小，反应活性差。燃烧后煤核被灰渣层包裹，不易剥落分离，难于燃透，灰渣含碳量一般在 15% 左右，有的甚至高达 20% 以上，降低了燃烧效率。而锅炉型煤系由几种单煤优选相配压制成型，孔隙率大，反应活性高，尤其在低温时较明显，见表 3－2 和表 3－3。若在配煤时适量加入助燃催化剂或生物质燃料，并对锅炉进行相应技术改造，更易于着火与燃尽。在燃烧时型煤迎火面开裂呈花卉状，有利于氧气扩散进入，改善了燃烧条件，可使灰渣含碳量降低 8% ~9%，提高燃烧效率，节能率在 6% 以上。

表 3－2　同一煤种的型煤与天然块煤的孔隙率比较

煤种	天然块煤孔隙率/%	型煤孔隙率/%	孔隙率提高/%
无烟煤	3	12.5	9.5(3.16 倍)
烟煤	5	17.2	12.2(2.44 倍)

表 3－3　型煤与天然块煤的反应活性比较

温度/℃	大同煤			老鹰山煤			鲤鱼江煤			重庆煤		
	型煤	块煤	提高/%	型煤	块煤	提高/%	型煤	块煤	提高/%	型煤	块煤	提高/%
800				7.77	4.28	0.82	6.35	1.44	3.41	44.6	11.3	2.95
850	8.50	6.05	0.41	11.37	6.82	0.67	7.65	3.16	1.42	66.2	14.4	3.60
900	16.75	9.70	0.73	21.61	15.43	0.40	14.82	6.15	1.41	82.0	19.5	3.21
950	26.50	15.55	0.71	38.62	30.36	0.27	50.98	13.25	2.85	87.9	26.1	2.37
1 000	44.75	25.30	0.77	64.66	42.13	0.58	66.77	23.81	1.80	86.9	36.7	1.37
1 050	66.90	45.30	0.48	81.05	62.09	0.31	69.19	41.20	0.68	80.8	50.1	0.62
1 100	85.90	62.20	0.18	96.73	83.70	0.15	77.33	58.57	0.32	68.8	63.3	0.09

4. 型煤焦渣特征适中，适合锅炉燃用

煤在加热时发生热分解，约在 350 ℃左右开始软化熔融，在逸出挥发物后约在 450 ℃时就会结成焦状物，煤的这种黏结性称为焦渣待征（CRC）。若选用黏结性太强的煤，燃烧易结成焦块，堵塞炉排孔，影响通风，使燃烧恶化，锅炉无法正常运行；若选用不黏结性煤，燃烧时灰渣易形成粉末，随风吹走，烟尘和热损失加大，污染环境。煤的焦渣特征分为 8 级，一般型煤选择 2 ~4 级，即弱黏结性，较为适宜。在型煤配煤时可进行适当选配，使焦渣特征适中，符合锅炉燃烧要求。如老鹰山煤和鲤鱼江煤为黏结性较强的烟煤，当分别掺配一定比例的弱黏结性煤或无烟煤压制成型后，其黏结性达到适中，见表 3－4。

表 3－4　型煤与天然块煤的黏结性比较

原料煤	V_{daf}/%	Y/mm	焦渣特征(1 ~8)
鲤鱼江煤	28.36	21	7
大同煤	29.82	0	2

表 3-4(续)

原料煤	V_{daf}/%	Y/mm	焦渣特征(1~8)
(鲤鱼江+大同)型煤	29.81	0	2
老鹰山煤	36.20	18.5	7
龙岩煤	1.90	1	1
(老鹰山+龙岩)型煤	20.52	0	4

5. 型煤的灰熔点提高,不会结成渣块

煤在燃烧时使灰分软化熔融的最低温度称为灰熔融温度(ST),即灰熔点。当煤的灰熔点太低时,会熔融烧结变为渣块,阻碍通风,甚至烧坏链排,使燃烧恶化。严重时须停炉处理,灰渣含碳量必然升高,燃烧效率下降,影响锅炉正常供热。如大同煤的灰熔点偏低,只有 1 190 ℃,鲤鱼江煤 ST 为 1 480 ℃。二者按一定比例压制成型煤后,ST 温度为 1 265 ℃,比大同煤提高 75 ℃,燃烧时不会结成渣块,适合锅炉燃用,保证锅炉正常运行。

6. 配煤成型,粒度级配合理,改善热稳定性,提高冷压强度

试验研究表明,型煤可选几种粉煤相配,较单种煤易成型。除上面讲到的一些特性外,型煤还可提高冷压强度并改善热稳定性,这对锅炉燃用是很有利的。同时,型煤的粒度级配要合理,一般粗粒(>427 μm)、细粒(125~427 μm)与微粒(<125 μm)三者的配比为 3∶1∶1 为宜。

型煤在成型时,大颗粒之间用小颗粒填充,小颗粒之间用更小颗粒填充,可使相互之间接触更紧密,提高填充密度,压制紧密,因而强度高。在加热时迎火面与背面由于膨胀系数不同,上部裂开成花卉状,但不会松散成粉状,有利于氧气的扩散进入,保持了一定的热稳定性,既提高燃烧效率,又能保持炉内一定的火床长度,满足供热负荷要求,促进节能减排。

四、型煤锅炉及其运行操作

1. 锅炉结构必须与燃用型煤相适应

锅炉燃用型煤时燃料特征发生了明显的变化:原煤粒径小于 3 mm 的粉煤占 60%~70%,而型煤粒度均匀,且单个体积增大,颗粒之间的空隙变大,而彼此间的表面接触面积变小;同时型煤压得较实,表面又光滑,其内部的挥发物析出较原煤困难,因此着火时间推迟拖长;煤层着火线向下扩展速度较慢,着火的稳定性也较差。根据型煤燃烧的这一特征,锅炉结构必须进行相应改进,使其与燃烧型煤相适应,方可取得良好节能减排效果。

煤层着火时间主要决定于炉拱、炉墙与火的辐射源温度。温度高,挥发物析出快,着火快;温度低,着火时间延迟。实践表明,型煤着火延迟时间长于原煤。在炉温低时,二者差别大,随炉温的升高,差别会逐渐缩小,在高温时基本一致。

基于以上情况,在型煤钢炉设计或原燃锅炉改造时必须采取相应措施,尤其是链条锅炉与往复炉排锅炉。其总的要点是提高炉膛温度,主要措施是采取强化燃烧技术。如在炉膛前段设置卫燃带,适当减少该部位的水冷受热面,以提高炉膛温度;同时要改进炉拱设计,特别是前拱的设置,必要时加设中拱。加大对入炉型煤的辐射热量,促使入炉型煤尽快升温,析出挥发分,引燃着火。

2. 燃用型煤运行操作改进要点

型煤粒度均匀，大小适中，彼此间孔隙大，通风阻力小，布风均匀，但着火推迟，着火线向下扩展速度变慢。据此，我国锅炉工作者已总结出燃用型煤的操作要点，即"厚煤层、慢推进、低风速、给热风"。这是因为型煤颗粒之间孔隙大，而彼此之间的接触面积小，煤层表面向下传递热量主要靠对流与辐射传热，煤粒之间的传导传递热量不多。当型煤颗粒引燃后，在颗粒之间的孔隙内存有火苗，而原煤粉煤太多，不可能存在火苗，这是型煤燃烧煤层向下传热的重要特征。因而应采取较厚的煤层，风速要小，使间隙内的火苗能稳定燃烧，使煤层上部的动力燃烧尽快转化为扩散燃烧，促使煤层着火线向下扩展速度加快。如若风速太大，煤层太薄，会吹灭间隙内的火苗，加大散热损失，不利于稳定燃烧。当推进速度太快时，扩散燃烧速度小于推进速度，易出现燃烧不尽，灰渣含碳量高，甚至发生断火现象。有的链条锅炉燃用型煤时未加改造，有时出现断火现象，操作不当是重要原因。

燃型煤锅炉比较适用推迟配风法，不适用尽早配风法。仍以链条锅炉为例，前者故意压低Ⅰ、Ⅱ风室的送风量，正符合型煤燃烧低风速要求，避免因风量太大、风速高，吹灭型煤颗粒之间的火苗，保持燃烧稳定性。该区段由于风量不足，会产生煤的气化现象，生成大量煤气，与炉排后段回流过来的高温残余空气相遇，形成煤气燃烧，提高该部位的温度，又会促进型煤尽快引燃着火。当煤层到达炉排中部约Ⅲ、Ⅳ风室时，型煤已经燃烧起来，再配送强风，形成强燃烧高温区；后段炉温提高，可促进焦炭燃尽，提高燃烧效率。

由于后拱的作用，高温烟气必然回流，产生对流与辐射传热，向前又引燃煤气，促进型煤着火，缩短延迟时间，并能降低烟气中的残余氧含量，趋向低氧燃烧。这叫"烧中间促两头"，所以型煤燃烧"后劲足、烧得旺"就是这个道理。

3. 型煤热风助燃更为重要

我国小型锅炉一般只配省煤器，不设空气预热器。且省煤器在运行期间不吹灰清扫，易积灰堵塞，致使排烟温度升高，q_2热损失加大。锅炉改烧型煤之后更需要热风助燃，实践证明，配用热风与冷风，二者燃烧状况大不一样。型煤颗粒之间的火苗，若配用热风助燃，促进火苗越烧越旺，能提高煤层温度，扩散燃烧速度加快，燃烧稳定，炉内火焰充满度好，锅炉上气快；若用冷风，散热损失大，燃烧速度慢，操作不当，会吹灭煤层中火苗。有的企业燃用型煤后易出现断火现象，此为重要原因。因此，应增设或改装空气预热器，尤其应选用新型热管预热器，热传导速度快、投资少、见效快、预热温度高、不易堵塞，便于吹灰清扫。

4. 型煤的粒度、形状要适合锅炉燃用

目前使用的锅炉型煤，多沿用合成氨气化用型煤。大的尺寸有 48 mm × 40 mm × 30 mm，单重约 50 g；小的有 40 mm × 32 mm × 22 mm，单重约 25 g。这些粒度都比较大，不适合锅炉燃用。着火困难，不易燃尽；同时，尺寸太大，炉排速度太慢，锅炉出力会受到影响。工业锅炉应有专用型煤，目前尚无国家或行业标准。根据实践经验，链条炉排或往复炉排燃用型煤的粒度应比上述尺寸小一点，以缩短着火延迟时间，减少灰渣含碳量，并保证锅炉出力。一般认为 12 ~ 20 mm 为宜，固定式炉排应稍大一点。若型煤尺寸太小，燃烧接触面积加大，但颗粒之间的空隙缩小，其中的火苗不易存在。因此，锅炉燃用型煤粒度大小应与燃烧设备和燃烧方式相适应，方可获得好的燃用效果。

关于锅炉专用型煤形状，一般认为与气化用型煤相似。要求型煤的边角不宜多，以减少破裂与磨损；避免因形状影响透气性，减小阻力损失；成型工艺简单，强度适中。在实践中常使用的锅炉型煤形状有煤球形、扁椭球形、卵形等。

5. 生物质型煤是发展方向

为了解决锅炉燃用型煤易于引燃着火、燃烧稳定、尽快燃尽等问题,前面所述各项事宜当然重要。如若在型煤中适量配入生物质燃料经压力成型,叫生物质型煤。所谓生物质燃料系指农作物秸秆和生物质工业废料,如各种秸秆、柴草、稻壳、果皮、树皮、木屑、蔗渣、糠醛、酒糟、造纸黑液等。生物质经粉碎后,以 15% ~30% 比例掺混在煤粉中,经高压成型所得。也可用生物质燃料单独成型,掺混在型煤中燃用。发展生物质型煤具有独特优势:

(1)符合发展循环经济、资源综合利用政策要求。生物质燃料多数为废弃物,无处存放,焚烧又污染环境,把废物变为有用资源,又能增加农民收入,利国利民。

(2)具有明显的节能减排功效。生物质型煤在燃烧时烟尘减少,产生的黑烟只有原煤的 1/15;在型煤燃烧时加入消石灰固硫,特别是用造纸黑液、染整厂碱性废液等代替自来水成型加湿,脱硫效率在 50% 以上;生物质含硫量很低,因此烟尘与 SO_2 完全可达标排放;燃用生物质型煤易着火,燃烧稳定,燃尽快,灰渣含碳量低,锅炉热效率可提高 3% ~7% 。

(3)操作简便、成本低。锅炉燃用生物质型煤易着火、燃烧稳定、不断火、烧得好、上汽快。鞍山热力公司与日本合作,建成年产 1 万吨工业锅炉生物质型煤示范装置,经济效益与社会效益良好。天津渤海环保有限公司自主研发的秸秆成型燃料,发热量为 14. 6 ~16.7 MJ/kg(3 500 ~4 000 kcal/kg),也可在秸秆中掺配少量煤粉成型,用于垃圾焚烧炉助燃。过去因垃圾发热量低难于着火,必须用柴油助燃,现在改用秸秆型煤助燃,效果很好,不但节省燃油、降低成本、减排 SO_2 与 CO_2,而且灰渣还可用作肥料或建材原料。

五、型煤目前存在的主要问题与今后的发展趋势

1. 型煤目前存在的主要问题

(1)型煤厂生产规模小,装备水平低。目前中国型煤生产厂生产规模一般在 3 万 t/年以下,多数采用作坊式生产方式。工艺流程不规范,灵活性差,生产线能力不配套;与型煤生产配套的设备可靠性差,运行故障率高;生产自动化程度非常低;生产过程中原料计量不准,不能按标准配方生产,造成产品质量波动大。

(2)设计规范和质量标准不健全。大多数型煤厂和型煤公司没有正规定型的设计工艺路线及工序配置,生产出的型煤产品也无统一规范的质量标准检测法。

(3)型煤生产成本高,无法形成商业化生产规模。由于作坊式的生产方法和主要生产设备依赖进口,操作水平低,型煤厂或型煤企业生产不连续,质量不稳定,致使型煤生产成本居高不下,无法进行统一的大型商业化运作。

(4)工业型煤技术水平有待提高。型煤生产技术中的黏结剂技术有待创新;型煤生产设备中的核心设备依赖进口,国产核心设备质量偏低;型煤生产工艺、成型技术亟须改进,应提高型煤固硫率,提高型煤质量。

2. 锅炉型煤发展趋势与激励政策

锅炉专用型煤今后应向节能减排、提高固硫效率、生物质型煤、简化工艺、降低成本方向发展。

(1)加强政策推进,严格环保执法。应以锅炉节能减排、严格环保执法为突破口,推动工业锅炉燃用型煤,尤其是小型锅炉与采暖锅炉。要制定政策逐步限制燃用原煤,大力扶持洁净煤进入市场,提高锅炉热效率,环保达标排放。

(2)要用科学发展观统领洁净煤发展。要用科学发展观统领洁净煤发展纲要规划,其中包括锅炉专用型煤。要根据实际情况充分利用当地的资源进行综合利用并与发展循环经济相结合。要把尾煤、煤泥与粉煤和造纸厂、染整厂碱性废液等充分利用起来,制成洁净煤产品,实行废弃资源综合利用,增加企业的效益。对于远离型煤厂的用煤单位,可发展炉前成型技术,投资少、成本低、见效快。对于秸秆等生物质燃料丰富的地区,要积极发展生物质型煤或秸秆掺煤型煤与型煤混烧技术,其效果也是很好的。

要整体规划型煤发展布局,合理建设网点,适当加大建厂规模,提高机械化、自动化水平及整体配套水平,才能保证质量、降低成本。

(3)要很好地总结以往型煤生产与使用经验,制定各种型煤的产品质量标准或技术条件,经检验合格方可出厂。

(4)国家应加大对洁净煤技术的扶持力度与科研经费的投入,组织大专院校、科研单位及一些有实力的企业对型煤固硫技术、无黏结剂成型技术尤其是炉前成型技术,廉价黏结剂和生物质型煤等进行试验研究。要自主创新,拥有自主知识产权,为型煤的应用在理论与实践的结合上实现大的突破。

- **任务实施**

1. 教师介绍本任务的内容及学习方法;
2. 教师组织学生分组(平均5人一组),并按要求就座;
3. 学生分组讨论。

- **任务评量**

每组提交最终答案,按照关键字计分,10分为满分。说出最多关键字的小组为优胜。

- **复习自查**

1. 本次课通过完成型煤发展前景分析,使学生了解和掌握型煤的节能功效;
2. 本次课的重点是理解型煤的节能减排功效和型煤锅炉运行要点;
3. 组织各小组派代表展示小组成果。(成果:提出型煤技术的发展建议)

任务3.4　水煤浆应用技术

- **学习目标**

知识:

1. 国内外水煤浆技术发展概况。
2. 水煤浆制备工艺流程。

技能:

1. 初步掌握水煤浆的概念和发展概况。
2. 了解水煤浆制备的工艺流程。

素养:

1. 养成积极主动的学习习惯。
2. 养成勤于思考的习惯。

● 知识导航

一、水煤浆应用情况简介

1. 什么是水煤浆与水焦浆

水煤浆是一种新型、高效、清洁的煤基燃料，是燃料家族的新成员，它是由65%～70%不同粒度分布的煤，29%～34%的水和约1%的化学添加剂制成的混合物。经过多道严密工序筛去煤炭中无法燃烧的成分，仅将碳本质保留下来，成为水煤浆的精华。它具有石油一样的流动性，热值相当于油的一半，被称为液态煤炭产品。水煤浆技术包括水煤浆制备、储运、燃烧、添加剂等关键技术，是一项涉及多门学科的系统技术，水煤浆具有燃烧效率高、污染物排放低等特点，可用于电站锅炉、工业锅炉和工业窑炉代油、代气、代煤燃烧，是当今洁净煤技术的重要组成部分。

此外，还有一种叫水焦浆，又称乳化焦浆。它是用石油炼制过程中最终所剩的石油焦作为母料，与水或工业废液混合（如造纸黑液）并加入添加剂，通过乳化工艺所制成的一种石油焦乳化悬浮流体燃料。它是洁净煤技术领域中的一个新成员，是典型的循环经济技术，属于我国首创。

2. 国外水煤浆发展简介

国外水煤浆技术是在世界石油危机期间开始研制发展起来的。当初的出发点主要是为了解决用管道输送煤炭与洗煤厂煤泥闭路循环工艺而研发的，以缓解煤炭运输紧张问题。管道输煤是把煤炭破碎成细小颗粒，平均直径小于0.3 mm，再加入一定比例的水与添加剂，再经湿磨，配制成煤基乳化流体燃料，用泵经管道输送到用户，经脱水后燃用，也可不脱水直接燃用。

3. 国内水煤浆发展概况

我国的水煤浆研究工作起步于70年代末80年代初，与国外同步，直接原因是国际上暴发的石油危机，使各个国家都在寻找以一种代替石油的新能源。而中国是一个富煤、少气、贫油的国家，因此我国一直致力于水煤浆的研发工作，并于1983年5月攻关研制出了第一批水煤浆试燃烧成功。近年来，我国的水煤浆制备技术和燃料技术发展很快，并达到了国际水平，先后完成了动力锅炉、电厂锅炉、轧钢加热炉、热处理炉、干燥窑等炉窑燃用水煤浆的工程试验。在环保产业的高科技领域，我国的大部分技术、产品均落后于国际先进水平，而水煤浆是一个例外，中国的水煤浆技术优先于国外，这种新能源在中国的能源战略中占有非常重要的地位。

目前水煤浆技术已被列为我国能源发展重点推广技术，也是煤炭工业洁净煤技术优先发展重点技术之一。《2016—2017年中国水煤浆行业发展前景与投资预测分析报告》指出，我国是一个富煤少油的国家，水煤浆作为新型代油环保燃料正被越来越多的企业所认识，采用水煤浆技术进一步改善煤炭企业的产品结构，提高煤炭企业经济效益。水煤浆技术还可以解决一些燃煤企业环保及工艺过程调节的问题。而且可以利用工厂有机废水（如造纸黑液）制成水煤浆燃烧。因此水煤浆技术是当前较现实的、也是21世纪最有市场的洁净煤技术。

从长远来看，随着国民经济的发展，我国液体燃料供需矛盾将进一步加大，环境对燃料的约束也进一步加强，水煤浆的使用量将逐步加大；而随着水煤浆技术的进一步提高将会使其社会效益更加明显，经济效益得到改善。因此，水煤浆的应用前景非常广阔。

二、水煤浆制备工艺流程

1. 水煤浆制备

水煤浆制备工艺按不同煤种、不同用户要求与添加剂性能等情况，可分为干法制浆、湿法制浆、干湿法混合制浆、高浓度磨矿、中浓度磨矿、高中浓度混合磨矿等不同工艺系统。而目前我国多采用湿法高浓度制浆工艺。其典型工艺流程如图 3－4 所示。

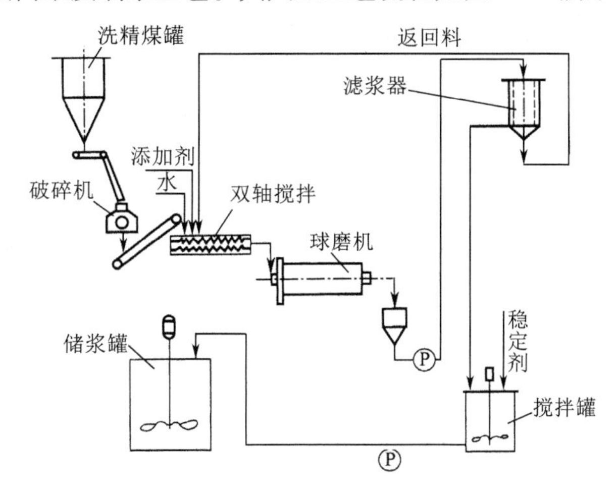

图 3－4　水煤浆典型生产工艺流程图

2. 水焦浆制备

用石油焦制备水焦浆，起初来自炼油厂的实际需要。过去炼油所剩石油焦无合适用途，堆积如山，严重污染环境，而企业生产所需蒸汽还得靠锅炉燃油来提供。如将石油焦制成水焦浆用于锅炉代油，完全符合经济发展要求，不但经济效益显著，而且保护环境。于 1999 年在广东镇海炼化试成投产，然后在中国石化集团所属公司的循环流化床锅炉大力推广应用。其主要工艺流程如图 3－5 所示。

可见水焦浆（乳化焦浆）的制备工艺与水煤浆大同小异，只是粒度级配与添加剂有所不同而已。由于石油焦含碳、硫，发热量较高，而挥发分与灰分较低，成浆后着火困难，燃尽难度大，必须采取脱硫措施。因而近几年来又开发出石油焦配以高挥发分烟煤混合制浆的新工艺，燃用效果得以改善。

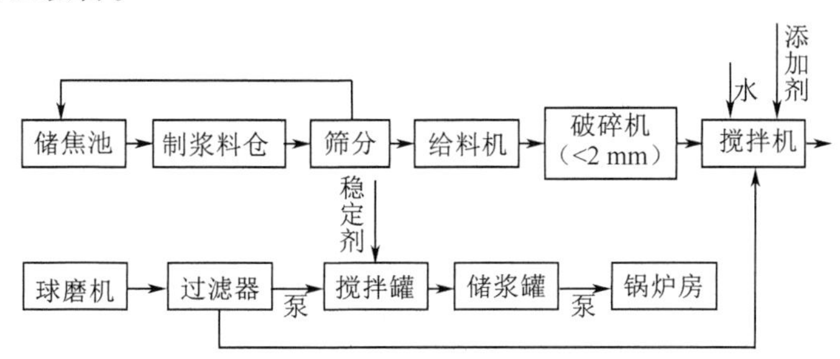

图 3－5　水焦浆生产工艺流程框图

3. 煤泥水煤浆制备

煤泥水煤浆的制备非常简单，因为它是利用煤矿洗选时的副产品煤泥或尾煤制浆。由于这些产物已经很细，粒径小于45 μm的约占88%以上，无需经球磨机，可直接用一定量的煤泥配以适量水与添加剂搅拌成浆。因而制浆设备简化，工艺单一，成本很低。有时根据情况也可不必加水与添加剂，如抚顺和徐州矿务局生产的煤泥水煤浆不加添加剂直接燃用，成本更低。

4. 制浆用水的开发拓展

目前对制浆用水研究甚少，传统的方法是使用自来水。但现已研制成功应用矿井废水、焦化废水、造纸黑液及化工生产废水、废液制水煤浆，其质量符合GB/T 18855—2014《燃料水煤浆》要求，用于工业锅炉燃用，运行稳定正常。不但可节省水资源，降低制浆成本，而更主要的是解决了废水、废液长期污染环境的老大难问题，免收排污费与治理费。同时，这些废水、废液中含有一定量的碱性物质或有机物等，并载有一定热能，可以代替制浆用添加剂（分散剂与稳定剂），具有良好的脱硫功能。根据有关单位研究，造纸碱性黑液水煤浆，综合脱硫率可达96%左右，排放完全可以达标，经济效益、环保效益、社会效益十分显著，是今后重要的发展方向。

三、水煤浆的特性

水煤浆是20世纪70年代兴起的煤基液态燃料，可作为炉窑燃料或合成气原料，具有燃烧稳定、污染排放少等优点。水煤浆是由煤、水和化学添加剂按一定的要求配制成的混合物，具有较好的流动性和稳定性，易于储存，可雾化燃烧，是一种燃烧效率较高和低污染的较廉价的洁净燃料，可代重油缓解石油短缺的能源安全问题。

水煤浆并非煤的液化产品，也不是煤的气化产物，而是一种煤基乳化流体燃料，属于洁净煤产品。要研究水煤浆的特性，首先要求其质量指标符合GB/T 18855—2014《燃料水煤浆》技术条件，在这一前提下，可从以下五个方面表征。

1. 水煤浆具有一定浓度和黏度

水煤浆的浓度是指浆中煤颗粒的质量份额。浓度大，固体煤粒比例多，水煤浆的发热值高，对加热有利；但浓度增大水煤浆的黏度升高，对雾化燃烧与输送不利。因此，燃烧用高浓度水煤浆的浓度最好在70%左右，而黏度为(1 ±0.2) Pa · s，发热量应达18.8 MJ/kg以上。

2. 水煤浆的粒度级配合理

水煤浆合理粒度级配是通过最佳磨矿工艺实现的。它直接影响其黏度大小、流变特性的好坏与燃烧效果的优劣。为使煤颗粒充分燃尽，粒度应当越细越好，限上率不大于2%，透筛率应不小于98%，其中200目以下的不应少于75%。使大颗粒煤之间的空隙由小颗粒充填，小颗粒之间的空隙由更小颗粒充填，以保证煤颗粒间能达到较高的堆积效率，一般应大于75%，形成空隙最小的堆积，方可获得水煤浆综合优良特性。

3. 水煤浆具有良好的流变特性

流变特性是水煤浆的重要特性。它直接影响水煤浆的贮存、输送和雾化燃烧效果的好坏。适当的搅拌强度与剪切速率可使浆液的流变特性由屈服假塑性向牛顿流体转变，并可降低其黏度，提高成浆性。因而水煤浆具有剪切变稀效应，即剪切速率增加，黏度变小。所以，在水煤浆制备、输送和炉前燃烧前专设搅拌装置，防止发生软沉淀，并使其变稀，以获得更好的应用效果。

4. 水煤浆具有一定的稳定性

所谓水煤浆的稳定性是指在贮存、输送过程中能保持其物性均匀、稳定的性能。水煤浆成浆之后，需加入适量稳定剂，进行搅拌熟化处理。如果不具备一定的稳定性，固、液相产生分离形成硬沉淀，将无法应用。因水煤浆具有流变特性，即使发生软沉淀，经剪切搅拌使其黏度变小，适合输送、燃用，这一点很重要。

5. 水煤浆煤颗粒被乳化悬浮特性

煤具有疏水表面，对水不浸润。如果煤颗粒与水直接混合，则煤粒成团凝聚，二者出现界面。但加入化学添加剂（分散剂）后能对煤颗粒起到乳化作用，使原有的疏水性被分散剂疏水性的吸附变为亲水基朝外，形成水化膜，转化为亲水性，改变了煤颗粒间的表面活性，降低了煤水界面间的张力，大大提高了煤粒表面润湿性，使煤颗粒均匀地分散悬浮在水介质中，阻止了煤颗粒的团聚沉淀。因而，保证了水煤浆具有低黏度、高浓度、良好的流动性和稳定性。这是水煤浆能获得上述特性的重要因素。

水煤浆可用罐体贮存，用泵输送，能进行雾化燃烧，也可以流化燃烧，用于电站锅炉、工业锅炉与工业窑炉等直接燃用。

四、工业锅炉燃用水煤浆节能减排功效

1. 燃用水煤浆节能功效

由于水煤浆改变了煤的形态，由固体煤块转化为微小颗粒的煤基乳化流体燃料，像油一样流动，粒度级配又微小致密，从而可促进强化燃烧。煤块与氧接触面小，难于混合，燃烧速度慢。水煤浆可雾化成微小颗粒，表面积增大，与空气混合容易，燃烧速度加快。因而工业锅炉燃烧效率从烧原煤80%左右提高到96%～98%，锅炉热效率从60%～65%提高到83%左右；电站锅炉热效率达到90%以上，与燃煤粉相当。此外，由于煤的形态不同，燃烧所需要的空气量不一样，烧水煤浆空气系数可相对较小，降低了烟气量，排烟热损失下降，热效率提高；同时，烧原煤灰渣含碳量很高，一般为15%～20%，而燃烧水煤浆时灰渣与飞灰含碳量很低，因而固体不完全燃烧热损失很小，节能。

2. 燃用水煤浆减排功效

（1）水煤浆选用洗精煤或选配低硫、低灰煤制浆。煤炭经过洗选，可脱除硫30%～40%（脱除黄铁矿硫60%～80%）；脱除灰分（煤矸石等）50%～80%，因而水煤浆中硫含量与灰分较低，一级品水煤浆硫含量小于0.35%，二级品硫含量为0.35%～0.65%，三级品硫含量为0.66%～0.80%（见GB/T 18855—2014《燃料水煤浆》）。

（2）用造纸碱性黑液制浆，称为黑液水煤浆，可免加添加剂，综合脱硫效率可达96%左右，并可降低成本，造纸厂可节省排污费与治理费。也可用矿井水、焦化废水、化工及印染等行业废水、废液制浆，效果也很好。

（3）在制浆时，可根据原煤含硫量情况适当添加固硫剂，在炉内燃烧时，可脱除硫40%左右。

（4）用锅炉排污高碱度炉水（一般pH值在10以上），首先用于水膜除尘器喷洗用水，烟气脱硫效率可在30%以上。而水可循环利用，再用于水冲渣，减少排放，防止造成水污染。

（5）烧水煤浆火焰温度较燃油低100～200 ℃，属于低温燃烧，有助于抑制热力型NO_x生成，可减排NO_x50%～60%。

（6）水煤浆可用管道与泵密闭输送、罐体贮存，避免了散煤运输、装卸、贮存造成的损失、

扬尘与二次污染。水煤浆可用湿磨制粉，温度低，安全可靠。水煤浆燃烧便于实现自动化，调节比大，适应负荷变化的需要。燃烧后灰渣少且为松散状，可密闭收集，占地小，无污染，是建材的有用材料，可进行循环利用。

(7)水煤浆的烟尘比表面积大，电阻小，因而烟尘收集性能好，有助于提高除尘效率，采用布袋或电除尘器均可达标排放。

五、水煤浆锅炉与运行操作

1. 水煤浆雾化燃烧技术

我国目前尚无水煤浆锅炉国家系列标准或技术条件，只能根据多家生产厂情况作一概括介绍。一般 10 t/h 以下水煤浆锅炉多采用 SZS 系列 A 型布置，双锅筒纵置式结构，也有少数生产厂家采用 D 型布置的；中型锅炉多采用 SHS 系列 A 型布置；大型锅炉与流化床锅炉则采用Ⅱ形布置。6 t/h 以下小锅炉整体快装出厂，其结构如图 3－6 所示；8 t/h 以上锅炉分上、下两件出厂，现场组装，如图 3－7 所示。10 t/h 以上锅炉全部散件出厂。有关问题略述如下。

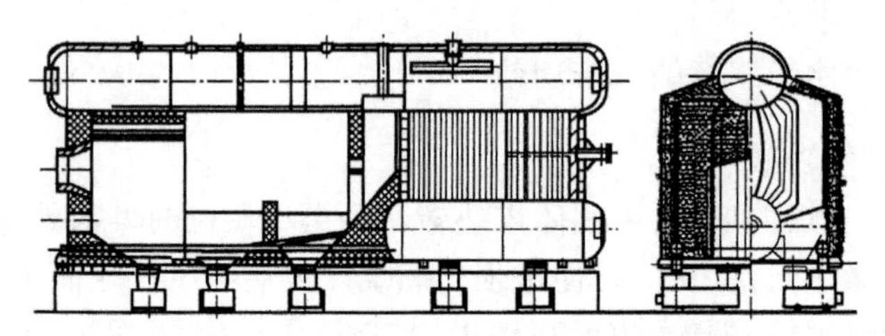

图 3－6　小型水煤浆锅炉快装结构图

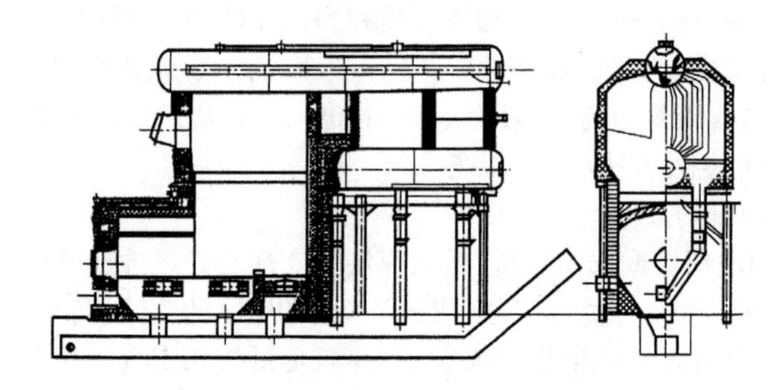

图 3－7　中型水煤浆锅炉结构组装图

(1)锅炉结构要创造水煤浆着火稳燃条件

水煤浆含水 30% 左右，在加热蒸发时要吸收 837 kJ/kg 热量，必然降低燃烧温度，着火困难，着火时间延迟。为此在炉膛前端增设前置燃烧室，也叫预燃室，并采取绝热措施；在炉膛前部左右侧墙燃烧器标高处设置卫燃带；在炉膛中后部加设火挡。总之，所有措施要促进炉内高温，形成火焰回流，促使水分蒸发，挥发分加速析出，迅速着火，并稳定燃烧。

(2)合理选择炉膛容积与出口高度

水煤浆雾化燃烧以雾炬的形状喷出，且拖得较长，炉内火焰最高温度位置后移；同时火焰温度比燃油低 100～200 ℃，炉膛温度一般为 850～950 ℃。因而锅炉容积热负荷比燃油、燃气要低，即使布置足够的受热面，设三个烟气回程，也不能满足燃尽所需时间，来不及换热便排出炉外,锅炉负荷不能保证。对于新制造的水煤浆锅炉,已充分考虑到这些因素,扩大了炉膛容积。如用燃油、燃气锅炉改造,额定负荷要降低20%左右,应当设法扩容,否则只能降负荷运行。

水煤浆燃烧雾炬拖的长,碳粒子燃烧比油气要慢,炉膛如果太短、出口太低,燃烧后的灰粒子来不及沉积下来,就被烟气流带出炉口,造成省煤器和预热器积灰。因此应设置三回程,适当提高炉膛出口标高,并在侧墙与尾部设看火孔、吹灰孔与清焦孔。

(3)燃烧器的选择与布置要合理

燃烧器的布置方法依锅炉容量、结构与燃烧器种类而定。一般小型锅炉布置于前墙预燃室端,可安装1~2个燃烧器,不宜太多,防止火焰相互干扰;中型锅炉仍采用前墙布置,用燃烧器型号大小来调整台数,也有的采用侧墙对冲布置方式,可分层设置、分层送风,促进完全燃烧;大型锅炉多采用四角切圆布置方式,与煤粉炉基本相似。

要选择雾化性能良好、喷嘴耐磨、使用寿命长的燃烧器。喷嘴耐磨性能与寿命非常重要,有的用合金钢材质制造,寿命还是短,达不到3 000 h。后改用特殊陶瓷材料镶嵌于喷嘴处,磨损后随时进行更换,寿命可达到3 000 h,降低了运行成本。

燃烧器的性能关系到水煤浆雾化质量、炉内火焰组织与空气动力场分布及负荷调节特性等问题,非常重要。目前使用的燃烧器按雾化方式分为三种类型,即两级雾化旋流式、多级雾化撞击式与直流式,此外还有新近研制的一种,叫预热式燃烧器。旋流式燃烧器是利用旋流片使气流喷出呈旋流雾炬,有利于回流着火、空气与水煤浆的混合,达到完全燃烧,多用于小型锅炉;直流式燃烧器则是利用直流射流及射流的组合进行混合燃烧,主要用于大型锅炉四角切圆布置;多级雾化撞击式燃烧器分为一次雾化与二次雾化。前者利用雾化剂在高速气流作用下,将水煤浆先破碎成浆滴,再次雾化成更细小的雾滴,燃烧更加完全,并用特殊陶瓷镶嵌喷嘴,用于中小型炉,使用寿命在3 000 h左右,无论何种燃烧器,都应具备调节特性好、可调比大的特点,以便调整锅炉负荷。

与燃烧器相关联的还有点火器。对点火器的要求是安全可靠、简单方便。过去一般采用柴油电子点火器点燃,运行正常。近年来柴油价格太贵,且需用油泵输送,可改用压缩天然气或液化气点火,还能简化输送系统设备。

(4)设省煤器和空气预热器

为回收烟气余热,提高锅炉进水温度,节约燃料消耗,应设省煤器与空气预热器。以往选用铸铁省煤器,小型锅炉不设空气预热器。现应采用新研制成的热管省煤器和空气预热器,热交换性能好,阻力小,便于吹灰,不易堵塞。一般在热管吸热端增设吹灰门,操作很方便。

(5)设出渣与除尘装置

为便于受热面吹灰,及时清焦,在炉墙两侧适当位置设几个炉门,在炉膛底部设刮板出渣机。为防止漏风,在出渣机与炉墙之间加设水封。刮板出渣机只能清除大颗粒灰渣,细小灰尘在除尘器后排出。随着环保执法力度的加强,大、中型水煤浆锅炉设置简单除尘器或水膜除尘器,不能保证达标排放,应改设布袋除尘器或电除尘器。以往布袋除尘器价位高,现已国产化,价格下降,改用布袋除尘器是比较好的。

(6)采用自动控制与联锁保护装置

水煤浆锅炉的控制系统可采用先进的PLC控制系统选用人机界面控制,操作方便,智能化自动运行,安全可靠。为防止万一还要设置一些手动开关。在炉膛设置自动点火与火焰监测器,万一熄火时能进行联锁保护,自动清扫炉膛,重新点火,防止发生爆炸。用自动调节控制风量与煤浆配比,间接达到控制火焰的大小,以调节锅炉负荷。水位设置电极水位控制器,自动控制锅炉水位,设高低水位报警并联锁保护。根据电极信号,带动电磁阀来启动或停止水泵运转,万一到达危险水位时,能自动报警并停止燃烧器工作。

(7)水煤浆锅炉附属系统

水煤浆锅炉的附属设备比燃煤、燃气(油)锅炉要多。除了相同的供气(油)系统、燃烧系统、水处理系统、蒸汽或热水系统与排烟系统外,还需另加:①供浆系统(即有储浆罐、输浆泵、日用浆罐、供浆泵、在线过滤器、流量计等);②雾化剂系统(含空气压缩机、储气罐或蒸汽);③清洗水系统;④除灰系统(除渣机、沉淀池等);⑤烟气处理系统(省煤器、除尘器、引风机等)。

供浆泵的送出流量一般大于锅炉耗用量,多余者由仪表控制,返回储浆罐。返回的方式有两种:一种为大回路法,即从燃烧器端头返回,此法需测量泵出口流量与返回流量,二者之差为锅炉实际耗用量;另一种为小回路法,即从泵出口管网附近返回储浆罐,在返回管接口外端的主干管测量流量,即为锅炉耗用量,不需要测返回量。这样可节省管网,减少阻力,只测一次便可,非常简单,且较为准确。

2. 水煤浆流化燃烧技术

(1)水煤浆流化燃烧锅炉的发展

最早水煤浆流化燃烧是抚顺和徐州矿务局在鼓泡床锅炉燃用煤泥水煤浆。后来山东胜利油田在高等院校和科研单位协助下,正式开发研制了水煤浆循环流化床燃烧专用锅炉与流化-悬浮燃烧新技术,用于蒸汽锅炉或热水锅炉。到2007年已生产26台水煤浆锅炉,锅炉容量从4 t/h发展到75 t/h。

我国循环流化床燃烧技术有了较快发展。在燃用煤泥、污泥、煤矸石、劣质煤与石油焦时,采用异重循环流化床技术受到广泛关注。所谓异重循环流化床,系指由密度差异较大的不同颗粒组成的流化床系统。

(2)水煤浆流化床锅炉结构特点与工作原理

①结构特点:循环流化床锅炉采用双锅筒横置式布置,热功率为14 MW,出水压力为1.0 MPa,出水温度为115 ℃,回水温度为70 ℃,水循环为强制循环与自然循环混合方式。

该锅炉外形尺寸为7 860 mm×4 490 mm×9 667 mm(高×宽×深)。炉膛下部为密相区,高度为1 350 mm,其上为稀相区。炉膛最底部设有梯形流化床布风板,一次风通过喷嘴进入燃烧室,使床料处于流化悬浮状态。二次风从密相区上部喷入,用以强化热烟气的扰动混合与燃烧。水煤浆由炉顶设立的专用粒化器并以滴状颗粒送入炉内料层上,在密相区与流化状态的床料混合,迅速被加热着火燃烧。热烟气携带部分床料与水煤浆燃烧后生成的一些颗粒团一起排出炉口。通过出口烟窗进入其后设置的组合高温旋风分离器。经分离、捕集回送至炉膛下部密相区,实现水煤浆的循环燃烧并减少床料的损失。经分离器分离后的热烟气通过转折室内的防渣管束后,进入上、下锅筒之间的对流管束,最后经除尘器、引风机排入烟囱。

该锅炉炉墙采用半轻型结构,内层为耐火砖,外侧为硅藻土砖或轻质黏土砖,中间加设硅酸铝纤维板(或岩棉毡),最外层包护钢板,因而炉墙严密,外表面温度低,散热损失小。在前墙设有给料口、人孔门、看火孔及测温孔等。如为蒸汽锅炉,还应设置省煤器和空气预热器等。

该锅炉在炉体底部设有热烟气发生装置，采用床下点火方式，用柴油点火，也可以用液化气或压缩天然气点火。用石英砂做床料，在运行中可通过给料口定期补充。

为保证锅炉安全经济运行，配置了完善的热工测量仪表和微机自动控制装置。主要有风室压力、温度、流量；二次风压力、温度、流量；供回水温度、压力、流量；供浆压力、温度、流量；炉膛负压、炉膛温度、排烟温度和排烟氧含量，并配有供浆量记录与积算表以及供浆与送、引风机调节装置。如为蒸汽锅炉，还应增设蒸汽压力、流量及水位联锁保护装置等。

②流化床锅炉工作原理与系统：图 3 – 8 为水煤浆流化 – 悬浮燃烧原理系统图，主要由水煤浆供给系统（储浆罐、供浆泵、粒化器）、点火系统（储油罐、供油泵、油枪、烟气发生器）、锅炉本体与旋风分离器、除尘系统（除尘器、排尘器）、烟风系统（鼓风机、引风机、烟囱）等组成。如为蒸汽锅炉，在尾部还应设省煤器与空气预热器。可见与雾化燃烧相比，水煤浆流化 – 悬浮燃烧系统构成相对简单。

水煤浆由专用粒化器以颗粒状投入炉膛料层内，在与炽热的流化床料混合加热下，水分迅速蒸发，析出挥发分并着火燃烧。在流化状态下，大颗粒水煤浆团被进一步解体为细颗粒，随热烟气带出密相区，进入稀相区与送入的二次风混合继续燃烧。在锅炉出口设有旋风分离器，也叫分离回输装置，随热烟气携带的床料和水煤浆中较大颗粒团被分离器分离、捕捉、沉积下来，经分离器下部设置的回输通道返回炉膛密相区继续燃烧，完成了一次循环倍率。可以设计多次循环倍率，因而燃烧效率高，一般可达 98% 左右。

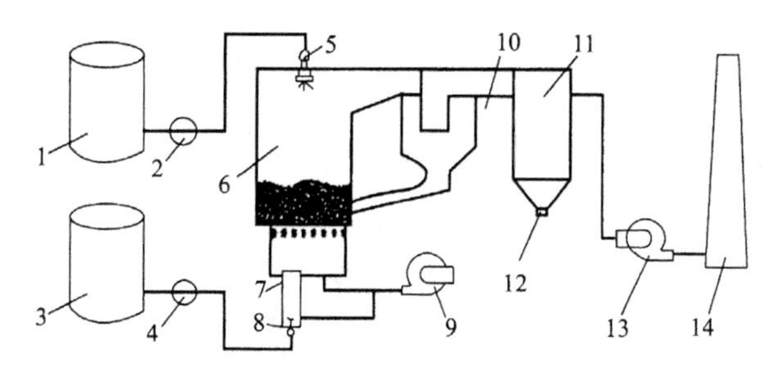

1—储浆罐；2—供浆泵；3—储油罐；4—供油泵
5—粒化器；6—循环流化床锅炉；7—热烟气发生器；
8—油枪；9—鼓风机；10—旋风分离器；
11—除尘器；12—排尘器；13—引风机；14—烟囱。

图 3 – 8　水煤浆流化 – 悬浮燃烧原理系统图

③流化床锅炉环保特性与热平衡测试结果：流化燃烧床料为石英砂，为进行脱硫，可配入一定比例石灰石。水煤浆在炉膛内流化 – 悬浮燃烧，其温度为 850 ~ 950 ℃。在此温度下，石灰石被煅烧分解为 CaO，而 CaO 与燃烧生成的 SO_2 反应产物 $CaSO_4$，被固定在炉渣中，抑制了 SO_2 气体排放。炉膛内 850 ~ 950 ℃ 的温度范围恰好是 CaO 脱硫的最佳温度，当 Ca/S 值在 2.0 左右时，脱硫效率可达到 80% 以上。同时该温度范围属于低温燃烧，能抑制热力型 NO_x 的生成。另外，如用碱性造纸黑液制浆，炉内脱硫效率可达到 96% 左右。炉膛温度低于燃煤灰熔点以下，不会造成熔化结渣，有助于安全运行。

该锅炉燃用胜利油田华新能源有限责任公司生产的水煤浆，在额定出力时，采用布袋或电除尘器，烟尘排放浓度小于 50 mg/m^3，SO_2 排放浓度为 346.1 mg/m^3，NO 排放浓度为 469.5 mg/m^3，烟气林格曼黑度为 0 ~ 1 级，符合国家Ⅱ类地区排放标准。从以上测试结果来看，该锅炉平均热效率达到 90%，环保特性良好，达标排放。

(3)水煤浆流化燃烧技术优势

①水煤浆制备简单,没有雾化质量要求,对粒度和质量要求也不高,不影响粒化器正常工作,不会造成堵塞,对煤种适应性强,尤其适合用煤泥、浮选尾煤等制浆,不需要加添加剂,可大幅度降低制浆成本,是今后的主要发展方向。

②着火后水煤浆颗粒团可进行循环燃烧,循环倍率可以控制,因而燃烧效率高,一般能达到98%左右。

③水煤浆属于低温燃烧,温度在850~950 ℃之间。在此温度下,炉内的石灰石煅烧分解成CaO,与燃烧生成的SO_2气体反应产物是$CaSO_4$,固硫效果好,降低了SO_2排放浓度。此时炉内温度恰好是CaO脱硫反应的最佳温度,在Ca/S=2时,脱硫效率可达80%左右。

④采用水煤浆低温燃烧技术,使水煤浆燃烧温度控制在灰的熔点以下,可防止结焦、积渣,运行安全稳定,并能抑制热力型NO_x生成与排放。

⑤炉前附属设备系统简单,省略了燃烧器与雾化浆枪,无须空气或蒸汽雾化系统、高压供浆泵与过滤设备,并可略去炉前除渣系统,全集中在除尘器下除灰。

⑥锅炉启动快,负荷适应性强,可实现运行过程压火,再启动无须用油点火。负荷调节特性好,可在30%~110%额定负荷范围内调节,运行稳定。

六、水煤浆燃烧技术发展方向

1. 低灰熔点煤浆燃烧技术

制浆煤种正在从炼焦煤转向低阶煤,而低阶煤的灰熔点普遍偏低,锅炉燃烧极易结渣。因此,有必要针对低灰熔点煤浆开展低温燃烧技术的研究。

2. 低挥发分煤浆燃烧技术

变质程度高的煤种制备水煤浆普遍存在挥发分低、难以点燃与燃尽的问题。针对这些问题,国家水煤浆工程技术研究中心开发了水煤浆旋风燃烧技术,采用多重配风技术通过旋风燃烧室的各种射流管,使各种气流分别以不同参数来控制燃烧,最大限度地提高水煤浆点火区的温度,保证低挥发分煤浆顺利点火燃烧。另外,催化燃烧也是解决低挥发分煤浆燃烧的有效途径。目前催化剂种类选择与用量配比等研究工作正在开展中。

3. 低SO_2控制燃烧技术

炉内脱硫具有工艺流程简单、占地面积小、投资费用低、适用于现役锅炉的改造,且脱硫产物为中性固态物,无二次污染。此外,水煤浆的燃烧温度比煤粉要低150 ~200 ℃,可有效减少生成的硫酸盐二次分解成SO_2的概率。目前最大的问题是加入脱硫剂(钙基)会降低水煤浆的灰熔点,因此选择脱硫剂的种类与配比还需要更为深入的研究。

低SO_2控制燃烧技术的研究,对水煤浆技术在我国的推广应用有更加深远的影响。它不仅是实现SO_2减排的一个重要手段,而且还使中、高硫煤水煤浆的清洁燃烧成为可能,为中、高硫煤的环保利用提供了一条有效途径。

• 任务实施

1. 教师介绍本任务的内容及学习方法;
2. 教师组织学生分组(平均5人一组),并按要求就座;
3. 学生分组讨论。

• 任务评量

每组提交最终答案,按照关键字计分,10分为满分。说出最多关键字的小组为优胜。

• 复习自查

1. 本次课通过完成水煤浆发展前景分析，使学生了解和掌握水煤浆技术的节能功效；
2. 本次课的重点是理解水煤浆应用的节能减排功效和型煤锅炉运行要点；
3. 组织各小组派代表展示小组成果。（成果：提出水煤浆技术的发展建议）

任务 3.5 小型煤粉炉应用技术

• 学习目标

知识：

1. 国内外小型煤粉炉发展概况。
2. 煤粉锅炉结构与工艺流程。

技能：

1. 掌握小型煤粉锅炉的概念和发展概况。
2. 了解炉前制粉的工艺流程。

素养：

1. 养成积极主动的学习习惯。
2. 养成勤于思考的习惯。

• 知识导航

一、小型煤粉炉开发研制成功，适合中国国情

在国家科技支撑计划和“863”计划支持下，煤炭科学研究总院北京煤化工分院，借鉴发达国家的成功经验，经过多年开发研究，成功研制出全部拥有自主知识产权的新型高效煤粉工业锅炉系统技术，并经山西、山东和辽宁等省多家企业应用证实，具有良好的节能减排效果，从而为国家“十一五”规划纲要、《“十一五”十大重点节能工程实施意见》列为第一项的工业锅炉改造打响了第一炮，做出了贡献。

所谓新型高效煤粉，就是低位发热量在 25.12 MJ/kg(6 000 kcal/kg)左右，灰分较低（≤10%）、硫含量较低（≤0.5%）、挥发分较高（≥30%）的烟煤，煤粉粒度在 200 目以下。用此种煤粉，在新研制成功的 1 ~ 25 t/h 燃煤粉工业锅炉系统中应用，可获得高效、节能、减排效果。

发电厂大型燃煤粉锅炉，早已成功运行多年，系我国燃煤发电的主力炉型之一，且效果好。而燃煤粉小型工业锅炉，我国曾于 20 世纪 60 年代推广过一段时间，俗称“小煤粉炉”，以区别发电厂的大煤粉锅炉，但由于种种原因，未能推广应用，后基本停止使用。世界能源危机后，德国等经济发达国家研制成功小煤粉锅炉，使用效果很好，值得我们借鉴。

锅炉燃煤方法一般有三种：一种是层燃法，如链条炉排、往复炉排等；第二种是流化燃烧法，也叫沸腾燃烧法，如循环流化床锅炉就是典型代表；第三种是悬浮燃烧法，也称雾化燃烧法。小型煤粉锅炉属于此类，现作概略介绍。从总的方面进行评价，应该说第一种方法较为落后，应该进行改造，尤其是燃煤小锅炉。新型高效煤粉锅炉系统技术正好适应了这种改造的形势要求，并与洁净煤技术相配套，必然会逐步淘汰落后的燃原煤小锅炉，取得工业锅炉节能减排良好效果。

二、小型煤粉炉结构及其燃烧原理

1. 炉型与结构特点

火力发电用大型煤粉锅炉，一般选用Ⅱ形室燃炉，煤粉燃烧器多采用切圆布置的直流式燃烧器，锅炉容量从每小时几百吨到最大 2 000 t/h。小型煤粉蒸汽锅炉采用的是卧式内燃 WNS 系列，异型炉胆设计，烟管结构，烟气设三回程，并设有尾部受热面省煤器，回收烟气余热，提高锅炉给水温度，降低排烟温度。一般煤粉锅炉燃烧效率可达 98% 左右，锅炉设计热效率在 86% 以上，比同容量燃原煤层燃锅炉高 20 百分点以上，接近于大型煤粉锅炉。这一点非常突出，属于节能型高效煤粉锅炉。

2. 燃烧机理

煤粉悬浮燃烧是燃料在无炉排的炉膛内进行悬浮燃烧的方式。当煤粉从燃烧器喷嘴喷入炉膛内时，受到高温火焰的辐射加热与烟气回流加热。随煤粉温度的提高，先是水分蒸发，随后挥发分很快析出，并开始着火燃烧。

挥发分析出时，会造成焦炭颗粒呈现为多孔隙形态，当其温度达到着火点时，即可开始着火燃烧。这时的碳氧化反应多在焦炭表面进行，但同时也有部分通过孔隙扩散进入颗粒内部。其燃烧速度的主要影响因素是氧气浓度、炉膛温度与焦炭颗粒的雾化程度和孔隙大小。所以煤粉悬浮燃烧要求煤的挥发分要高，灰分要低。

挥发分析出和燃烧为造成焦炭形成孔隙、扩大反应表面创造了条件，同时提供了热量，有利于加快焦炭燃烧速度。而煤中灰分不可燃，还要消耗热量，熔融后在焦炭颗粒外表面形成硬壳或堵塞孔隙，阻碍氧气扩散进入，降低焦炭氧化速度，增加灰渣的含碳量，造成燃烧热损失。一些较小焦炭颗粒，如若来不及燃尽，则会随烟气流夹带进入尾部受热面沉积或者在除尘器处滤下，这就是飞灰含碳量，也会降低燃烧效率。

此外，煤粉燃烧分为一次风与二次风，有时二次风还可分多级送入。一次风主要功能是输送煤粉，以气、固两相流从燃烧器喷嘴喷出，并进行雾化；二次风主要功能是与雾化炬充分混合，进行强化燃烧，达到燃尽。因而，空气系数的大小，风压的高低，一、二次风的配比，二次风的装设位置与分级喷入，对强化燃烧有直接影响，这也是设计与运行操作时为提高雾化质量要充分考虑的重要问题。

三、煤粉锅炉工艺流程与辅机配置

1. 集中供粉式

所谓集中供粉式，就是由煤粉罐车按时配送所需煤粉，炉前不设制粉设备，如图 3－9 所示。

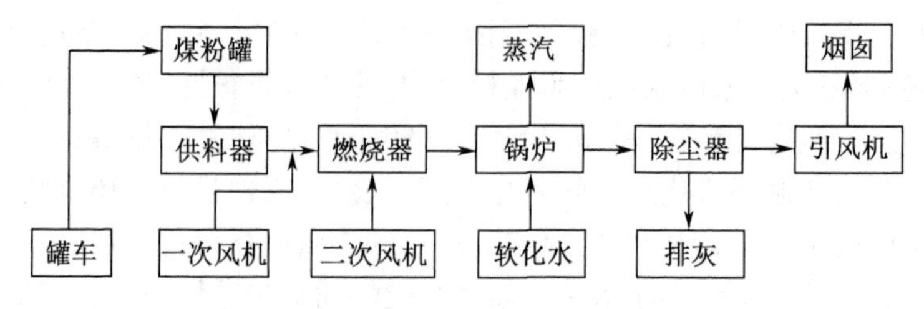

图 3－9　集中供粉式流程

(1)受粉与供粉

来自制粉厂的密闭煤粉罐车与高架的煤粉罐受粉管对接,将符合要求的煤粉送入煤粉罐内储存。锅炉运行时自动将罐内煤粉送入下设的中间粉仓,经供料器计量后,用一次风经粉风管道送至燃烧器喷入炉内。高架煤粉罐体设保温层,防止夏季高温传入,避免造成煤粉自燃甚至爆炸,并防止冬季水分结露或结冰,确保安全。

(2)燃烧与供热

煤粉连同一次风从燃烧器喷嘴喷入炉膛内,首次启动时经自动点火而燃烧。正常运行或短时间停炉不必点火便能燃烧。所产生的高温烟气与锅炉各受热面进行热交换,半小时左右便可向外供汽。

(3)水处理与补给水

水源经水处理后符合水质标准要求时,送入补水箱,用水泵自动给锅炉补水。

(4)烟气净化

从尾部省煤器排出的低温烟气进入布袋除尘器,净化达标后经引风机排入烟囱。布袋除尘器收集的飞灰经加湿后密闭排出,定期送往用户回收利用。

(5)自动控制

主要包括数据采集与处理、锅炉运行自动控制与调节、故障显示与联锁保护等。

2. 炉前制粉式

炉前制粉工艺流程如图3-10所示。与前述工艺流程的主要区别在于炉前增设了制粉系统,其他完全相同。制粉系统主要工艺与设备有储煤库、取料与输送设备、破碎机与球磨机等,与一般发电厂煤粉制备基本相同。视其规模与要求选择相应设备,煤粉粒度要求在200目左右。两种系统各有优缺点,主要决定于供热规模大小、有无稳定合格的制粉厂供货以及经济核算等问题。

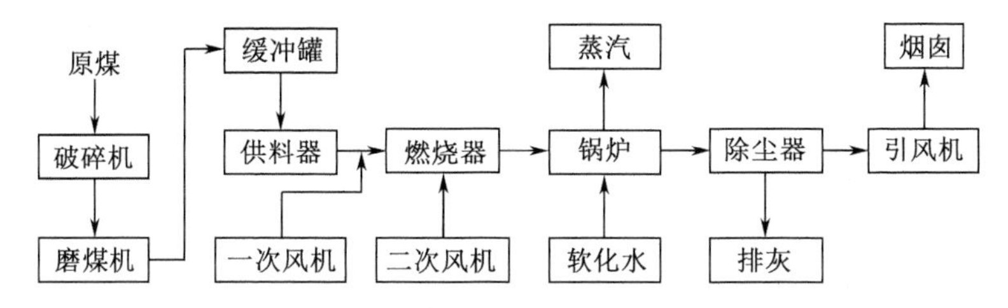

图3-10 炉前制粉式流程

四、新型高效煤粉锅炉节能减排功效及其优势

(1)锅炉运行效率高。

依据小煤粉锅炉的燃烧特点,在设计方面针对性地采取了一系列行之有效的措施。如选用内燃式烟管结构、三回程并在尾部设置省煤器,加大了传热系数;回收烟气余热、排烟温度低,降低了q_2热损失;研发了高效煤粉燃烧器,性能优越,提高了燃烧效率至98%左右。因而锅炉设计效率为86%,实际达到90%左右,与同容量燃煤锅炉相比,提高25~30百分点,节能效果显著。经国家科技部和中国煤炭工业协会组织专家验收和鉴定,认为新型高效煤粉锅炉在技术水平、节能减排、经济性方面达到了国际先进水平。

(2)节能减排功效突出。

由于锅炉运行效率高,比同容量燃原煤锅炉节煤在30%左右,运行成本低,节能增效明显。

锅炉尾部采用先进的布袋除尘技术,烟囱看不见冒烟,达到林格曼黑度0级,烟尘排放浓度在20 mg/m^{3}以下,大大低于国家标准(100 mg/m^3)。由于采用了低硫(0.36%)、低灰(6%~7%)煤,SO_2达标排放,为500 mg/m^3,低于国家标准(90 mg/m^3)。NO_x排放一般在500 mg/m^{3}左右,低于国标。

(3)全部密闭运行操作,无二次污染,达到环境友好型要求。

由于选用低灰分煤粉,渣量小,且锅炉主体不排渣,全部集中在布袋除尘器处排出,操作环境相当干净。采用封闭飞灰仓、密闭阀门并加湿后排出,集中密闭收集运往再生资源利用单位,无二次污染问题。采用密封煤粉罐车运煤粉,无运输流失,密闭输往煤粉罐内,无二次污染。锅炉房无须设储煤场与储灰场,杜绝了刮风下雨时的扬尘与污水外流,对周围环境无污染。所用风机选购低噪声产品,并加消声器,无噪声污染。全部采用计算机自动控制与调节,免于人工操作。全部工作环境装修美化,达到环境友好型要求。

(4)采用全自动控制与调节。

采用PLC全自动控制与阴极射线显像管(CRT显示器)显示,主要有煤粉输送、煤粉计量自动控制与调节,锅炉水位自动控制与联锁保护,负荷、气压与燃烧自动控制与调整,炉压与烟风系统自动调节与联锁,布袋除尘系统自动清灰与出灰自动控制,安全保护与报警等,完全免去人工操作。

(5)用液化气或压缩天然气点火。

该系统采用自动点火,点火稳定、无噪声、上气快,30 s即可进入正常运行状态,半小时左右便可供汽。不但简化了点火设备、降低了点火费用,而且设有联锁保护,自动清扫炉膛内残存的可燃气体,确保安全,防止发生事故。

(6)全套设备占地面积小、布置紧凑、节省用地。

(7)该锅炉系统可选用炉前煤粉储罐和自制煤粉两种模式,用户可根据自己的实际情况灵活进行选择。两种模式各有优缺点,主要决定于有无煤粉来源与经济效益核算问题。

五、煤粉锅炉运行操作与热平衡测试结果

国家发改委与科技部对这项成果非常重视,已将该技术列入节能减排关键技术之一、国家"十一五"科技支撑重点项目和工业锅炉改造升级替代产品之一。计划扩大示范、进一步推广并开发系列产品,开展标准化工作。

六、节能分析与改进建议

以上锅炉运行与测试结果表明,从总体情况分析,锅炉达到或超过了设计指标。如锅炉出力超过设计指标,正平衡热效率达到90%以上,高出设计值4百分点,反平衡热效率高达93%左右,燃烧效率达到98%左右。运行稳定、良好,结果比较理想。主要原因有:

(1)每兆瓦消耗煤粉量少,燃烧效率高,节省燃料消耗,提高热效率。

(2)排烟温度低,q_2热损失小。

排烟温度最低为69.57 ℃,最高为93.67 ℃,均比设计值≤160 ℃低许多,因而热损失小。但也应注意,如排烟温度低于烟气露点温度以下,应注意采取防腐措施。这里的排烟温度低主要是因为锅炉内热水温度低,而且该试验的排烟温度与锅炉内热水温度的温差已经小到了不合理的程度,应引起制造厂家的注意。

(3)炉体严密,实行低氧燃烧技术。

从测试数据可知,在排烟处烟气成分中 CO_2 含量较高,O_2 含量很低,因而空气系数较小,符合《燃煤工业锅炉节能监测》(GB/T 15317—2009)规定。由于该锅炉在结构设计方面采取了锅壳等措施,系统严密,漏入冷风较少。但也要注意,如炉膛空气系数太小,二次风位置不当或数量不足、煤粉挥发分较高时,有可能造成不完全燃烧使热损失加大。该种类锅炉飞灰含碳量最高达 24.94%,应引起重视,寻找原因,采取措施,减少 q_4 热损失。

(4)其他热损失很小。

该各类锅炉在主体不排渣,无 q_6 热损失。炉体保护较好,表面散热损失 q_5 较小,因而有利于提高热效率。

(5)煤粉挥发分高,应在线监测煤粉罐内温度,并采取相应措施避免发生自燃现象,保证安全。

- **任务实施**

1. 教师介绍本任务的内容及学习方法;
2. 教师组织学生分组(平均 5 人一组),并按要求就座;
3. 学生分组讨论。

- **任务评量**

每组提交最终答案,按照关键字计分,10 分为满分。说出最多关键字的小组为优胜。

- **复习自查**

1. 本次课通过完成新型煤粉锅炉发展前景分析,使学生了解和掌握小型煤粉锅炉的节能功效;
2. 本次课的重点是理解新型煤粉锅炉应用的节能减排功效和型煤锅炉运行要点;
3. 组织各小组派代表展示小组成果。(成果:提出新型煤粉锅炉技术的发展建议)

任务 3.6　生物质能应用技术

- **学习目标**

知识:

1. 我国生物质能利用发展概况。
2. 生物质固化加工技术。

技能:

掌握生物质能的概念和发展概况。

素养:

1. 养成积极主动的学习习惯。
2. 养成勤于思考的习惯。

- **知识导航**

生物质能是分布广泛、资源丰富的可再生能源,其应用是仅次于煤炭、石油、天然气之后的第四位,利用率约占世界总能耗的 14%,但实际利用总量仅占本储量的 1%,潜力巨大。

大量燃用煤炭、石化燃料所排放的有害物质和CO_2温室气体，使大气环境受到严重污染。生物质能含硫量与灰分很低，燃烧后所排放的CO_2经植物光合作用再生时还要吸收等量的CO_2，实际无增量，是一种可再生清洁能源。西方发达国家经石油危机后，对生物质能进行了深入研究与开发，取得相当成效，有不少技术成果已经商业化。

生物质直接或间接来自植物。广义地讲，生物质是一切直接或间接利用绿色植物进行光合作用而形成的有机物质，它包括世界上所有的动物、植物和微生物，以及由这些生物产生的排泄物和代谢物；狭义地说，生物质是指来源于草本植物、藻类、树木和农作物的有机物质。而生物质能是地球上唯一一种既可储存又可运输的可再生资源，是太阳能的一种廉价储存方式，它可以在较短的时间周期内重新生成。从生物学的角度来看，木质纤维素生物质的构成是木质素、纤维素和半纤维素。而从物理和化学角度来看，生物质是由可燃质、无机物和水组成，主要含有C、H、O及极少量的N、S等元素，并含有灰分和水分。

一、生物质能开发利用的现状和前景

自20世纪90年代开始，世界各国在积极减少能源消耗、发掘不可再生能源替代品的同时，纷纷把目光投向了可再生生物质能源并制定国家战略和采取行动。

美国是目前世界上第一大能源生产国和消费国，美国能源部早在1991年就提出了生物质发电计划，而美国能源部的区域生物质能源计划在第一个实行区域早在1979年就已划定，如今在美国利用生物质发电已成为大量工业生产用电的选择，目前美国有350座城市生物质发电站，主要分布在纸浆纸产品加工和其他林产品加工方面，同时也提供了约6.6万个工作岗位，美国纽约的垃圾处理站投资2 000万美元，采用湿法处理垃圾，回收沼气，并用于发电，同时生产肥料。目前生物质能占美国能源供给的3%，成为最大的可再生能量来源，在美国一次能源消费中，可再生能源占6%，其中生物质占47%，发电能源消耗中可再生能源约占9.1%，其中生物质发电占67%，美国计划2020年使生物质能源和生物质基产品较2000年增长加20倍，达到能源总消费量的25%，2050年达到5%时实现每年减少碳排放量1亿吨和增加农民收入200亿美元的宏大目标，美国开发出利用纤维生产乙醇技术，建立了1 000 kW的稻壳发电示范工程，年产乙醇2 500 t。燃料乙醇产量的增加将使生物质能占美国运输燃料消费总量的比例由2001年的0.5%上升到2010年的4%、2020年的12%、2030年的20%。

欧盟自20世纪90年代初开始陆续出台了多项能源发展计划，将可再生能源研究列为欧盟第六框架计划中的一项重要内容。按照欧盟的要求，到2010年可再生能源在电力市场上占有率增长1倍，达到12%。到2020年生物质燃料在传统的燃料市场中占有2%的比例。为此，欧盟发布了两项新的指令以推进生物质燃料在汽车燃料市场上的应用。目前，在欧洲生产生物柴油可享受到政府的税收政策优惠，导致其零售价低于普通柴油。欧盟出台了鼓励开发和使用生物柴油的新规定，如对生物柴油免征增值税，规定了机动车使用生物动力燃料占动力燃料营业总额的最低份额，从2004年的2%提高到2010年的5.75%。新规定出台不仅有助于欧盟生物柴油市场的稳定，而且使生物柴油营业额从2000年的5.035亿美元猛增至2004年的24亿美元，欧盟推广生物柴油的目标是到2010年产量达830万吨。

德国政府多年来一直重视生物质能的开发和利用。2001年，德国通过了《生物质能条例》。到2002年底，生物质能利用已达德国整个供热量的3.4%、供电量的0.8%和燃料使用量的0.8%。全国有约100个生物质能热力厂，总功率约达400 MW。法国从2005年1月起开始实施一项雄心勃勃的促进生物质能开发的新计划,目标是成为欧洲生物质燃料生产的第一大国。该计划具体内容是:建设4家新一代生物质能源的工厂,平均年生产能力要达到20万吨。丹麦积极推行秸秆等生物质发电技术,目前已建立15家大型生物质发电厂,年耗农林废弃物约150万吨,供全国5%的电力供应。丹麦率先研发的农林生物质高效直燃发电技术被联合国列为重点推广项目,秸秆焚烧发电机组已在欧盟许多国家投产运行多年。芬兰的生物质发电也很成功,目前生物质发电量占该国发电量的11%。奥地利成功推行了建立燃烧木材剩余物的区域供电站计划,生物质能在总能耗中的比例增加到25%。

日本尽管生物质资源匮乏,但在生物质利用技术研究方面所取得的专利已占世界的52%,其中生物能源领域专利占了81%。日本每年家禽排泄物为9 100万吨,食品废弃物为2 000万吨。根据有关法律规定从2004年11月起,家禽排泄物禁止露天堆放,同时对产生的垃圾有义务进行循环利用。生物质发电在日本已悄然兴起,2003年4月,日本岩手县第一座牛粪便发电厂开始运转。此外还计划利用牛粪便发酵后产生的沼气制造燃料电池。2004年4月,东京地区动工兴建了一座日本国内最大的生鲜垃圾发电厂,主要依靠回收的生活垃圾进行发酵,产生沼气发电。该电厂设计的垃圾处理能力为110 t/d,产生的电力可供2 000多户居民使用。

巴西政府从第一次世界石油危机起就做出了重大的能源战略决策,选择资源充足的甘蔗为原料,开发燃料乙醇。经过近30年的努力,巴西使用乙醇汽油(在汽油中添加一定比例的无水乙醇)燃料的汽车有155万辆,完全用乙醇作为燃料的汽车达220万辆,巴西已成为世界上唯一不供应纯汽油的国家。由于甘蔗种植、乙醇生产等劳动力密集型行业的兴起和拓展,全国约有近100万人从事甘蔗种植和加工产业,以甘蔗为原料的乙醇燃料已成为新兴的行业。

印度在德国专家的指导下,2003年开始试种麻疯树,利用麻疯果生产生物柴油,果实含油量高达80%。这种油几乎在各个方面都明显胜过传统的柴油,特别是它的硫含量非常低,燃烧时无气味,并且不产生炭黑。另外,由于麻疯树自身有毒,可以免受害虫和动物的侵害,尤其是可以种植在其他植物不易生长的土地上。印度总理称,如果能成功实施"麻疯果计划",就有可能为3 600万人提供就业机会,使3 300万公顷贫瘠干旱的土地变成"油田气"。

中国有丰富的生物质资源,年产农作物秸秆约7亿吨。2006年年底全国生物质能发电累计装机容量达220万千瓦,完成生物质气化及垃圾发电3万千瓦,在建的还有9万千瓦,已建农村户用沼气池1 870万口,为近8 000万农村人口提供优质生活燃气。2006年陆续出台了相应的发展生物质能的配套措施,明确了可再生能源包括生物质能在现代能源中的地位,并在政策上给予优惠和支持;同时希望通过实行可持续发展的能源战略,保证我国到2020年实现经济发展目标,即一次能源需求少于25亿吨标准煤,节能达到8亿吨标准煤,煤炭消费比例控制在60%左右,可再生能源利用达到5.25亿吨标准煤,其中可再生能源发电达1亿千瓦,石油进口依存度控制在60%左右,主要污染物的削减率为45%~60%。

二、生物质能的特点

生物质能是太阳能以化学能形式蕴藏在生物质中的一种能量形式,它直接或间接地来源于植物的光合作用,是以生物质为载体的能量,其作用过程如下:

煤、石油和天然气等化石能源也是由生物质能转变而来的。相比化石燃料而言,生物质能具有以下特点:

(1)物质利用过程中具有 CO_2 零排放特性。由于生物质在生长时需要的 CO_2 相当于它排放的 CO_2 量,因而对大气的 CO_2 净排放量近似为零,可有效降低温室效应。

(2)生物质硫、氮含量都较低,灰分含量也很少,燃烧后 SO_x、NO_x 和灰尘排放量比化石燃料小得多,是一种清洁的燃料。

(3)生物质资源分布广、产量大,转化方式多种多样。

(4)生物质单位质量热值较低,而且一般生物质中水分含量大而影响了生物质的燃烧和热裂解特性。

(5)生物质的分布比较分散,收集运输和预处理的成本较高。

(6)可再生性。生物质通过植物的光合作用可以再生,与风能、太阳能同属可再生能资源,资源丰富,可保证能源的永续利用。

在世界能源消耗中,生物质能约占 14%,在不发达地区则占 60% 以上。生物质能的优点是燃烧容易、污染少、灰分较低;缺点是热值及热效率低,体积大而不易运输。生物质直接燃烧的热效率仅为 10% ~30%,随着现代科技的发展,已有能力发挥生物质的潜力,通过包括农作物、树木和其他植物及其残体、畜禽粪便、有机废弃物以及边缘性土地种植的能源植物的加工,不仅能开发出燃料乙醇、生物柴油等清洁能源,还能制造出生物塑料、聚乳酸等多种精细化工产品。世界上生物质能蕴藏量极大,仅地球上植物每年的生物质能产量就相当于目前人类消耗矿物能的 20 倍。生物质能既是可再生能源,又是无污染或低污染的清洁能源,因此,开发利用生物质能已成为解决全球能源问题和改善生态环境不可缺少的重要途径。

三、生物质能的分类

依据来源的不同,可以将适合于能源利用的生物质分为林业资源、农业资源、生活污水和工业有机废水、城市固体废弃物和畜禽粪便五大类。

1. 林业资源

林业生物质资源是指森林生长和林业生产过程中提供的生物质能源,包括薪炭林、在森林抚育和间伐作业中的零散木材、残留的树枝、树叶和木屑等;木材采运和加工过程中的枝丫、锯末、木屑、梢头、板皮和截头等;林业副产品的废弃物,如果壳和果核等。

2. 农业资源

农业生物质资源是指农作物(包括能源作物);农业生产过程中的废弃物,如农作物收获时残留在农田内的农作物秸秆(玉米秸、高粱秸、麦秸、稻草、豆秸和棉秆等);农业加工业的废弃物,如农业生产过程中剩余的稻壳等。能源植物泛指各种用于提供能源的植物,通常包括草本能源作物、油料作物、制取烃类植物和水生植物等几类。

3. 生活污水和工业有机废水

生活污水主要由城镇居民生活、商业和服务业的各种排水组成,如冷却水、洗浴排水、盥洗排水、洗衣排水、厨房排水、粪便污水等。工业有机废水主要是乙醇、酿酒、制糖、食品、制药、造纸及屠宰等行业生产过程中排出的废水等,其中都富含有机物。

4. 城市固体废弃物

城市固体废弃物主要是由城镇居民生活垃圾,商业、服务业垃圾和少量建筑业垃圾等固体废物构成。其组成成分比较复杂,受到当地居民的平均生活水平、能源消费结构、城镇建设、自然条件、传统习惯以及季节变化等因素影响。

5. 畜禽粪便

畜禽粪便是畜禽排泄物的总称，它是其他形态生物质（主要是粮食、农作物秸秆和牧草等）的转化形式，包括畜禽排出的粪便、尿及其与垫草的混合物。

随着我国社会经济的快速发展，城镇化进程加快，人民生活水平不断提高，能源需求大幅增长，每年须进口大量石油和天然气，这给生物质能的开发利用提供了机遇。2006 年 1 月 1 日国家《可再生能源法》正式生效，还配套出台了《可再生能源产业发展指导目录》及相关政策措施。经有关科研院所、大专院校与企业界不懈努力，在生物质固化、气化、热解、液化发酵、直接燃烧等方面开发出多种应用技术与产品，并有许多成功案例，还有多项新技术正在研究开发之中，必将为实施分布式生物质能源系统在农村建成小康社会的能源需求中提供一条正确的路径。生物质能的发展应该因地制宜，广大乡镇、农村就近开发利用，实施供气、供热、供电，并与光伏发电、风力发电等多种能源互补，力求实效。

四、生物质固化加工技术

将生物质秸秆、木屑、果壳、甘蔗渣、中药渣等原料，依据形态打捆切割，有的需要粉碎、干燥、固化成型的，可采用螺旋挤压成型机、活塞冲压成型机、平模或环模制粒机等加工成棒状、粒状，以便提高密度，便于运输、储存与锅炉燃用，或加工成其他产品，国家发改委能源局和环保部联合印发的《关于印发能源行业加强大气污染防治工作方案的通知（发改能源[2014]506 号）》要求到 2017 年生物质成型燃料全国年利用量要超过 1 500 万吨。

在工业型煤成型时选用低硫煤并配入一定比例的生物质碎料与脱硫剂等混合，压制成生物质型煤，用作锅炉燃料或掺混在垃圾焚烧炉内助燃，可节省柴油，并有一定的节能减排效果，是一种较好的选择与发展方向之一。

五、生物质用作锅炉燃料供热发电

生物质发电技术是将生物质能源转化为电能的一种技术，主要包括农林废物发电、垃圾发电和沼气发电等。作为一种可再生能源，生物质能发电在国际上越来越受到重视，在我国也越来越受到政府的关注。

生物质发电是将废弃的农林剩余物收集、加工整理，形成商品及防止秸秆在田间焚烧造成的环境污染，又改变了农村的村容、村貌，是我国建设生态文明、实现可持续发展的能源战略选择之一。如果我国生物质能利用量达 5 亿吨标准煤，就可以解决目前我国能源消费量的 20% 以上，每年可减少排放 CO_2 中的碳约 3.5 亿吨 SO_2、氮氧化物、烟尘减排量近 2 500 万吨，将产生巨大的环境效益，尤为重要的是，我国的生物质能资源主要集中在农村，大力开发并利用农村丰富的生物质资源，可促进农村生产发展，显著改变农村的村貌和居民生活条件，将对建设社会主义新农村产生积极而深远的影响。

生物质直接燃烧，在我国农村做饭、取暖，已有悠久历史，约占农村总能耗的 50% 左右，每年耗量约 2 亿吨，一般热效率只有 10% ~15%，省柴灶则可达到 30%，总体评价是既不经济且卫生条件较差。富裕起来的区县、乡镇、农村，迫切需求供应优质、高效、廉价的清洁能源。这些地区不仅需要生活用能源，还应包括农田作业、农业运输和农产品开发加工，中小型工业园区等生产用能源。生物质有良好的可燃性。生物质燃料的特点是挥发分高而含硫很低，具有一定的发热值，并富含一些微量元素如氮、磷、钾等，燃烧后的灰分是优质的肥料。生物质用作锅炉燃料，生产蒸汽供热，或热电联产，可满足区县、乡镇机关、学校、医院、工业园区、工商业以及农村城镇化等社会需求，不但转换效率高，而且价格相对便宜。

2014 年国家能源局、环保部下发了《关于开展生物质成型燃料锅炉供热示范项目建设的通知》（国能新能[2014]295 号），鼓励开展生物质供热替代中小型燃煤锅炉。重点在京津冀鲁、长三角、珠三角等大气污染防治形势严峻、压减煤炭消费任务较重的地区，建设一批生物质供热示范项目，生物质能供热是具有较强竞争力的工业清洁供热方式。能显著提高能源利用效率，与天然气、轻油供热相比具有明显的成本优势，宜成为工业清洁能源供热方式的优先选择。特别是在京津冀鲁、长三角、珠三角等大气污染防治任务较重地区以及燃煤消费控制的重点城市，具有广阔的应用前景。

生物质能供热（主要包括热电联产、成型燃料锅炉供热等）是解决区县（非城市建设区）、乡镇机关、学校、医院、乡镇工业园区、工商业以及农村城镇化等供热问题的主要方向，是破解燃煤改用清洁供热的有效途径。项目规模不大，灵活方便，就近联合，组织起来，可有利于解决农田秸秆回收、加工成型、短途运输、成本核算等难题。特别是秋收后的农田秸秆还田有限、焚烧难禁、运输困难、堆存失火等问题长期得不到很好解决。把这些丰富的资源加工成燃料，变为热能、电能或其他多种产品。这将是乡镇、农村建成小康社会的一项重要工作。

1. 链条锅炉燃用生物质供热

生物质链条锅炉与燃煤锅炉类似，如图 3－11 所示。所产蒸汽或热水用于供热、发电或热电联产。这种类型锅炉可燃生物质压块和生物质颗粒燃料，进料方式一般不用煤斗，多采用传送带或螺旋给料机，对于锯末、稻壳、瓜子皮、碎果壳、酒糟等碎料不必压块，可直接采用高压喷射抽吸装置送料。天津鼎熵节能科技有限公司最新研制的高压喷射抽吸装置可抽吸炉内高温烟气，并与螺旋给料机输送的碎料对接混合，再喷洒到炉膛空间，很快着火燃烧。来不及完全燃尽者落到炉排上，由链条下部送入的空气进行二次燃烧。为降低 NO_x 排放，应采用二次供风和中低温燃烧技术，并选用合理的空气系数，使其燃尽。对于烟气中的焦油微粒、飞灰中的残碳，有必要采用高压喷射抽吸装置进行强化燃烧或加设中拱，达到完全燃尽，防止焦油微粒在低温部位凝固。

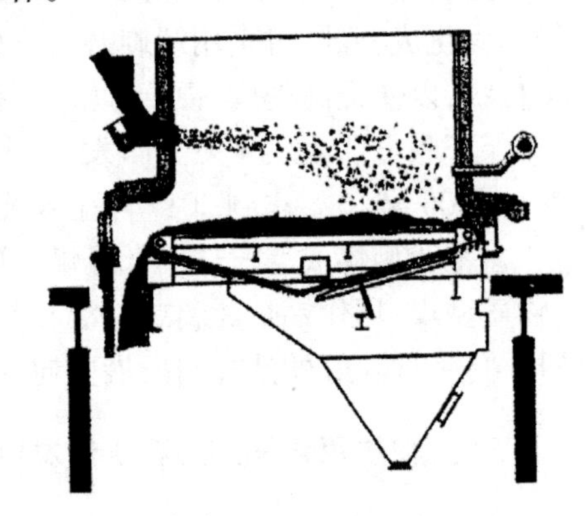
图 3－11　配有抛煤机的链条炉排示意图

近期国内成功研制出燃用酒糟等小颗粒专用锅炉，采用室燃与层燃相结合的结构，燃料从炉膛前上部喷入炉内，首先挥发物开始析出燃烧，在下落过程中继续燃烧，落到炉排面上后，通过供入二次风促使其燃尽。五粮液酒厂已安装 32 台蒸发量为 4 t/h 的小锅炉，日处理量达 2 000 t，每年节约燃料费 3 000 万元，节能效果明显，处理了积压废弃物，保护了环境。

2. 往复炉排炉燃用生物质供热

燃用生物质的往复炉排锅炉与燃煤炉的结构相似，有倾斜式与水平式，推荐使用水平式，如图 3－12 所示，可用于供热、发电或热电联产。由于生物质燃料挥发分高，灰分少，炉床渣层薄，且要求均匀分布。为防止局部结渣、降低炉膛高度，采用水平式更好一些。可燃用生物质压块、木屑等。进料采用螺旋给料机。如燃用锯末、稻壳、瓜子皮等碎料时亦可与链条炉喷吹雾化送料方法相同，应合理控制空气系数并采取二次强化燃烧措施，促使烟气中的 NO_x 达标排放与焦油微粒燃尽，防止在尾部结焦，造成腐蚀。

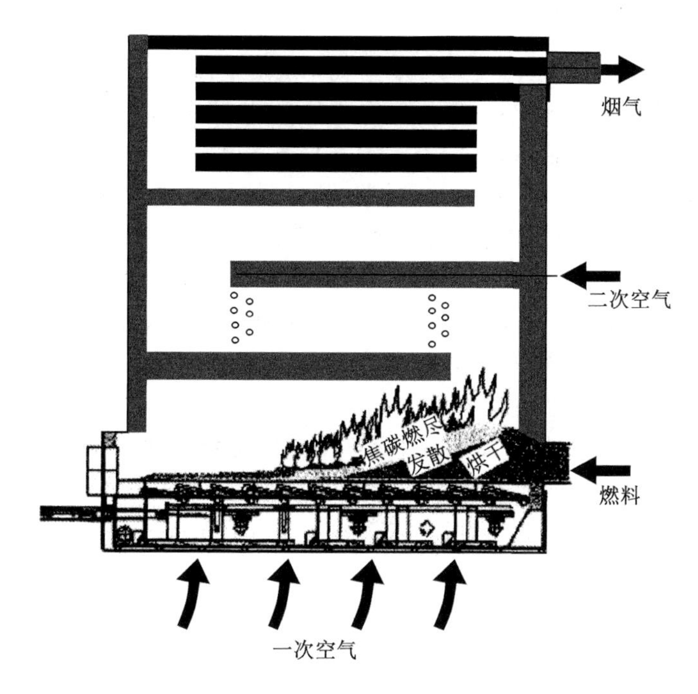

图3-12 水平往复炉排示意图

3. 发电锅炉燃用生物质

国外流化床锅炉发电技术,在1960年用于废弃物的焚烧,在世界各地建成了300多套商业化运营系统。我国起步较晚,正在积极跟进。燃烧生物质锅炉用于广大农村乡镇等供热发电或热电联产的主要炉型有鼓泡流化床(BFB)和循环流化床(CFB),一般BFB锅炉容量大于20 MW,CFB锅炉容量大于30 MW,床料选用1.0 mm的石英砂和白云石,占两种锅炉总量的90% ~98%。一次空气从下部进入炉膛,流化速度为1.0 ~2.5 m/s,使床料层颗粒鼓泡或沸腾。为控制NO_x达标排放,空气系数比燃煤略低,BFB锅炉为1.3 ~1.4,CFB锅炉为1.1 ~1.2。二次风在稀相区喷入,炉腔温度控制在800 ~900 ℃,比燃煤略低,属中低温燃烧。生物质锅炉一般均设布袋除尘器,确保烟尘达标排放。由于良好的混合,燃烧比较完全,因而可燃用多种燃料,如各种可燃杂物、废木、秸秆或煤炭与垃圾等混合燃烧。对于燃料尺寸要求,BFB锅炉小于80 mm,CFB锅炉小于40 mm,在燃料中不允许夹带金属物。一般流化燃烧启动时间在15 h左右,必须设置燃油或燃气启动热源。

4. 生物质燃烧系统提高热效率的主要措施

生物质锅炉应实施低氧燃烧技术,降低烟气中的残氧含量,并保证完全燃烧,对热效率的影响是显著的。一般燃煤或燃生物质的工业锅炉,比发电厂条件差一些,排烟中的氧含量高达8% ~9%,很不合理,应改变配风强调"过量"观念,一要尽早安装氧化锆测氧仪或CO_2测试仪,优化配风操作;二要封堵漏风处,防止炉内吸入冷风;三是进行强化燃烧,如采用高压喷射抽吸装置抽吸炉内高温烟气再高速喷入炉内进行强化燃烧;四是采用推迟送风法,"烧两头促中间",把炉排后部高含氧烟气涌向前部,混合烧掉残氧。此外,降低烟气中的氧含量,还可提高烟气的露点温度,减少烟气体积,便于实施烟气冷凝技术,增加回收热量。

六、生物质气化技术与用途

所谓生物质气化，是在一定温度条件下与气化剂发生部分氧化反应，转化为气体燃料的过程。所用转换设备有多种气化炉，气化剂主要是空气，高端的有氧气或空气与水蒸气或氧气与水蒸气。气化的目的是获取燃气，因为燃气便于管道输送，燃烧效率高，燃烧设备简单，控制调节方便，用途广，不仅用于农村炊事，取代传统烧柴习惯，更可用作锅炉燃料，生产蒸汽或热水用于集中供热，还可发电，提高能源利用率，且成本低廉，这是众多国外经验所证明的，如德国最早用秸秆气化发电，每度电售价5美分，而当地电价为16美分。生物质所用气化装置与煤炭气化类同，主要有上吸式、下吸式气化炉、鼓泡床、流化床以及气流床气化炉等。不同气化方法所产燃气成分不同，燃气的主要性质也不相同。以下给出三种案例。

1. 生物质气化集中供气系统技术

山东省科学院能源研究所于20世纪90年代研制成XFL型秸秆生产燃气的成套系列装置，主要包括下吸式气化炉、燃气净化装置、储气柜、燃气输配管网与燃气灶等。形成了秸秆集中供气系统技术，在乡镇、农村等地区推广，建成了数百个秸秆气化供气工程，解决了农民的用气需求，如图3-13所示。

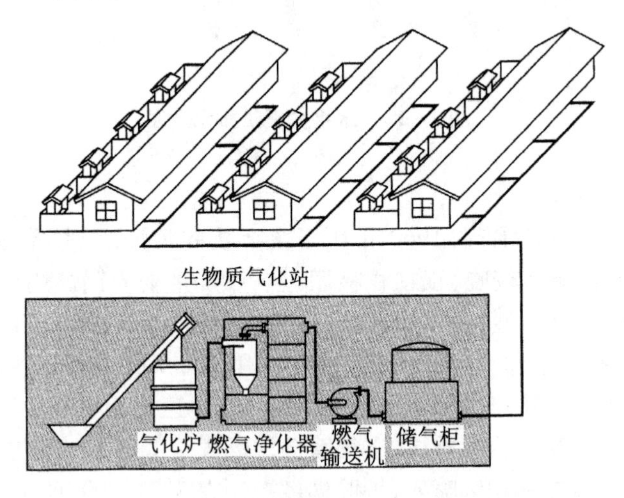

图3-13　秸秆气化集中供气系统

该供气系统以自然村为单元，分为三种型号，产气量分别为120 m^3/h、200 m^3/h、500 m^3/h，输出功率分别为600 MW/h、1 000 MW/h、2 500 MW/h。采用上部敞口的下吸式气化炉，在微负压下运行，可连续加料和拨火操作。所用原料有玉米秆、玉米芯与棉柴等，燃气热值为5 kJ/m^3 左右，气化效率达72%～75%。所产燃气经旋风除尘器与过滤洗涤装置，除掉灰尘与焦油，由罗茨风机送往储气柜。储气柜有一定调节功能，在用气负荷波动时，供气管网系统压力能保持相对稳定，可顺利地输送到居民家中。所用低热值燃气灶为专门设计，方便正常燃用。为保证该系统正常运行，需解决三个主要问题：一是降低燃气焦油含量，从50 mg/m^3 以上降低到6 mg/m^3 以下，否则易造成系统堵塞，影响正常生产；二是寒冷地区储气柜应放入地下，便于越冬；三是就近设置闭路水处理工艺，防止二次污染。

2. 生物质转化为供电系统技术

现代发电技术分为闭式循环与开式循环。闭式循环将锅炉所产高压蒸汽用汽轮机或蒸汽机进行朗肯循环，带动发电机发电，而开式循环则将所产燃气经燃气轮机膨胀做功，带动发电机发电，对燃气净化要求高。中国科学院广州能源研究所选用后者，从20世纪90年代开始用鼓泡床气化炉所产燃气配以燃气轮机组发电，进行了系统研制。经过十几年的不断努力，形成了鼓泡床气化发电成套技术，如图3－14所示。在国内先后建成数十座生物质发电站，容量从数百千瓦到6 MW，并出口到泰国、缅甸、老挝等国家。

气化所用燃料为稻壳、锯末等，用螺旋给料机输入炉内，气化剂为热空气，所产燃气经惯性除尘、旋风除尘，除掉大部分飞灰后进入文丘里冷却器和多级喷淋洗涤塔进行冷却，再次除尘并除掉焦油后方可进入燃气轮机，带动发电机发电。系统所产生的废水经在线处理后回用。

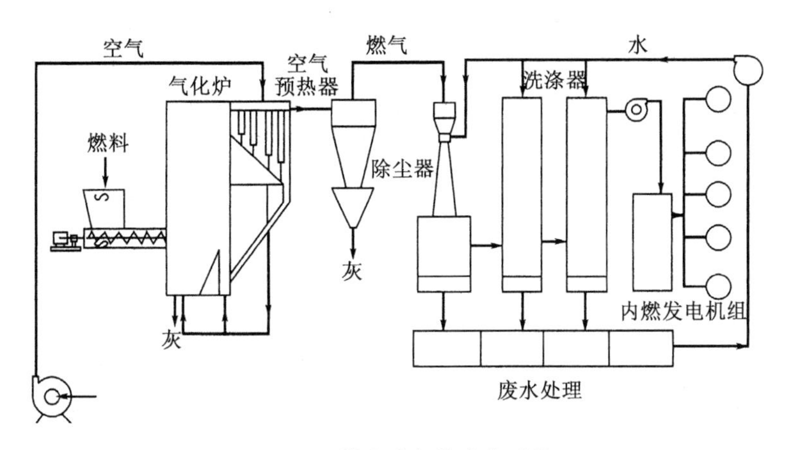

图3－14 鼓泡床气化发电系统

鼓泡床炉内的气流速度为0.8～1.2 m/s，炉内气化温度为700～800 ℃，为利用热煤气显热，在炉膛出口加设了空气预热器，用预热空气做气化剂，提高了热能利用率。针对该成套设备运行后存在的问题进行了几次改进，一是加装了木炭反应器，使焦油含量明显降低；二是利用汽轮机高温排气，进入余热锅炉生产蒸汽，经小型汽轮机组发电，进一步提高了发电效率。该鼓泡床气化效率为78%左右，所产燃气热值为5.4～6.4 MJ/m^3，发电机组效率为20%，加装小型发电机组后提高到25%。

3.生物质转化为热电联产技术

芬兰是一个生物质技术发达国家，早在1994年生物质能源比例已经达到20%，政府重视发展生物质能源技术，专门发表了“能源政策白皮书”，2005年生物质能源比例达到25%，政府对生物质发电给予补贴，征收使用化石燃料税。芬兰有详细的国家能源计划，其中包括生物质能源的研究、开发、信息、培训与法律等内容。芬兰有数家公司生产上吸式气化炉，1986年以来在芬兰与瑞典建造了9座生物质热电厂，电功率为1～3 MW，热功率为1～15 MW，其中Corona公司开发了上吸式气化热电联产系统技术，并与美国桑迪亚国家实验室合作开发了1 MW、3 MW、5 MW三种型号的商业热电联产系统技术。

该系统采用微正压上吸式气化炉，所产热燃气就近进入锅炉燃烧产生高压蒸汽，驱动汽轮机带动发电机发电。在冷凝器中将热量转换为热水对外集中供热。1 MW发电机对外供热3.66 MW。发电机效率为18.6%，热电联产总效率为82%，生物质能利用效率明显提高。由此可见这种系统比较简单，从锅炉开始是一个常规的热电站系统，只是在前面加设了一台上吸式气化炉，生产热煤气，与锅炉直接燃烧生物质供汽相比，燃料适用范围广，总效率提高，发电成本明显降低，污染物排放达标。

七、生物质能转换技术简介

生物质能转换系利用微生物、厌氧菌、光合细菌、酵母菌等在一定温度和无氧条件下，将生物质降解，生成小分子化合物，如甲烷、乙醇等的工艺过程。

1. 国内农村沼气应用简介

制取沼气是将生物有机物质在一定温度、湿度、酸碱度和厌氧条件下，经过沼气菌群发酵（消化）生成沼气、消化液和污泥的过程。经过国家大力扶持，多年奋斗，我国农村已有600 万户农民用上沼气，生活条件有所改善。以往生产沼气主要用牲畜粪便，适合在奶牛场、养猪场、养鸡场等建沼气池，现在开始用生物质秸秆为原料，秸秆切成 0.5 cm 入池，每千克秸秆可产沼气 0.25 m^3，甲烷含量高达 55% 左右。具有原料来源广、产气多的优势，发酵后的残留物是很好的有机肥料，还可制取维生素 B_1 等。未来在边远、贫困农村将会有较快发展。

2. 生物乙醇的简介

乙醇俗称酒精，是一种可再生能源，专门用于乙醇发动机使用，又可按一定比例与汽油混合使用，而且发动机无须改动。使用乙醇可减少进口石油，又可达到完全燃烧，降低有害气体的排放，减轻对环境的污染。

巴西是世界上唯一不使用纯汽油的国家，早在 1989 年开始以甘蔗、糖蜜、木薯、玉米等为原料生产乙醇，几乎全部用来替代石油，实现了汽车燃料乙醇化，从那时起巴西不再进口石油，少量国产原油还可出口赚取外汇。

乙醇的第二种用途是用作燃料电池的燃料。在低温燃料电池，诸如手机、笔记本电脑及新一代燃料电池汽车等可移动电源领域，更具非常广阔的应用前景。目前已被确定为新型燃料电池 30% ~40% 的市场份额。乙醇的第三种用途是取代乙烯作为石化工业的基础原料，在中国每年至少需要 2 000 万吨。由于石油资源日趋短缺，对环境造成污染，乙醇取代乙烯是必然结果。

我国乙醇生产逐渐转向非粮乙醇，重点发展用甜高果、甘薯、木薯等原料替代粮食生产燃料乙醇。2006 年 6 月，中国科技大学生物质洁净实验室研制成用秸秆制取生物油技术，出油率高达 60%，生产成本为 790 元/吨。这是一项非常有前景的生产新技术。

2006 年 8 月山东泽生生物科技有限公司与中国科学院过程工程研究所合作，研制成"秸秆酶解发酵乙醇新技术及其产业化示范工程"，已通过专家委员会鉴定，达到了国际先进水平。首创了秸秆无污染汽爆等新技术，建成了目前世界上最大的 110 m^3 固态菌发酵反应器，形成了工业生产体系，克服了以往用玉米淀粉生产乙醇的老工艺，解决了与人争粮、与人争地等问题。经过不断努力，2006 年我国燃料乙醇年产量已达到 130 万吨，约占全国汽油总耗量的 20%。目前车用燃料乙醇在生产、混配、储运与销售等方面已拥有成套技术，今后肯定还有更大发展。

3. 生物柴油的简介

生物柴油又称脂肪酸甲酯或脂肪酸乙酯，以各类动植物油脂为原料与甲醇或乙醇等醇类物质，经过酯化或交酯化反应改性，使其变成可供内燃机使用的生物柴油，生产生物质柴油的主要原料为植物果实、种子、植物导管或动物脂肪油与餐饮业废弃油脂等。生物柴油是典型的绿色能源，不含芳香族烃类成分，无致癌性；不含硫、铅、卤素等有害成分，可显著减少对环境的污染，无毒无害；生物降解率可达 98%，是化石燃料的二倍。生物柴油组成成分优越，燃烧性能良好，无须改动柴油机，可直接加油使用，闪点较石化燃油高，有利于安全运输与储存。特别是可利用餐饮业废油、地沟油等，减少环境污染，防止重新进入食用油系统，保证居民的身体健康，社会效益良好。

美国内华达州于2001年建立了世界上第一个生物柴油加油站，2017年以生物质热解油替代20%石油，其他国家积极跟进，生物质加油站不断涌现。仅德国就超过1 600个，奔驰、宝马、大众和奥迪等名牌汽车可直接使用生物柴油，正常运营。

我国对发展生物质柴油非常重视，“十五”期间提出发展各种石油替代产品计划，并于2007年颁发了《生物质柴油国家标准》，2011年2月1日正式实施。2005年中国生物柴油生产企业有8家，年生产能力20万吨，到2006年底增至25家，年生产能力已达120万吨。我国发展生物柴油，根据中国国情，积极寻找替代原料，尽量不用食用粮食制取。根据多方研究与寻找，确定其主要原料有菜籽油、马桕油、小铜籽油、木油、茶油、蓖麻籽油与餐饮业废油等，湖南省依据当地资源，用光皮树制取甲脂燃料油。贵州省有丰富的野生麻疯树资源，已开发6万~7万公顷麻疯树原料基地制取生物柴油，于2009年投产，既发展了生物柴油，又搞绿化，保护了环境还充分利用当地资源，为农民致富提供了条件。

中国是人口大国，又是经济迅速发展的国家，21世纪将面临经济增长和环境保护的双重压力。因此，改变能源生产和消费方式，开发利用生物质能等可再生的清洁能源资源对建立可持续的能源系统、促进国民经济发展和环境保护具有重大意义。其中，开发利用生物质能对中国农村更具特殊意义。中国约80%人口生活在农村，秸秆和薪柴等生物质能是农村的主要生活燃料。尽管煤炭等商品能源在农村的使用迅速增加，但生物质能仍占有重要地位。因此，发展生物质能技术，为农村地区提供生活和生产用能，是帮助这些地区脱贫致富、实现小康目标的一项重要任务。随着农村经济发展和农民生活水平的提高，农村对于优质燃料的需求日益迫切。传统能源利用方式已经难以满足农村现代化需求，生物质能优质化转换与利用势在必行。

生物质能高新转换技术不仅能够大大加快村镇居民实现能源现代化进程，满足农民富裕后对优质能源的迫切需求，同时也可在乡镇企业等生产领域中得到应用。由于中国人口众多，常规能源不可能完全满足广大农村日益增长的需求，而且由于国际上正在制定各种有关环境问题的公约，限制 CO_2 等温室气体排放，这对以煤炭为主的我国也是很不利的。因此，立足于农村现有的生物质资源，研究新型转换技术，开发新型装备既是农村发展的迫切需要，又是减少排放、保护环境、实施可持续发展战略的需要。

生物质能源发展前景广阔，具有很大的发展空间，虽面临一些机会，但也面临挑战。投资生物质能的风险主要在于技术、政策、原料来源、资金及行业竞争。因此，要对存在的风险进行监测，制定相关预警措施并予以防范。在投资生物质能的同时，也要注意把握其发展方向和趋势，以争取最大的投资回报率。我国具有大规模开发包括生物质能在内的可再生能源的资源条件和技术潜力，可以为未来社会和经济发展开辟新的能源保障途径。根据我国社会经济发展趋势、能源供需形势、国内外发展背景、可再生能源资源和技术条件，人们可以对未来几十年我国可再生能源开发利用前景做出初步判断，2020年前，可再生能源还不能起到替代作用，但可以起到一定的补充作用。2030年左右，尽管化石能源仍可能是能源的主体，但可再生能源已经开始发挥明显的替代作用。2040年以后，伴随着化石能源资源的不断减少，可再生能源利用比例将不断提高，将有望发挥其主体能源的作用。

- **任务实施**

1. 教师介绍本任务的内容及学习方法;
2. 教师组织学生分组(平均 5 人一组),并按要求就座;
3. 学生分组讨论。

- **任务评量**

每组提交最终答案,按照关键字计分,10 分为满分。说出最多关键字的小组为优胜。

- **复习自查**

1. 本次课通过完成生物质能发展前景分析,使学生了解和掌握锅炉应用生物质的节能功效;
2. 本次课的重点是理解锅炉应用生物质的节能减排功效和生物质气化技术;
3. 组织各小组派代表展示小组成果。(成果:提出锅炉应用生物质技术的发展建议)

- **项目小结**

1. 整合学习内容

小组派一名学生回顾本项目任务的要点。

2. 检验学习成果

①每个小组对完成的任务单做出评价。

②每个小组对本单元表现做出评量。

3. 反省与改善

(1)对各任务提交的成果进行省思

①比较各组观点,分享扩充学习效果。

②归纳:洁净煤技术概述、节能功效、生物质能开发利用,对每次任务的疑问进行解答,补充完善学习结果。

(2)教师归纳总结,强化知识内容。点评各组效果,指出优点和不足。

项目 4　锅炉水处理与污染物排放控制技术

任务4.1　锅炉水处理技术

● **学习目标**

知识：

1. 水污染的控制对策。
2. 工业锅炉水处理应用技术。

技能：

1. 熟悉工业锅炉水质标准。
2. 能够提出锅炉水污染治理办法。

素养：

1. 养成积极主动的学习习惯。
2. 养成勤于思考的习惯。

● **知识导航**

一、天然水中的杂质及对锅炉的危害

1. 水垢的形成

(1)水中溶解状杂质钙(Ca)、镁(Mg)离子是由地层中石灰石、白云石的溶解而来的。当其进入锅水后,经加热产生了一系列物理与化学变化,生成难溶的沉淀物。

(2)当水温升高后,负溶解度的盐,如 $CaSO_4$、硅酸钙($CaSiO_3$)等溶解度下降,达到过饱和状态后从水中沉淀析出。

(3)锅水不断蒸发、浓缩,盐浓度随之增大,当达到过饱和浓度时也将沉淀析出,主要有两种形式:一是牢固地黏附在锅炉受热面的管壁上,形成坚固的水垢;二是悬浮在水中呈松散状的泥渣(水渣)。

水垢的化学成分非常复杂,一般工业锅炉多为钙、镁水垢,它又可按其主要化合物的形态分成碳酸盐水垢、硫酸盐水垢、硅酸盐水垢和混合型水垢。

2. 水垢的危害

(1)水垢的导热性能很差。从对各种水垢的导热性能试验得知,$CaSiO_3$水垢的热导率只有 0.1 kJ/(m·h·℃),仅为钢材热导率的 1/40,其他详见表 4-1。

表 4－1　水垢的热导率

水垢类型	热导率/[kJ·(m·h·℃)$^{-1}$]	性质	水垢类型	热导率/[kJ·(m·h·℃)$^{-1}$]	性质
被污染的水垢	0.1	坚硬	碳酸钙(非结晶性)	0.2～1.0	坚硬
硅酸盐水垢	0.07～0.2	坚硬	碳酸钙(结晶性)	0.5～5.0	坚硬
石膏质水垢	0.2～2.0	坚硬			

(2)水垢导致燃料消耗升高。由于水垢的热导率是钢材的几十到几百分之一,锅炉带垢运行必然降低传热效果,消耗更多的燃料,才能达到锅炉正常出力,试验结果表明不同厚度的水垢所增加的燃料耗不同,见表 4－2。

表 4－2　水垢厚度与燃料增加量的关系

水垢厚度/mm	0.5	1	3	5	8
燃料增加/%	2	3～5	6～10	15	34

由以上可见,水垢会降低锅炉效率,增加燃料消耗,是锅炉经济运行、节能减排的主要障碍之一。

(3)水垢危及锅炉安全运行。锅炉结垢后,受热面钢材的传热量降低,只有提高火侧温度才能保证正常传热。当锅炉受热面超过一定温度时,管材则发生蠕动变形,严重时可造成爆管等事故发生。

(4)水垢加快金属腐蚀锅炉。受热金属表面附有水垢,特别是含有铁成分的水垢,会引起沉淀物下的金属腐蚀(垢下腐蚀),加速受热面的损坏。

(5)水垢缩短锅炉寿命。水垢附在锅炉水冷壁管内侧时,很难清除,不管采用何种方式(目前有三种方式:人工、机械、化学)清除,都将对锅炉造成损伤,缩短使用寿命。

3. 悬浮状杂质的危害

工业锅炉所用水的来源不同,水中悬浮状杂质含量也不尽相同。取用自来水或深井水时,悬浮状杂质较少,但取用其他水源时就不能保证水的清洁度。悬浮状杂质进入锅炉后会产生以下危害:

(1)悬浮状杂质不能用化学方法除掉,但会影响其他杂质的化学处理效果。

(2)悬浮状杂质进入锅内,如果堆积在受热面处,会增加阻力,破坏锅炉正常水循环,严重时会造成受热面金属过热,引发锅炉爆管事故。

(3)随着锅水不断蒸发、浓缩,在悬浮状杂质表面会形成小气泡。这些气泡极不容易破裂,难以合并变大,集聚在锅水表面上形成泡沫层,使锅水发泡、起沫,引发汽水共腾,污染蒸汽品质。

4. 胶体状杂质的危害

胶体状杂质主要是由铁、铅和硅的氧化物形成的矿物质胶体。其次是水生动植物胶体,是水变色、变味的主要因素。如锅水带入胶体状杂质会引发起沫,造成汽水共腾,污染蒸汽品质。

5.不良气体的危害

锅水中的溶解氧会造成给水管道和锅炉本体严重腐蚀。天然水中的 CO_2 与水生成碳酸,含有 CO_2 较多的水具有一定的酸性,不但对金属造成腐蚀,而且还加剧溶解氧对金属的腐蚀。

二、锅炉水质主要指标评述

1.硬度

天然水中溶有钠盐、钙盐、镁盐和少量的铅盐、铁盐,其中形成水垢的主要成分是钙盐、镁盐。水中钙、镁离子分别称为钙硬度和镁硬度,二者合计的总含量称为总硬度。钙、镁离子含量越多,水的硬度越大,结垢的概率越大。它反映了水中结垢的量值,系水质好坏的一项最重要指标,因此必须进行严格的水处理。补给软化水总硬度须≤0.03 mmol/L;锅炉蒸汽出口压力为2.5~38 MPa时,总硬度规定为≤0.005 mmol/L,更为严格。对于炉内加药处理时,限制给水总硬度≤4 mmol/L。上述规定可达到锅炉安全经济运行。

2.浊度(FTU)

FTU系指不溶解于水的悬浮状杂质的含量,即悬浮物含量。工业锅炉水质国标规定,将悬浮物指标修改为浊度指标,用浊度仪进行测定。当采用炉外化学处理时,水的FTU对离子交换器有影响;当采用炉内加药处理时,水的FTU对防垢效果也有影响。因此规定FTU≤5,炉内加药处理时,FTU≤20,以除盐水作为给水时,FTU≤2。

3.全碱度与酚酞碱度

(1)全碱度与酚酞碱度

全碱度是指单位容积水中氢氧根(OH^-)、碳酸根(CO_3^{2-})、碳酸氢根(HCO_3^-)及其他弱酸盐类(如硅酸钠、腐殖酸盐等)的总含量。因其可用酸中和,所以叫碱度。标准规定了软化水与除盐水的全碱度与酚酞碱度的考核指标。当采用炉内加药处理时,应维持一定的碱度和pH值,才能使结垢物变为松软状沉渣,达到较好的防垢效果。给水经软化或除盐处理后,水的硬度较低,沉淀硬度所消耗的碱度较少,容易使碱度升高,产生苛性碱腐蚀,使锅水发泡,或汽水共腾并影响蒸汽品质。因而碱度必须规定上限值。压力较高、有过热器的锅炉应取低值;压力较低、无过热器的锅炉不得超过上限值。

(2)碱度的测定及相互关系

测定碱度一般用酸碱滴定法。用酚酞作指示剂,滴定得出的碱度为酚酞碱度;用甲基橙为指示剂滴定得出的碱度叫全碱度。测得酚酞碱度和全碱度含量,可得到碱性离子的含量。因为锅水的碱度主要是由含 OH^- 和 CO_3^{2-} 的盐类组成,而 OH^- 和 HCO_3^- 不能在同一溶液中存在,只能存在 OH^- 和 CO_3^{2-} 或者 CO_3^{2-} 和 HCO_3^-,否则它们相互作用,就会形成 CO_3^{2-}。三者之间的关系可用表4-3进行计算。

表4-3 水中碱度与碱性离子碱度成分的判别

离子	酚=0	酚<甲	酚=甲	酚>甲	甲=0
OH^-	0	0	0	酚-甲	酚×17
CO_3^{2-}	0	2酚×30	2酚×30	2甲	0
HCO_3^-	甲×61	(甲-酚)×61	0	0	0

(3)碱度与硬度的关系

水中钙、镁与 CO_3^{2-}、HCO_3^- 形成的盐类构成了水的暂时硬度,但同时形成碱度,如水中出现含钠的碱性化合物时,如 NaOH、$NaHCO_3$ 和 Na_2CO_3 等(钠盐碱度),水中永久硬度便会消失:

$$CaSO_4 + Na_2CO_3 \longrightarrow CaCO_3 + Na_2SO_4 \tag{4-1}$$

钠盐碱度又称为"负硬度",它与永久硬度不能同时存在,应等于总碱度与总硬度的差值。所以水中碱度与硬度形成以下关系,见表 4-4。

表 4-4　碱度与硬度的关系

分析结果	H_F	H_T	H_S
H > B	H - B	B	0
H = B	0	H = B	0
H < B	0	H	B - H

注:H—总硬度;B—总碱度; H_F—非碳酸盐硬度;HT—碳酸盐硬度;H_S—水的负硬度。

①总碱度 < 总硬度,表明水中有永久硬度而无钠盐碱度;

②总碱度 = 总硬度,表明水中既无永久硬度,也无钠盐碱度,只有暂时硬度;

③总碱度 > 总硬度,表明水中无永久硬度,而有钠盐碱度。

4. 溶解氧

水中溶解的气体有 O_2、N_2、CO_2 等,这些气体在水中的含量过高时对锅炉金属有严重的腐蚀性。尤其是氧气在水温升高时,因溶解度减小而逸出,腐蚀锅炉受热面及管道。因此把含氧量列为水质重要指标,其单位为 mg/L。标准规定,额定蒸发量≥10 t/h 的蒸汽锅炉给水应除氧;热水锅炉≥7.0 MW 的承压热水锅炉应进行除氧。但额定蒸发量 <10 t/h 的蒸汽锅炉或 <7.0 MW 的承压热水锅炉,如果发现局部氧腐蚀,也应采取除氧措施。

5. pH 值

pH 值是水的酸碱性强弱的一项重要指标。pH 值是用水中氢离子浓度的负对数来表示的,氢离子浓度为 10^{-7}mol/L,pH 值 = $-\lg 10^{-7} = 7$,此时水为中性水,pH 值 <7 则显酸性,pH 值 >7 则显碱性。标准规定的是 25 ℃时水的 pH 值,这是由于在不同温度下水的电离作用不一样,pH 值是不同的。锅炉补给水与除盐水的考核指标与上下限值,一般为 7 ~9,锅水 pH 值为 10 ~12 时,才能使结垢物质变为沉渣,达到较好的防垢效果。工业锅炉锅水应严格控制 pH 值,不能出现酸性水腐蚀,pH 值大于 13 时也容易破坏钢材的保护膜,加快腐蚀,所以标准规定了 pH 值的上、下限。

6. 含油量

含油量是指水中油脂的含量,其单位为 mg/L。锅炉给水中一般不含油,主要是水在使用过程中经过管网和设备被污染而造成的。水中含油会使锅水产生泡沫,影响蒸汽品质;也会形成带油质的水垢或炭质水垢,影响传热,引发安全事故,因此应尽力去除。新旧标准对给水含油指标的规定无变化。

7. 电导率

电导率是标准中所增加的考核指标,而且只对锅外水处理的自然蒸汽锅炉和汽水两用锅炉进行考核,其余未做考核。可用测电导率的方法间接监测水的含盐量。因为纯水的导电能力非常小,当有溶解盐类时可电离成离子,才具有导电能力,单位是 μS/cm。水的导电能力不仅与水中杂质含量有关,而且与温度和盐的种类有关。在一般情况下,温度改变1 ℃,电导率要变化1.4%。

8.溶解固形物

蒸汽携带水滴是影响蒸汽品质的主要原因。当锅水的含盐量达到某一极限时,就会在表面形成很厚的泡沫层,产生汽水共腾,使蒸汽品质恶化。因此标准规定了控制锅水的溶解固形物指标。蒸汽出口压力高,有过热器时,应控制严格一点,可为2 000~3 000 mg/L;压力低时,应≤4 000 mg/L;锅内加药时应≤5 000 mg/L,以保证安全运行并减小排污热损失。

三、工业锅炉水质管理与监督

1.工业锅炉水质管理目的

锅炉水质管理的目的就是要防垢、防腐、防起沫,不断加强水质处理和水质监督,有效控制杂质的含量,尽量消除悬浮物、总硬度、固溶物和溶解氧,并保持一定的总碱度和pH值,方可保证锅炉安全经济运行。

2.工业锅炉水质管理范围

工业锅炉水质管理工作主要是指锅炉给水前的处理、锅内加药处理和锅炉系统内(包括管网)水质监控三部分,同时还包括清除水垢和停炉保养。

(1)给水前的处理指对给水进行净化、软化、除氧、除碱、除盐和锅内加药处理等。

(2)水质监控即对锅炉系统内(包括管网)水质进行监测和调控,中压以上锅炉还应对汽品质进行监控。

(3)除垢与保养指去除水垢和停用保养等。除垢只能是对锅炉给水前水处理失效后的一种补救措施,但不可常用。

3.工业锅炉水质管理原则

从事锅炉房设计、管理和运行人员应充分认识此项工作的重要性,在选择水处理工艺及技术改造时,必须坚持以下五条原则。

(1)必须符合《工业锅炉水质》国家标准的原则

无论采用何种水处理工艺,锅水的各项指标必须达到 GB/T 1576—2018《工业锅炉水质》国家标准。

(2)取用最佳水源的原则

锅炉房所在地可能有多种水源,如河水、湖水、井水、库水、自来水等。应按照炉型、蒸汽压力与品质要求,比对水质,选择最佳水源为锅炉给水,一般河水、湖水、库水等硬度、碱度较低,而浅井、深井水硬度、碱度偏高,有的井水虽负硬度较低,但碱度大,还需考虑脱碱盐,应综合考虑各种实际情况,择优选择最佳水源,可起到节能减排功效。

(3)符合锅炉热用户要求的原则

锅炉所供出的热水、饱和蒸汽或过热蒸汽,可用于供热、动力源或发电。其用途不同,对水质监控的标准也不一样,例如用于发电的锅炉,不仅对锅炉的水质要求严格,对蒸汽品质也有很高的要求,水汽指标项目很多,水处理工艺要复杂得多。但一般用于采暖和动力源的锅炉,水质要求相对简单,而应用炉内加药水处理的锅炉处理工艺更为简单。

(4)符合节能减排的原则

工业钢炉水处理要求除硬防垢,要保障钢炉安全运行,达到节能减排目的是重要原则。所以水处理不管是新项目,还是改造项目,应尽量选择除硬高效的水处理工艺,充分利用科学技术新成果,实现锅炉无垢运行,提高传热效率,降低排污率,减少排污热损失,便可达到节能减排的目的。

(5)提高水处理自动化水平的原则

目前国内工业锅水处理主要靠人工监测数据,监控和操作往往滞后于水质的实际变化,有时还有人工失误情况,随着计算机控制技术的飞速发展,水处理工艺操作应尽量采用自动控制的先进技术和设备,以达到水处理的最佳效果。

4. 工业锅炉水质管理监督

由于水质不良对锅炉造成的危害,不是马上就能显现出来,不会形成突发事件,而是日积月累逐步形成的,一旦形成危害就可能造成不可挽回的损失,因而锅炉的水质监督管理必须引起锅炉管理人员、运行人员的高度重视,对水质管理工作必须从日常做起,不能忽视每一个水质指标,必须全面实施锅炉水处理监督和管理。

(1)建立健全水质监督管理制度。

(2)坚持执行水质标准,完善监测手段。

(3)水处理设备、药剂和树脂的采购,必须选择有资质的生产单位并应具备相关的技术资料,生产、销售的产品必须符合相关规定。

(4)锅炉运行单位应按原设计的水处理方法进行水处理工作,并应不断采用新工艺、新技术,应用科学技术的新成果,以提高水处理工作质量。

(5)国家颁布的 GB/T 1576—2008 和 GB/T 12145—2016 标准是行业的法规,是开展水处理工作的唯一依据,所以锅炉运行单位在制定水处理方案、选择水处理方法、确定具体的水质指标、实施操作规程等诸方面的工作时应按标准执行,切忌脱离“标准”及违规操作。

(6)严格执行《锅炉水处理监督管理规则》。国家质检总局于 2003 年下发了《锅炉水处理监督管理规则》,共十章四十二条,规定了锅炉水质管理实施细则,对其管理、运行、设备采购和清洗等内容都有详细的规定,该规则是做好工业锅炉水质管理工作的导则,应认真贯彻落实。

(7)水处理工作的指导思想:

①坚持防垢与防腐的一贯指导思想;

②坚持以“防”为主和积极除垢的指导思想;

③坚持“防腐工作”常抓不懈的指导思想;

④坚持水质按时监督与水质及时调控的指导思想。

四、工业锅炉水处理技术

工业锅炉是一种热交换设备,其工作原理是将燃料燃烧时释放的热量传递给水,从而产生蒸汽。因此,水的质量如何关系到锅炉的安全运行,锅炉水处理是关系到全局的大事。工业锅炉水处理的目的是消除锅炉水的各种问题,确保锅炉安全运行。由于水处理工作的不到位,使锅炉水质达不到国家标准要求,锅炉出现严重结垢而导致事故发生,让人追悔莫及。

1. 工业锅炉水处理的现状及存在的问题

目前,政府监管部门对于电站锅炉和大容量工业锅炉的水处理工作都比较重视,要求和检查都较为严格，锅炉使用单位也能认识到这项工作的重要性，对于各个工作环节都不会忽略，各项措施都能得到较好的实施。然而，占工业锅炉绝大多数的小型锅炉的情况却十分不理想，由于锅炉台数多、分布广、使用时间短等原因，得不到使用单位的重视，特别是一些民营小企业的锅炉，大部分都不对锅炉给水进行处理。工业锅炉的水处理一般存在以下几个方面问题：

(1)使用单位的锅炉管理制度不完善，作业人员专业水平低

一些单位由于不重视锅炉的水处理工作，缺乏安全管理意识，对于不是长时间使用的锅炉，给水不经任何处理直接使用，造成锅炉的腐蚀、结垢现象严重。还有一些锅炉使用单位不按监察部门的要求制定相应的管理制度，不配备水处理作业人员或不对水处理作业人员不进行任何培训，对锅炉水处理工作采取放任态度。部分水处理作业人员虽然经过培训取证，但仍对化验操作的方法、原理一窍不通，有的化验员认为食盐能够使水质软化，甚至在软水箱里直接加盐，类似的事件不在少数。有些水质化验员责任心差，不能做到按时监测水质变化、及时调整锅炉水质达到国家标准，化验数据不准确，记录不完善，胡乱使用药剂、随意加药，致使锅炉水质达不到 GB/T 1576—2008《工业锅炉水质》标准的要求，因此这类使用单位的锅炉的结垢、腐蚀情况非常普遍，锅炉水质的检测合格率非常低。

(2)过度依赖自动离子交换器，不重视水处理设备的维护

目前绝大部分锅炉配备的都是自动离子交换器（自动软水器），它连接饱和盐水罐，可以自动再生，操作方便。但是，很多锅炉用户误解了这种系统的工作原理，认为一旦硬度超标，系统就会自动进行再生，锅炉给水的硬度不用再进行人为的监测，这是非常错误的看法。

自动软水器的控制器品牌种类虽繁多，但一般分为时间型和流量型两种，时间型控制器能够设定交换罐的再生时间，流量型控制器可根据锅炉用水量设定软水的周期制水量，当制水量达到设定值时，交换罐开始再生。这两种类型的自动软水器都是通过人为设定的固定值进行自动再生的，不能根据原水水质的变化或仪器自身使用情况进行自动调整，如放任不管，时常会出现出水水质不合格的情况。因此，水处理人员要经常监测出水水质情况，并根据本单位锅炉用水的特点调整软水器的再生时间或周期制水量，以保证锅炉给水的质量。

另外，不注意水处理设备的维护也是造成锅炉水质恶化的重要原因。软水器在运行或再生过程中如果操作不当，容易造成树脂的流失、破碎，致使出水水质不合格。如果给水系统管路及软水箱没有很好的防腐措施，则会造成锅炉给水铁离子含量超标，锅炉水呈现黄色甚至红棕色。同时，铁离子还会引起离子交换树脂中毒，使得软水器的交换功能下降。

(3)忽略停炉保养，不重视采暖锅炉的水处理

以西安市为例，在西安市在用的工业锅炉中，冬季采暖的锅炉占总数的一半以上，这些锅炉每年有 7～8 个月都处于停炉状态。很多锅炉用户对于不运行的采暖锅炉不采取任何保养措施，导致锅炉在停炉期内腐蚀严重，再次运行时亦不对锅炉做任何清理，导致各种腐蚀产物在锅水中再次循环，造成二次腐蚀，使锅炉水呈现铁锈红色。由于不重视停炉保养造成的锅炉腐蚀比运行时的腐蚀情况更为严重，造成的损失更大。热水锅炉和蒸汽锅炉的水处理有很大不同，这是因为热水锅炉水在绝大多数情况下是循环使用的。水充满锅炉和管道，损耗很少，补给水量也就很少，再加上运行温度较蒸汽锅炉低，热水锅炉系统的腐蚀风险大大超过结垢。西安市目前在用采暖热水锅炉大部分与蒸汽锅炉一样，采用钠离子交换的水处理方式。其实，软化水对于热水锅炉来说是不合适的，因为软化水使锅炉无钙层保护，对于锅炉、管道，尤其是风机盘管的腐蚀非常严重。在欧美发达国家，已逐渐拆除了钠离子

交换装置。

2. 工业锅炉水处理方法

工业锅炉目前常用的水处理方法有两种:锅外水处理,即钠离子交换软化法;锅内加药法。选择对进锅炉的原水进行处理,其原因是如果不进行处理,直接将原水作为锅炉给水,使其进入锅炉,原水硬度高,容易在锅炉受热面产生水垢,水垢导热性差,极有可能导致锅炉变形、过热,严重时甚至可能发生爆炸,同时也会增加工业锅炉的能耗,降低工业锅炉燃烧的热效率,所以采用锅炉水处理对锅炉的原水进行处理是必不可少的。

采用钠离子交换的锅外软化方法则可以去除原水中的硬度,避免锅炉结垢,因此大多数工业锅炉使用单位采用了钠离子交换的方法对原水进行软化处理,并搭配上锅内加药来控制锅炉的给水与炉水的相关检测指标。钠离子交换仅仅能去除原水中的硬度,经过钠离子交换的水碱度与含盐量并不会变化,甚至有可能会增大,考虑到这一层问题,相关检测单位建议搭配上锅内加药,选择正确的药剂,与锅内的结垢物质发生反应,减少结垢物质的析出,或形成沉淀,随着锅炉排污一起排出,可以更有效地减轻和预防锅炉的结垢、腐蚀等问题。锅炉结垢与腐蚀问题的解决,可以更好地降低工业锅炉能耗,提高工业锅炉的热效率,达到节能减排的目的。

对于工业锅炉,锅外化学处理与锅内加药处理在理论上都可以很好地降低锅炉的能耗,并减少事故的发生,对工业锅炉的使用单位有着极大的帮助,但在实际使用过程和常规的特种设备日常检验中,发现仍然存在许多不足。

3. 悬浮物和胶体杂质的清除

(1)悬浮物清除

对于原水中的悬浮物,通常可以采用沉淀和过滤的方法清除,清除的设备有沉淀器和机械过滤器。水在沉淀器中,悬浮物依靠自身质量与水分离。当水通过机械过滤器时,水中粒状物被阻挡与水分离。悬浮物在水中下沉的速度决定于悬浮物的体积与水的温度,水温越高悬浮物下降越快;悬浮物的密度和质量越大,越容易下沉,清除悬浮物采用的垂直圆柱形沉淀器工作流程如图 4-1 所示。

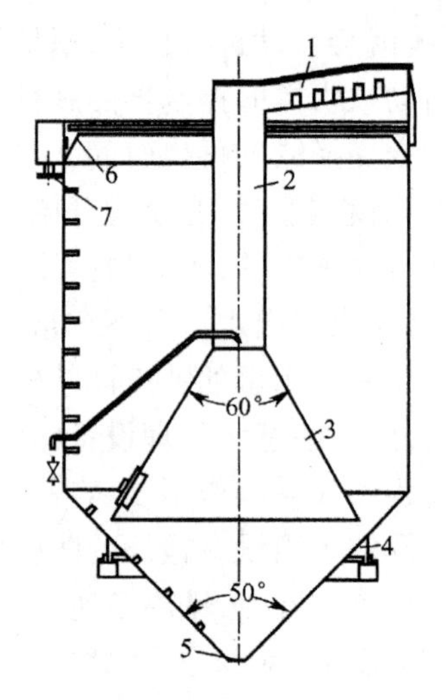

1—混合器(水进口);2—重心下降管;
3—锥形扩大器;4—支撑装置;
5—泥渣出口;6—环形槽;
7—澄清水出口。

图 4-1 垂直圆柱形沉淀器

水由混合器经中心管路进入锥形扩大器内时,由于水中的空气泡速度降低而上浮,可防止空气进入沉淀器的主要空间。为了避免大量悬浮物被带出,沉淀器中的水上升速度不超过4 m/h,澄清后的水自出口引出。

水经沉淀器后并不能将悬浮物全部分离出来,仍带有微细的悬浮物。更完善的清除方法是将沉淀器出来的水送至机械过滤器。该过滤器是方形或圆柱形容器,容器中带有过滤网,当浑浊水通过过滤器时,将微细悬浮物阻留与水分离,过滤器为压力式,其借助水泵的压力或高位水箱的压力使水流通过过滤器,其流速为 5 m/h。

(2)胶体物清除

对于水中呈胶体性分散的物质,必须采取凝聚处理。由于胶体杂质颗粒通常带有负电核，加入有正电荷的凝聚剂，可中和胶体物质的电荷，互相结合成大颗粒，并在重力作用下沉淀下来。

4. 硬度的清除

水中钙、镁离子的总含量称为硬度，其硬度大小决定了结垢的程度。为了保证锅炉不结垢，必须清除水中的钙、镁离子，这是锅炉水质处理的重要环节，原水除硬度后的水称为软化水。目前清除钙、镁离子的方法很多，比较常用和有效的方法有以下几种。

(1)石灰软化法

石灰石($CaCO_3$)经煅烧成为生石灰(CaO)，在水的作用下消除热量成为氢氧化钙。

$$CaO + H_2O \longrightarrow Ca(OH)_2 \quad (4-2)$$

当石灰溶液加入水中时，发生反应。

$$CO_2 + Ca(OH)_2 \longrightarrow CaCO_3 \downarrow + H_2O \quad (4-3)$$

$$Ca(HCO_3)_2 + Ca(OH)_2 \longrightarrow 2CaCO_3 \downarrow + 2H_2O \quad (4-4)$$

$$Mg(HCO_3)_2 + 2Ca(OH)_2 \longrightarrow 2CaCO_3 \downarrow + Mg(OH)_2 \downarrow + 2H_20 \quad (4-5)$$

反应结果只能除掉部分硬度，除硬不全面，可适用于硬度较高的原水预处理，与其他碳化方式相结合使用，再经 Na^+ 交换制得软化水，减少锅炉排污量。

(2)钠离子交换法

目前工业锅炉普遍采用的水处理方法是钠离子交换法。该法技术成熟，效果较好，在工业锅炉上广泛应用。钠离子交换法是指将硬水通过装有 Na^+ 交换剂的容器，能将水中 Ca^{2+}、Mg^{2+} 吸收。在交换过程中，原水变为不含钙、镁离子或含量较少的软化水，Na^+ 的转化反应式为

$$2NaR + Ca^{2+} \longrightarrow CaR_2 + 2Na^+ \quad (4-6)$$

$$2NaR + Mg^{2+} \longrightarrow MgR_2 + 2Na^+ \quad (4-7)$$

式中，R 为钠离子交换剂的复合物，它不溶于水，这样用钠离子交换剂软化的结果，水中非碳酸盐硬度，即钙和镁的硫酸盐和氯化物被易溶于水而又不生水垢的硫酸钠和氯化钠所代替。而碳酸盐硬度则被碳酸氢钠所代替。

当交换剂吸收 Ca^{2+}、Mg^{2+} 达到饱和程度时，便失去软化能力，为了恢复其能力，使用食盐溶液，利用食盐中 Na 的高浓度来替换交换剂中的钙、镁离子，这就是离子交换水处理的还原再生，其离子反应式为

$$CaR_2 + 2Na^+ \longrightarrow 2NaR + Ca^{2+} \quad (4-8)$$

$$MgR_2 + 2Na^+ \longrightarrow 2NaR + Mg^{2+} \quad (4-9)$$

还原分子反应式为

$$CaR_2 + 2NaCl \longrightarrow 2NaR + CaCl_2 \quad (4-10)$$

$$MgR_2 + 2Na^+ \longrightarrow 2NaR + MgCl_2 \quad (4-11)$$

反应结果所生成的氯化钙及氯化镁，易溶于水中，可随排污水一起排掉。原水经离子交换后硬度降低到标准以下，但碱度不变，软水进入锅炉后经加热蒸发，钠离子不能形成水垢，而生成苛性碱，所以锅水碱度增加了。钢炉运行中必须适量排污，以降低钢水碱度。

(3)钠离子交换的设备

为了将离子交换剂和水充分均匀接触，并达到最佳的交换效果，需用一设备将交换剂贮装起来，这就是离子交换器，简称软水器。其构造和压力式过滤器相似，最早的离子交换器只是用钢板制成的一个圆罐，上面装有进水和再生液的管道，下面有出水的管道，考虑到出

水均匀，就逐渐改进成排管等各种形式。为了不让钢板接触离子交换剂，避免铁锈污染交换剂，在钢板内侧增加保护层。为了连续供水，必须有一套备用设备进行再生操作，这就是最早的固定床顺流再生设备。如图 4-2 所示。

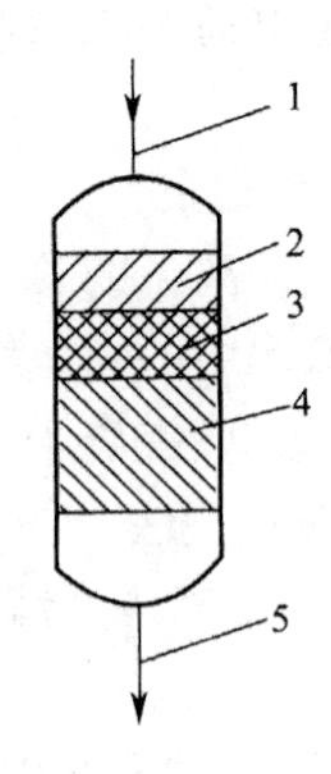

1—原水入口；2—失效层；3—工作层；4—尚未工作交换剂层；5—软化水出口。

图 4-2　离子交换器结构图

经过多年的运行经验发现，这套设备效率不高，出水质量不理想，于是就出现了逆流再生设备。由于近年来技术不断进步，离子交换器的构造又有多种样式，有固定床和连续床之分，固定交换床又分为顺流再生、逆流再生和分流再生三种。另外还有一种浮动床，将交换剂几乎装满整个交换器，生水从交换器下部顶入，上部流出，交换器下部形成水垫托起树脂。如果水的流速稳定，可以保持树脂层密度且不处于受压状态，并不乱层。当树脂失效后，可停止进水，使床层下落，再自上而下进行交换剂再生。这种浮动床具有运行流速较高，出水质量好且稳定，盐、水消耗低和设备投资少等优点。但这种方法由于交换剂在设备内无法清洗、操作较为复杂、技术要求较高等原因，限制了其发展。经过几十年的运行实践，在结构上又出现许多形式不同的设备，如移动床、流动床等，都属连续式离子交换技术，解决了一套设备不能连续供水的问题。但也存在对水质、水量变化适应性差，树脂损耗较严重，要求厂房高度严格，操作必须自动化，不适用间断供水等缺点，因此中小型工业锅炉很少采用。近几年国外水处理设备引进较多，大多是自动化程度较高的设备，有的是用电脑程序控制的，有的采用水力驱动控制阀控制软水制备系统。这些设备具有体积小、占地小、不用人工操作、故障率低等优点。但投资大，对生水适应性差，而且大部分采用顺流再生操作，盐耗较高，应考虑具体情况，择优选用。

（4）钠离子交换软水器的运行操作

离子交换水处理因设备不同，操作也不相同，现在多采用固定床逆流再生设备，下面简单介绍其操作程序。如选用其他设备应参照设备使用说明书进行操作，这里不做详细介绍。固定床逆流再生设备的操作程序共分 7 个步骤，其操作方法和用途如图 4-3 与表 4-5 所示。

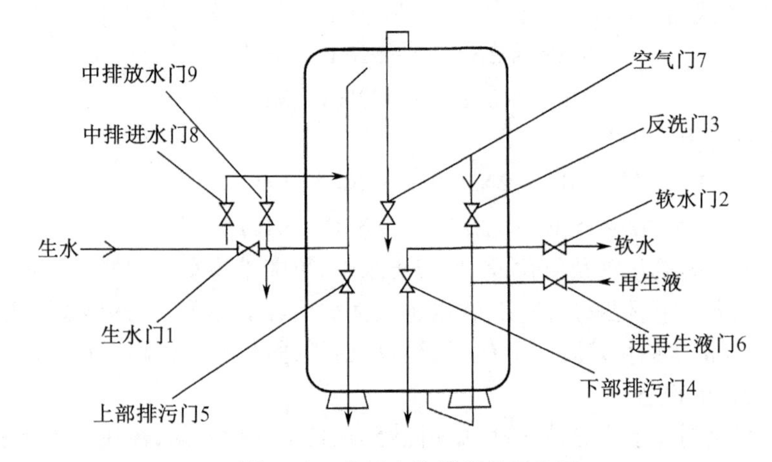

图 4-3　离子交换器操作示意图

表 4-5　离子交换器的操作顺序表

顺序	操作步骤	开启阀门号	调节流量阀门号	注意事项
1	小反洗	7,5	8	冲到水清为止
2	再生	7,5,9	6	控制好流速不能乱层
3	置换(逆向冲洗)	7,5,9	2 或 3	最好用软水,与再生时流速相同
4	小正洗	9	1	当5,7 阀门出口有水时关闭
5	正洗	1	4	经常测定出口水硬度,合格时关闭
6	运行	1	2	投入运行后,经常检查硬度
7	大反洗	5,7	3	不经常操作,操作时别跑树脂

以上是最普通的固定床逆流再生离子交换器的操作方法,设备不同,操作也不相同。应按设备的具体情况制订操作规程,使其达到高效运行。这种操作的作用和用途分述如下:

①小反洗冲清中排管上面压实层的污物和平整压实层。

②再生使失效的树脂重新恢复交换能力,将配好的再生液从底部进入,从中排管排出。

③置换(逆向冲洗)将再生多余残液和再生后的产物冲洗干净。再生时水流向相同,从底部进入,从中排管排出,最好用软水冲洗,以保证出水质量。

④小正洗将压实层中残留物冲净,从上部进水,中排管排出。

⑤正洗冲掉再生后剩余残液和再生产物,使出水质达到合格。

⑥运行冲洗合格后的水投入运行,待出水硬度降至合格时,再作为备用。这样能防止再运行时出水硬度超标。

⑦大反洗当离子交换器运行时间较长(一般在 10 个周期以上)或树脂没进行过反洗,压得比较紧密,出口压力和进口压力差超过 0.05 MPa 时,须进行一次大反洗。将树脂做一次松动和冲出树脂中污物。由于大反洗时树脂层次被打乱,所以大反洗后第一次用盐量应增加 0.5 ~ 1.0 倍。

5. 硬度与含盐量的清除

(1) $H^+ - Na^+$ 交换法

H^+ 交换法和 Na^+ 交换法均能除去水中的硬度,但前者处理使水呈酸性,后者处理使水的碱度高,所以 H^+ 交换法不能单独使用,如果综合两种交换法($H^+ - Na^+$ 交换法),既能得到除硬的效果,又可使软化水得到酸碱中和。$H^+ - Na^+$ 交换又分为串联和并联两种形式。

①串联法:一部分生水先经 H^+ 交换器,然后与其余的生水混合,再进入 Na^+ 交换器。经 H^+ 交换后的水含有 CO_2,故需进行排气,如图 4-4 所示。

②并联法:生水分为两部分,一部分经 H^+ 交换器,其余通过 Na^+ 交换器。经前一交换器处理后的水为酸性,经后一交换器后为碱性,两者混合后,得到中和。经这种方法处理后的水一般保持 0.3 ~ 0.7 mmol/L 的剩余碱度,如图 4-5 所示。

(2) 双室双层浮动床技术

传统的固定床水处理工艺比较适合低含盐量的水质,当原水含盐量大于 500 mg/L 时,则产水量下降、酸碱耗升高、再生工艺加大,装置的运行费用急剧上升,因而采用固定床逆流再生技术显然不能满足现有装置的出力要求。为此需采用双室双层浮动床工艺。该工艺为脱盐水处理工艺,可供工业锅炉水处理做参考。

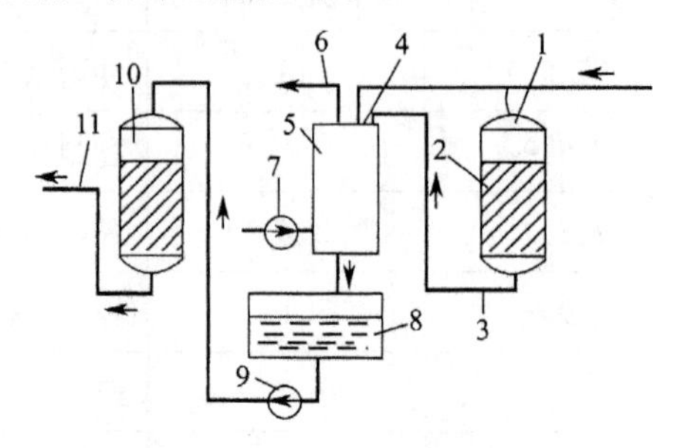

1—生水至离子交换器的进口;2—H^+交换器;3—经H^+交换后水的出口;
4—生水进口;5—除气器;6—空气和二氧化碳出口;7—风机;8—中间水箱;
9—水泵;10—Na^+交换器;11—软化水出口。

图4-4　串联H^+-Na^+交换法原理图

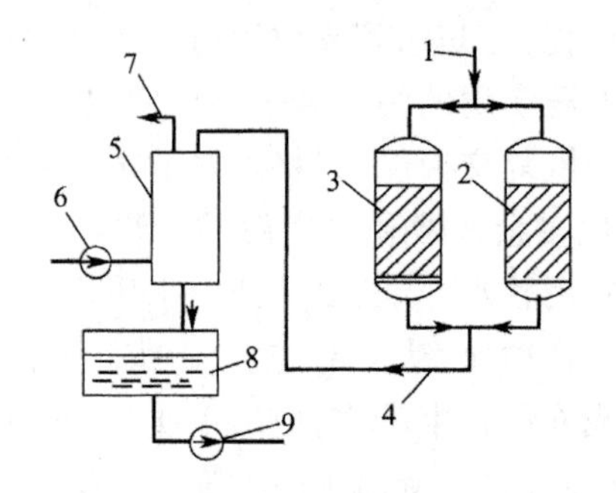

1—生水进口;2—H^+交换器;3—Na^+交换器;4—经H^+和Na^+交换后混合水的出口;
5—除气器;6—风机;7—空气和二氧化碳出口;8—软水箱;9—软水泵。

图4-5　并联H^+-Na^+交换法原理图

①双室双层浮动床技术。

双室双层浮动床设有上、中、下三层多孔板,将交换器分为上下两室,上室装填强酸(碱)树脂,下室装填弱酸(碱)树脂,结构如图4-6所示。其最大特点是采用了强弱离子交换树脂联合应用,充分利用了弱性树脂工作交换容量大的优势。在经济比耗下,弱性树脂的工作交换容量为2 000~3 000 mol/L,制水量是强性树脂的2~3倍。但弱性树脂不能彻底除去水中的全部阳离子,若将强弱两种树脂联合应用时,既发挥了弱性树脂交换容量大、再生剂利用率高的特长,又利用了强性树脂排出的再生废液,使再生比耗降低。两种树脂各自为对方提供了优势互补条件,即弱性树脂为强性树脂提供了高再生率,从而提高了强性树脂的交换容量;而强性树脂又允许弱性树脂有较大的漏过,充分发挥弱性树脂的特长,并且树脂的装填量相对固定床要高,所以对原水水质的适用范围广。

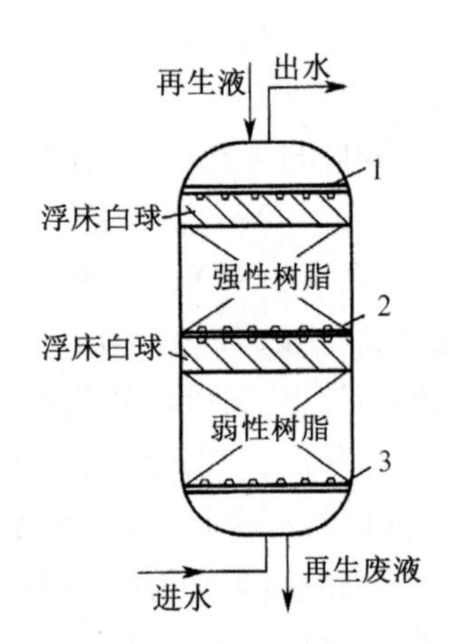

1—顶部多孔板;2—中间多孔板;
3—底部多孔。

图4-6　双室浮动床示意图

双室双层浮动床工艺流程首先将原水送入阳床,水从阳床的底部流向顶部,原水经过弱酸阳树脂后,除去水中的大部分碳酸氢盐硬度,剩余的阳离子继续与上室的强酸性阳树脂发生反应,这时水中的绝大部分阳离子被脱除,阳床出水呈酸性,而后再最好进入脱塔脱出水中的 CO_2,这样降低了水中的 HCO_3^- 含量并减轻了阴床的负荷。脱碳后水经泵被送到双室阴床,脱出大部分阴离子,阴床出水的残留物质(如 K^+、Na^+、SiO_2 等)在混床中被脱除。出水水质达到电导率 <0.2 μS/cm,$SiO_2<0.02$ mg/L,送出界区。

②再生剂的选择及性能比较。

再生剂品种直接影响再生效果与再生成本。以酸性阳离子交换树脂为例,在国外普遍采用硫酸作再生剂再生阳离子交换树脂。其优点是硫酸价格较便宜,再生系统防腐易解决,输送、储存方便。又因弱酸树脂对 H^+ 的亲和力极强,硫酸利用率极高,废酸的排放量较小,酸耗少,运行成本较盐酸低。其缺点是,用硫酸再生时,Ca^{2+} 的释放很集中,生成的 $CaSO_4$ 很容易达到和超过溶度极限而沉淀析出,阻塞树脂交联网空隙,降低了离子交换能力和再生效果。通常用分布再生法,即先低浓度、高速度,然后高浓度、低流速进行再生,工艺较复杂,操作难度大,易发生 $CaSO_4$ 沉淀。所以国内大部分装置采用盐酸再生,由于弱性树脂对离子具有较强的吸引力,即使低浓度再生液也可使其还原再生。当采用逆流方式再生时,再生液自上而下地流过树脂层,首先接触的是尚未失效的强性树脂,利用强性树脂的再生液再生弱性树脂。这样,不但降低了再生酸碱耗量,并且使其再生度得到提高,出水水质好,再生比耗接近于理论值,工作交换容量高,周期产水量大,制水成本降低。由于浮动床再生剂利用率达90%左右,排放废液中的游离酸碱基本上呈等当量自中和,一般不需要另外加碱或氨调废水的 pH 值,降低了废水中氨氮的排放量,对环保治理大为有利。

③固定床逆流再生与双室双层浮动床比较。

双室双层浮动床与固定床逆流再生工艺相比,具有设备构造简单、连续高速运行等特点。双室双层浮动床具有对原水水质适用范围广、树脂交换容量大、周期产水量高、出水水质好、再生酸碱耗量低、污染环境轻、树脂及设备利用率高等一系列优点。因此,目前在国内离子交换装置改造扩建中应用较为普遍。其与固定床逆流再生工艺的比较见表4-6。

表4-6　两种工艺技术性能的比较表

工艺技术指标		工艺类型	
		固定床逆流再生	双室双层浮动床
原水含盐量/($mg \cdot L^{-1}$)		400	可达800
酸碱耗比		2	1.1~1.4
再生自耗水/%		12~20	5~10
运行流速/($m \cdot S^{-1}$)		10~25	15~45
出水水质	电导率/($\mu S \cdot cm^{-1}$)	1.0~2.0	0.4~0.8
	SiO_2深度/($\mu g \cdot L^{-1}$)	10~20	1~10
树脂工作交换容量/($mmol \cdot L^{-1}$)	阳树脂	300~400	600~900
	阴树脂	200~300	400~600
设备结构		复杂	简单
操作方式		机械定时	微机程控全自动

6. 锅内水处理方法

工业锅炉采用炉内水处理方式，一般都是小型锅炉，即按照锅炉水质标准规定，蒸发量≤4 t/h，且蒸汽压力≤1.3 MPa的自然循环蒸汽锅炉和汽水两用锅炉，可以单独采用锅内加药处理。但加药后的汽、水质量不得影响生产和生活，管架式锅炉除外。而中大型工业锅炉也有采用炉内加药处理的，所不同的是只作为炉外处理的辅助处理。炉内水处理是向原水或锅水中投加适当的药剂(称为防垢剂)，与锅水中 Ca^{2+}、Mg^{2+} 或 SiO_2 等容易结垢的物质发生化学反应或物理作用，形成松散的泥垢(或水渣)，通过锅炉排污排出炉外。

(1)锅炉炉内水处理的利与弊

炉内水处理对原水适用范围较大，几乎不用机械设备，投资少，操作方便，方法简单。如果选用药剂得当，加药方法与加药量正确，排污及时，防垢效率可达80%以上。辅以炉外处理能够消除残余硬度，还能起到防腐作用，现在供热锅炉中添加入各种综合防垢剂，不仅对锅炉和管道起到保护作用，还能防止热水丢失，获得广泛应用，效果较好。

但炉内水处理有一定局限性，除水质标准规定的炉内处理范围外，对有水冷壁布置的锅炉及用户对蒸汽品质要求较高的都不宜采用炉内处理。炉内处理时的最大问题就是由于排污量较大，造成热损失大。另外，水循环不良的位置易发生沉淀堆积，不易清除。

(2)锅内处理的强化进程

①碳酸钙在锅水 pH 值较低时，容易沉淀在受热面上，形成固定晶体的水垢，当 pH 值在10～12时，碳酸钙沉淀在碱剂的分散作用下悬浮在锅水中形成水渣。

②向锅水中投入形成水渣的结晶核心，投加表面活性较强的物质，破坏某些盐类的过饱和状态，以及吸附水中形成的胶体或微小悬浮物。

③投加高分子聚合物，使其在锅内与 Ca^{2+}、Mg^{2+} 等进行络合或螯合反应，以减少锅水中的 Ca^{2+}、Mg^{2+} 浓度。

④有效地控制结晶的离子平衡，使锅水易结垢的离子向着生成水渣的方向移动，纯碱处理和磷酸盐处理属此类。

(3)锅内处理药剂的使用

锅内加药处理主要是以碱性药物为主，如氢氧化钠、碳酸钠、磷酸三钠、腐殖酸钠等等。这些药剂都易溶于水，对提高锅水 pH 值效果明显，它的作用是将水中硬度变为不容易和金属结成水垢的水渣。由于 pH 值的提高，锅水不容易结垢，也能抵制腐蚀。但 pH 值需控制在10～12，超过12时会促进金属腐蚀加剧，导致金属发生苛性脆化。

除了以上几种药剂以外，还有一些微酸性物质，如栲胶、磷酸和有机磷酸盐、聚烃酸盐等。经过试验总结认为，这些药剂如果使用方法得当，均能起到良好的防垢效果。目前普遍使用的处理方法有：天然碱处理、纯碱处理、磷酸盐处理、复合防垢剂处理等，采用有机物为“水质稳定剂”，对工业锅炉进行防垢处理，也取得了良好效果。

任务4.2 锅炉污染物排放控制技术

• 学习目标

知识：

1. 空气污染的控制对策。

2. 工业锅炉烟尘、二氧化硫、氮氧化物治理技术。

技能：

1. 熟悉空气污染的治理对策。

2. 能够提出锅炉典型污染物治理办法。

素养：

1. 养成积极主动的学习习惯。

2. 养成勤于思考的习惯。

• 知识导航

一、环境污染形势与锅炉污染物的排放

1. 我国环境空气污染现状与变化趋势

长期以来，大气颗粒物是影响环境空气质量的首要污染物，其污染特征不断发生新的变化，防治难度不断加大。特别是近年来，随着经济和城市建设的高速发展，我国环境空气污染特征发生重大变化，主要表现在从粗颗粒污染向细粒子污染变化、从单一污染来源向多种来源变化、从煤烟型污染向复合型污染变化。由于二氧化硫、氮氧化物和碳氢化合物污染加剧，经光化学作用，又形成了一种复合型空气污染物。这种污染物呈细小颗粒状，其粒径分布在 10 ~ 2.5 μm，简称 PM10、PM2.5，主要分布在大气层 1 000 m 以下空间。由于这种微小的颗粒可长期滑留在空气中并能够穿透人的呼吸防御系统，又称为可吸入污染物。这种现象已成为我国大中型工业城市环境污染的新趋势。其特征是总悬浮颗粒物分布向更小粒径发展，当 PM10、PM2.5 污染严重时，这种复合型空气污染已造成上述大中型城市出现雾霾天气并向远距离下风向传播的趋势。以 PM2.5 污染物为代表的复合性、区域性污染问题凸显，对大气氧化性不断增强，给环境空气质量改善带来巨大压力。

2. 锅炉烟气污染物排放

（1）燃煤锅炉烟气中污染物及其对环境与人体的危害

我国是锅炉生产大国和使用大国，截止到 2012 年底，我国工业锅炉保有量达 62.4 万台，容量近 290 万蒸吨，约占锅炉总数的 98%，年能源消费量约 6.4 亿吨标准煤，占全国能源消费总量的 18%。我国工业锅炉中 80% 以上的为燃煤锅炉，年消耗 4.9 亿吨标准煤，15% 左右的为燃油燃气锅炉，其余为生物质燃料等锅炉。

根据环境统计数据，2012 年燃煤工业锅炉累计排放烟尘 410 万吨、二氧化硫 570 万吨、氮氧化物 200 万吨，分别占全国排放总量的 32%、26% 和 15% 左右。燃煤烟气中的主要有害物为烟尘、二氧化硫、氮氧化物、一氧化碳、二氧化碳等。其中前三项是造成我国环境污染的主要原因，可作为环境污染的直接有害物，并在环境中进行化学、物理等变化，然后形成更

为有害的二次污染物。研究表明，二氧化硫、氮氧化物还可以在空气中转化为二次污染物，最终形成有害的微小颗粒物污染环境。

(2)烟尘污染物对环境的污染

①烟尘粒径的分布

烟尘颗粒的大小一般用粒径描述，其单位是微米(μm)。在描述颗粒粒径时，可从不同的物理性质来定义。常用的定义方法有：当量直径(*De*)、投影直径、质量中值直径(*D*)和空气动力学直径。各类直径的意义如下：

a. 当量直径：指与颗粒物不规则体积相当的球形颗粒物的直径。

b. 投影直径：指一个圆形的面积相当于已知颗粒物的投影面积，则该圆形的直径称为颗粒物的投影直径。

c. 空气动力学直径：具有与密度为 1 kg/L 的 A 物质(水)粒径相同的空气动力特征时(指空气中具有相同的沉降速度)，实际颗粒直径即为相对应 A 物质的直径，常用于颗粒运动的计算。

d. 质量中值直径：这是可吸入颗粒物的卫生学评价指标，也是颗粒分布的中心倾向。颗粒物在空气中的分布几乎都呈对数正态分布。因此求其中值直径时，以颗粒的粒径为横坐标，质量分数为纵坐标，在对数正态概率纸上画出累计分布曲线图。在得到的曲线上，标出与质量分数 50% 相对应的颗粒直径，即为质量中值直径，符号为 *D*50。

其中 *D*50 表示占全部颗粒物质量 50% 粒子的对应的颗粒物直径，它是确定选择除尘器的重要指标。

烟尘粒径大小与分布情况对除尘器的选择和环境危害具有极其重要意义。在环境科学研究中，一般采用空气动力学直径来表征颗粒物的直径。对烟尘的粒径分布研究常采用质量分散度的方法描述，在锅炉烟气治理时，应选择对烟气中 *D*50 颗粒物去除作用较大的除尘器，方可达到有效除尘目的。锅炉烟气排放的颗粒物直径还与锅炉的燃烧方式相关，当采用型煤替代原煤后其烟气中大颗粒物得到有效削减，其粒径分布将发生明显变化。表 4－7 是采用型煤为燃料并通过多管旋风除尘器后的颗粒物粒径分布测试结果。

表 4－7　通过型煤炉除尘器后烟尘的粒径分布测试结果

序列号	颗粒物粒径 /μm	颗粒物粒径范围 /μm	颗粒物质量 /mg	颗粒物粒径范围质量分数/%	小于 D50 粒径的颗粒物累计质量分数/%
1	16.5	≥16.5	14.67	14.20	85.80
2	10.3	16.5～10.3	3.62	3.50	82.30
3	7.1	10.3～7.1	2.27	2.20	80.10
4	5.2	7.1～5.2	2.38	2.30	78.80
5	3.7	5.2～3.7	2.09	2.02	75.07
6	2.6	3.7～2.6	1.77	1.71	74.07
7	1.4	2.6～1.4	5.58	5.40	68.67
8		≤1.4	70.94	68.67	
总量			103.32	100	

②烟尘中污染物及对人体健康影响

表4-8是锅炉烟尘的成分分析结果。

表4-8 锅炉烟尘的成分分析结果 单位:%

化学元素/成分	含量	范围	化学元素/成分	含量	范围
Na	0.5	±0.2	Mn	0.058	±0.008
Mg	1.1	±0.7	Fe	6.0	±1.2
Al	11.5	±2.4	Ni	0.003	±0.003
Si	13.7	±1.2	Cu	0.015	±0.004
K	0.9	±0.1	Zn	0.205	±0.373
Ca	5.1	±3.6	As	0.002	±0.001
Se	0.003	±0.001	Pb	0.035	±0.053
Ti	1.1	±0.1	TC	10.3	±4.8
V	0.021	±0.004	OC	8.9	±3.9
Cr	0.010	±0.009	Cl^-	0.390	±0.046
NO_3^-	0.084	±0.012	SO_4^{2-}	1.42	±0.13

注:TC为烟尘中有机和无机碳元素总含量,OC为烟尘中有机碳含量。

烟尘中的污染物可通过三个途径进入人体。第一个途径是通过呼吸系统直接进入人体肺泡,影响肺部的健康;第二个途径是通过食物链进入人体,其转移方式是污染物溶入水体,通过饮用水进入人体,或被植物吸收通过食物链进入;第三个途径是烟尘中的放射性物质对人体产生的内照射或外照射。通过一、二两个途径进入人体而产生的照射称为内照射;在自然界中由放射性物质直接对人体产生的照射称为外照射。《空气污染研究的临床意义》研究结果认为,烟尘污染物对人体健康危害最大的器官是呼吸系统,进入肺泡的小粒径颗粒具有更大的危害。人体的呼吸系统包括三个区域:鼻咽区、气管及支气管区、肺泡组织。在鼻咽区和气管及支气管区充满了纤毛和黏膜。在这里一些较大颗粒物因惯性和重力作用被沉积下来,并随着痰液排出体外。但更小的颗粒物却穿透屏障并积聚在肺泡组织内。不同空气动力学直径的颗粒物在人体呼吸道上的沉积情况如图4-7所示。由图4-7可见,直径为0.1 μm的颗粒物约有50%沉积在肺泡区;直径>1 μm的颗粒物在到达肺泡之前已大部分沉积在鼻咽区内;而直径<1 μm的颗粒物沉积在肺泡和气管中。说明颗粒物直径越小,沉积到呼吸系统位置越深,对人体的危害越严重。根据这个原理,人们把能够沉积在肺泡、气管区的粒径<10 μm的颗粒物称为可吸入颗粒物。

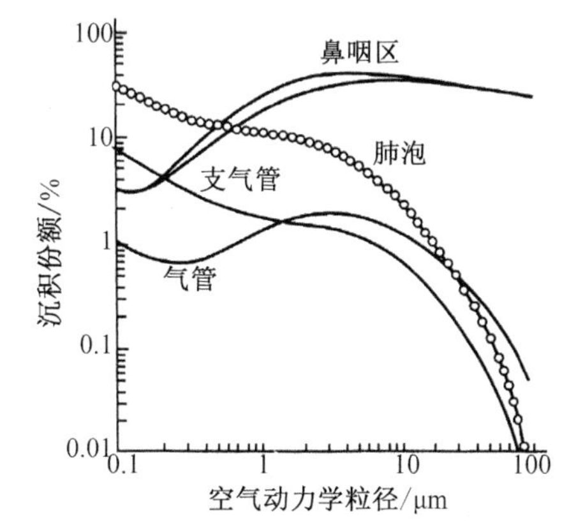

图4-7 不同粒径颗粒物在人体呼吸道的沉积份额

根据成分谱分析研究，一些有毒有害物质更多地集中在可吸入颗粒物内，说明对人体健康的危害更为严重。烟尘对人体有危害的污染物可为三种：非致癌污染物、化学致癌物质、放射性核素。烟尘中各类有害物质的分类及不同粒径的含量见表4－9。

表4－9　烟尘中各类有害物质的检测结果　　单位：$mg \cdot kg^{-1}$

类别	名称	<10 μm	>10 μm	类别	名称	<10 μm	>10 μm
化学致癌物质	As	660	1.00	化学致癌物质	^{40}K	1 070	1 070
	Cd	7.23	7.00		^{210}Pd	4 530	4 530
	Cr^{6+}	4.73	4.70		^{210}Po	5 230	5 230
	Ni	7.38	4.50	放射性核素	Cr	111	780
放射性核素	^{238}U	576	576		Hg	2.16	9.00
	^{226}Ra	481	481		Pb	1 540	5.00
	^{232}Th	523	523		F	679	679

注：数据来源于《民用型煤环境影响评价公众健康危害评价》（原子能出版社，1999年10月出版）。

从表4－9可见，放射性核素分布不受颗粒物粒径影响，化学致癌物质则更多地集中在粒径<10 μm的烟尘中，是对人体更为有害的污染物质。

3. 燃煤锅炉产生的其他环境污染

（1）燃煤在储运过程中产生的扬尘污染

根据环境污染的概念，向环境排入有害物质或物理因素的设施或辅助设备都构成相应受体环境的污染源。锅炉运行后除烟气排放外，还会产生噪声、废水、炉渣与除尘器脱除的飞灰。除此之外还会在煤炭及灰渣运输储存时产生扬尘污染。如燃煤锅炉在日常运行时要消耗大量煤炭，锅炉长期运行排出的炉渣、除尘器脱除的灰尘也称粉煤灰的存放地，不采取有效的遮盖、密封，这些地方将形成灰尘无组织排放源。在《大气污染物防治法》中已明令禁止"三堆"；煤堆、灰堆、料堆的储存方式，使用单位必须设立储煤场和煤灰、煤渣储存仓，避免造成扬尘污染。这种污染的途径是扬尘在风力作用下进入周围环境，借助风力扩散到更远的地方，当遇到气候干燥多风季节而加剧。一定时间后扬尘还会沉降到附近地面，随降水的冲洗而转移，当水分蒸发后形成了新的无组织排放源。因此，污染源的面积不断扩大，当进入交通干线时带来道路交通扬尘污染。由于以上的污染都发生在近地面表层上，将对居住环境空气质量产生较大影响，主要表现在空气中总悬浮颗粒物（TSP）明显增高，空气质量变坏，城市卫生条件不断恶化，因此这种现象必须杜绝，并需引起社会的高度关注。

（2）锅炉房的噪声污染

锅炉房的噪声源主要有鼓风机、引风机、水泵、除渣机、煤破碎机、降压排气阀等。此外，运输煤炭、灰渣的铲斗车及升降带、装载机和汽车等也会产生强烈的噪声和振动。很多燃煤小锅炉离居民区太近，锅炉由于选址欠佳、风机性能不良等原因产生的噪声，破坏了周围居民的工作与生活环境，损害人们的身心健康，并常常由此引发纠纷。

锅炉房噪声源多、分贝高、污染严重，是引发环境信访的重要原因。鼓风机和引风机是引起振动和噪声的主要设备，这些设备本身性能差，无防噪声设施，年久失修，在运行过程中风叶损坏，动平衡不佳，均会造成振动和噪声强度的提高。按照国家噪声防治规定，风机应安装消音器，并设置隔音房，但很多企业执行不利。有的虽已安装消音器，但维护不到位，损坏严重，仍然达不到消音功能。

(3)锅炉房的固体废弃物排放

从烟气中分离捕集下的粉尘称为“粉煤灰”。粉煤灰无规范存储设备，堆于锅炉房附近，风吹日晒造成二次污染。另外它是一种可浸出性固体废弃物，其中一些有毒元素的盐类化合物、氧化物能够溶于水，特别是在雨季，在雨水的浸润、冲洗下将毒性物质转移到水体。粉煤灰中的盐类化合物在溶解过程中还会产生水解作用，改变水体的氢离子浓度，这将进一步促进有害物质的溶解。粉煤灰还会转移并形成新的无组织排放源。大量金属氧化物和不定型碳成分可作为建筑材料，具有一定的经济价值。因此应科学利用粉煤灰，对其储存应采取防渗漏、防扬尘措施，专设粉煤仓，化废为宝并减少其对环境的污染。

煤炭燃烧后排出的灰渣，所含污染物和粉煤灰不尽相同，主要差异在灰渣中的有机成分含碳量(简称OC)高，而重金属氧化物及其盐类含量高于粉煤灰。为比较粉煤灰与灰渣中所含污染物量的大小，引用污染物富集因子概念，系指原料在生产加工后，原有某污染物含量和生产加工后排出的固体废弃物中某污染物含量之比。显然富集因子越大说明污染物转移到固体废弃物中越多。当固体废弃物在不同部位排放时，若某部位的富集因子数值为1，说明污染物含量在浓度上没有变化，其污染物必定转移到其他排放物体内。利用此概念可以比较粉煤灰和灰渣中污染物含量的大小。表4-10实测统计了某锅炉房排放的粉煤灰和灰渣中富集因子的对比情况。

由表4-10可见，粉煤灰中各类污染物含量均大于灰渣中污染物的含量。目前各地多数锅炉采用水冲渣方式排渣，虽可降低灰渣污染物的含量，但对被污染的水必须进行处理，达标后方可排放。冲渣池、储渣池都要采取防渗漏措施。灰渣作为固体废弃物在进行综合应用时，应避免发生二次环境污染。

表4-10 粉煤灰和灰渣中各种污染物的富集因子比较 单位：%

污染物		粉煤灰的富集因子	灰渣的富集因子	污染物		粉煤灰的富集因子	灰渣的富集因子
类别	名称			类别	名称		
化学致癌物	As	132	2.15	放射性核素	^{238}U	66	19.7
	Cd	29	1.95		^{226}Ra	43	4.7
	Cr^{6+}	10	1.45		^{232}Th	70	4.5
	Ni	6.8	2.2		^{40}K	117	4.5
非致癌污染物	Cr	11	1.45		^{210}Pb	380	3.03
	Hg	13	2.18		^{210}Po	296	4.37
	S	-	-				
	F	16	0.95				

(4)废水排放造成的水环境污染

①锅炉排污和水处理工艺的废水生成

蒸汽锅炉和热水锅炉均以水作为热载体。为防止锅炉内部受热面发生结垢现象和溶解氧对设备的腐蚀，须对给水进行软化和除氧处理。水处理常用钠离子交换法去除水中钙、镁等离子，但使用一段时间后需进行再生处理，造成该工艺排放废水。蒸汽锅炉由于炉水的不断浓缩，碱与其他盐类浓度升高，必须进行排污。小锅炉进行炉内加药处理，热水锅炉也需要定期排污，此外热水锅炉使用时还需投入阻氧剂、防垢剂和防止误用的染料，锅炉排放的各种污水即为锅炉排放污水。该废水含有悬浮物、化学需氧量、色度、磷酸盐等污染物。

②锅炉冲渣水和湿式脱硫塔的污水排放

大部分链条锅炉常采用水力进行除渣，灰渣冲入灰池后经沉淀由除渣机清除，污水是该过程产生的废水。不经水处理排放，必然造成环境污染。因为含有悬浮物、铅、锌、砷、铜、挥发酚等污染物质，pH 值呈碱性。排污水与冲渣水含有碱性物质，可作为湿法脱硫或浇煤之用，既节省碱的消耗又可减少废水排放。

工业锅炉湿式除尘器用得最多是水膜除尘器，主要功能是除尘，也有一定的脱硫效果。为了提高脱硫效率，在水中加入碱性物质，或用锅炉碱性排污水与反渗透污水，通过水泵形成水膜并进行循环利用。在除尘的同时烟气中二氧化硫被溶液吸收，形成亚硫酸再与水中碱性物质中和反应生成亚硫酸盐、硫酸盐，排入沉淀池，经去除悬浮物与加液池中水吸收液混合后重新进入水膜除尘器。脱硫过程进行时，水中碱性物质不断消耗，硫酸盐和烟气中其他溶于水的物质浓度不断增加，达到近饱和浓度时需要更新吸收液，原水吸收液作为废水排放掉。该废水有较高的含盐量并含有化学需氧量（COD）、As、Pb、Hg、挥发酚及多环芳香烃类污染物，是锅炉房中主要的水污染源，必须经水处理达标后方可排放。

二、空气环境污染的控制对策

1. 大气污染的防治行动计划

（1）制定“国十条”总体目标

2013 年 9 月被称为“国十条”的《大气污染防治行动计划》（以下称“国十条”）正式颁布。它标志着我国大气污染防治行动将是综合的、协同的、系统的行动。

“国十条”总体目标是经过五年努力，全国空气质量总体改善，重污染天气有较大幅度减少；京津冀、长三角、珠三角等区域空气质量明显好转。力争再用五年或更长时间，逐步消除重污染天气，全国空气质量明显改善。具体指标是到 2017 年，全国地级及以上城市可吸入颗粒物浓度比 2012 年下降 10% 以上，优良天数逐年提高；京津冀、长三角、珠三角等区域细颗粒物浓度分别下降 25%、20%、15% 左右，其中北京市细颗粒物年均浓度控制在 60 $\mu g/m^3$ 左右。确定了十项具体措施：一是加大综合治理力度，减少多污染物排放；二是调整优化产业结构，推动产业转型升级；三是加快企业技术改造，提高科技创新能力；四是加快调整能源结构，增加清洁能源供应；五是严格节能环保准入，优化产业空间布局；六是发挥市场机制作用，完善环境经济政策；七是健全法律法规体系，严格依法监督管理；八是建立区域协作机制，统筹区域环境治理；九是建立监测预警应急体系，妥善应对重污染天气；十是明确政府企业和社会的责任，动员全民参与环境保护。

（2）能源结构调整

2018 年，中国经济由高速增长向高质量发展转型，能源消费保持较快增长。全国能源消费总量为 47.1 亿吨标准煤，与上年相比增长 4.8%，为近 7 年最快增速。其中，煤炭消费量为 39.1 亿吨，与上年相比增长 1.0%；石油表观消费量为 6.25 亿吨，与上年相比增长 7%；天然气消费量为 2 766 亿立方米，与上年相比增长 16.6%；非化石能源发电量为 1.8 亿千瓦时，与上年相比增长8%。能源结构低碳化进程加速，煤炭消费占比为59.1%，与上年相比下降1.3百分点，占比首次降至60%以下；石油占比为18.9%，与上年相比基本持平；天然气占比为7.8%，与上年相比增加0.8百分点；非化石能源占比为14.2%，与上年相比增加0.4百分点。天然气和非化石能源成为拉动我国能源结构转型的“两驾马车”。

节约优先是能源发展的永恒主题。把节约优先贯穿于经济社会及能源发展的全过程，不仅在能源的供应和消费方面实现节能提效，还要重视在调整和优化经济结构方面节约能源，是一种系统节能理念，这也是我国在继续坚持技术节能和管理节能的基础上，进一步挖掘节能潜力的重要方向。

我国在2014年发布的《能源发展战略行动计划2014—2020》（以下简称《行动计划》）是中国未来一段时间能源发展的行动方略。《行动计划》立足于我国以煤为主的能源结构，坚持发展非化石能源与化石能源清洁高效利用并举，逐步取消化石燃料补贴，支持可再生和清洁能源，明确提出“一降三升”的能源结构调整路径，应对气候变化挑战。到2020年，非化石能源占一次能源消费比例达到15%，天然气比例达到10%以上，煤炭消费比例控制在62%以内。到2030年，非化石能源占一次能源消费比例提高到20%左右。具体措施主要包括：

①降低煤炭消费比例

削减京津冀鲁、长三角和珠三角等区域煤炭消费总量，控制工业分散燃煤小锅炉、工业窑炉和煤炭散烧等用煤领域。到2017年，基本完成重点地区燃煤锅炉、工业窑炉等天然气替代改造任务。到2020年，京津冀鲁四省（市）煤炭消费比2012年净削减1亿吨，长三角和珠三角地区煤炭消费总量负增长。2013年9月10日，国务院印发了《大气污染防治行动计划》，要求制定煤炭消费总量中长期控制目标。2014年12月29日，国家发改委等六部委联合下发《重点地区煤炭消费减量替代管理暂行办法》，从国家层面以制度的方式，对重点地区煤炭消费减量替代进行“政策奖励”：适当提高能效和环保指标领先机组的利用小时数；燃煤机组排放基本达到燃气轮机组排放限值的应适当增加其下一年度上网电量。

②提高天然气消费比重

实施气化城市民生工程，到2020年实现城镇居民基本用上天然气；扩大天然气进口规模；稳步发展天然气交通运输；适度发展天然气发电；加快天然气管网和储气设施建设，到2020年天然气主干管道里程达到12万千米以上。

③安全发展核电

适时在东部沿海地区启动新的核电项目建设，研究论证内陆核电建设。到2020年，核电装机容量达到5 800万千瓦，在建容量达到3 000万千瓦以上。

④大力发展可再生能源

积极开发水电，到2020年力争常规水电装机达到3.5亿千瓦左右；大力发展风电，到2020年，风电装机达到2亿千瓦；加快发展太阳能发电，到2020年光装机达到1亿千瓦左右；积极发展地热能、生物质能和海洋能，到2020年，地热能利用规模达到5 000万吨标准煤。

（3）新能源的开发利用

①太阳能

太阳能是一种清洁能源，其利用方式是采用太阳能热水器转换热能，各种类型的太阳能热水器在全国各地区均有销售。其缺点是采热能力和应用范围小（主要用于洗浴能源替代）并受季节和天气限制。另一种太阳能源是光伏技术的发展，它是利用半导体光电特性将太阳能直接转换为电能，伴随锂电池蓄电技术的发展，现已在应用和价格问题上得到突破，如在交通照明领域得到应用和推广，太阳能在交通能源中替代技术的应用，都有新的科研技术成果出现。

②风能、水力、潮汐能的利用

风能、水力、潮汐能也是一种清洁能源，用于发电较为成熟，但在立项时应作充分的气象和生态环境影响的调查论证，可因地制宜地加以利用。

③地热资源的开发利用

地热资源的清洁利用有两种：一是开发地下热水资源用于采暖；另一种是近年来开发的低温地热利用技术。即俗称“热泵技术”，是采用卡诺逆循环原理以少量电能作动力，在卡诺机的热端或冷端利用能量进行采暖或制冷。该技术利用了不同季节的环境与浅地层温差，再利用卡诺逆循环效应提高或降低水介质的温度，使其变为可利用的低温能源，在整个循环过程中电能只作为部分能源的补充即可得到可用的地热资源。

④生物能源的开发利用

生物质是广泛分布的新型清洁能源，可产生气体燃料如沼气、氢气，也可以产生液体燃料如乙醇、生物柴油等，可作为锅炉燃料用于供热、发电或热电联产。

2. 清洁燃料的开发应用

(1)燃料的种类和特性

节能减排应用技术可通过改变能源结构和燃料的污染程度，达到从源头降低污染物排放量的目的。目前常用的燃料从洁净角度排序为：天然气、液化石油气、生物质能、煤制气、工艺回收气、轻质燃料油、无烟煤、焦炭、褐煤、低挥发分烟煤等。

天然气分为气田气和油田伴生气两种气源，其主要成分是以甲烷为主的碳氢化合物。油田气甲烷含量很高，可达90% ~98%，而气田气的甲烷含量一般为75% ~87%，且含有较高的二氧化碳成分。两种天然气都具有很高的发热值，每标准立方米为36.6 ~54.4 MJ。天然气通过脱硫净化可成为优良的清洁燃料，所产生的烟尘和二氧化硫都非常少，属于自然界最清洁的燃料。由于其发热值高、点火易、污染小等特点，在环境规划中多用于民用燃料，现已成为国家重点控制地区执行锅炉特别排放限值的首选清洁能源。随着国家在国际上和平发展战略的推进，进口气源除通过管道输送之外，经液化与压缩天然气将会有较大的发展空间。

液化石油气是以丁烷和丙烷为主要成分的气体燃料，可通过石油精炼或重油催化裂解生产，其发热值高达104.7 MJ/m^3。它同天然气一样属于清洁燃料，但价格高于天然气，可适用于民用炉灶作燃料，很难用于工业锅炉。煤制气是煤在缺氧条件下经气化所产生的气体燃料，主要成分为一氧化碳与甲烷。因加工方法不同产品的成分也不同，可分为空气煤气、混合煤气、水煤气等，煤制气的发热值较低，在5 MJ/m^3左右，一般生产的各类煤制气都要进行净化处理，所以属于清洁燃料，可用于民用炉灶与工业锅炉、窑炉等。

工艺回收气指黑色金属与有色金属和石化工业回收的气体，主要有焦炉煤气、高炉煤气、转炉煤气与石化回收气等。焦炉煤气发热值较高，达73.6 MJ/m^3，其余较低。这些气源在冶金、石化等工业内部能源平衡中已发挥重要作用。

煤油、轻质燃料油(柴油)、重油、渣油属于液体燃料，是石油加工产品，其含硫量与石油来源、加工方法有关(小型炼油厂往往不做脱硫处理，使油品的含硫量较高，在选择燃料油时应予考虑)。在一些大城市，曾以柴油为清洁燃料取代小型燃煤锅炉。但因其价格高、有异味，没有得到普及推广。

重油、渣油的杂质与硫含量高，在一些城市已经被列为禁用燃料，其他可以使用的地区应考虑尾端治理等问题，确保锅炉烟气排放达标。

褐煤、低挥发分烟煤、高挥发分烟煤均为天然固体燃料，其含硫量和含灰量因其产地等情况不同而异，均应经过煤炭洗选加工处理，去掉矸石、降低硫分后燃用。目前一些地方和城市选用低硫烟煤（含硫量 <0.5%，或煤炭加工产品作为洁净煤产品），洁净煤产品为减排措施取得一定效果，但必须加强市场管理和执法力度，确保供给质量与渠道方可实施。

（2）煤炭深加工技术与洁净煤的开发应用

煤炭是中国的基础能源，发展国民经济必须立足国内，以国外资源作补充。因此，贯彻实施锅炉大气污染物排放标准，必须从源头抓起，应大力发展洁净煤技术，工业锅炉应优先选用洗选煤、动力配煤、工业型煤与水煤浆等洁净煤产品，逐渐让原煤退出市场。发展洁净煤技术符合科学发展观与可持续发展战略。

（3）化学脱硫与煤炭液化技术有待开发

目前国内外正在积极研究用化学试剂在一定条件下与煤产生化学反应，使煤中硫转化为可溶物，进而从煤中脱除。依据所用化学试剂的不同与反应原理的区别，原煤脱硫方法可分为碱处理法、氧化法、溶剂萃取法、热解法、微波法等。这些方法将来有一定发展前途，但目前还不能达到商业应用。国内外目前还在加快研究煤炭液化新技术，有溶剂法和氢化法等新技术，已建立了实验工厂，有望在不久的将来投入工业应用。

3. 开发高效、节能、低污染排放的燃烧设备

开发高效、节能、低污染排放的燃烧设备是控制锅炉大气污染的有效措施之一。近十几年来，我国淘汰了一批低效、高耗、污染严重的燃煤小锅炉，对链条锅炉进行了普及完善，采用分层布煤与分行垄型布煤新技术，对节能环保起到良好作用。在鼓泡床炉的基础上，开发出循环流化床锅炉，实施中低温燃烧、低氧燃烧技术与分级供风方法，开展炉内脱硫，严格控制钙硫比，提高了脱硫率与脱硝率，并配套开发了布袋除尘器与电除尘器等，达到了国家排放标准要求。

4. 颁布实施新的锅炉大气污染物排放标准

按照国务院大气污染防治十条措施及时上升到依法治国、依法治污战略，国家于 2014 年颁布了 GB 13271—2014《锅炉大气污染物排放标准》，同年 7 月 1 日实施。该标准系中华人民共和国成立以来堪称治污要求最高、减排项目最多、执行力度最严的“三最标准”，与先进的国外同类标准比相差无几。

新标准增设了氮氧化物和汞及其化合物的排放限值，规定了大气污染物特别排放限值，提高了各项污染物排放控制要求。在新标准中，排放限值确定采用原则为：一是严格控制燃煤锅炉新增量，加速淘汰燃煤小锅炉，严格燃煤锅炉大气污染物达标排放量，推动清洁能源的使用；二是一般地区向现行的地标排放限值看齐，重点地区实施特别排放限值，采用最先进的技术和措施实现达标排放；三是重点解决颗粒物排放的问题，推广使用先进的布袋除尘和静电除尘技术；兼顾二氧化硫治理，采用高效脱硫技术；四是严格 NO_x 排放标准要求，促进低氮燃烧技术发展；将汞污染物控制逐步纳入排放管理。

三、烟气排放与控制总量方法

1. 烟气中污染物总量排放核算方法

(1)实际监测法

烟气中污染物排放量也称为排放强度,常以单位时间排放污染物的千克数来表示。平均排放强度乘以相应排放时间,即为污染物的排放总量。这是环境科学研究和环境管理的重要指标,该指标可通过实际监测法、物料计算法或排污系数计算法得到。实际监测法可通过监测烟气中污染物的浓度,并同步测量烟气排放量,按下式进行计算:

$$G = Q_{nd} \times C \times t \times 10^{6} \tag{4-12}$$

式中 G——污染物排放量(kg/t);

Q_{nd}——标准状态条件下干烟气排放量(m^3/h);

C——某种污染物的平均排放浓度(mg/m^3);

t——污染物排放时间(h)。

实际监测法有手工监测法和在线连续监测法,前者受到测试时锅炉负荷大小的影响,因此不能代表锅炉运行时段的实际排放量,而在线连续监测可真实统计出锅炉的实际排放量。在线监测数据的质量受在线监测系统的安装、调试、标定、运行管理水平的制约。为此,环保部自2007年相继颁布了《主要污染物总量减排监测办法》(国发〔2007〕36号);《污染源自动监控管理办法》(环保总局第28号令);《污染源自动监控设施运行管理办法》(环发〔2008〕6号)以及相应的技术标准和规范。目前在线连续监测系统已经普遍应用于锅炉污染物排放的实时监测并作为核心依据。

(2)物料平衡法

物料平衡法是依据物质定律原理计算污染物排放总量的测算方法,如式(4-13)所示:

$$\sum R_{输入} = \sum R_{输出} \tag{4-13}$$

式中 $\sum R_{输入}$——在一定时间输入系统的某种物质总量(t/a);

$\sum R_{输出}$——在对应时间输出该系统的某种物质总量(t/a)。

对于燃煤锅炉而言,$\sum R_{输入}$为燃煤总量中灰分含量或硫分含量,而$\sum R_{输出}$则表示总灰渣量与总飞灰量之和。因此锅炉出口烟尘排放总量可按式(4-14)计算。

$$W_{烟尘} = W \times A^{g} - W_{炉渣} \tag{4-14}$$

式中 W——年燃煤总量(t/a);

A——煤中含灰量(%),可通过煤质分析得到,上标g表示干燥基;

$W_{炉渣}$——年锅炉出口排放的炉渣量(t/a);

$W_{烟尘}$——年锅炉出口排放的烟尘总量(t/a)。

同理可得到二氧化硫的总量核算公式,见式(4-15)

$$W_{SO_2} = 2 \times (W \times S^{y} - W_{炉渣} \times S^{y}_{渣}) \tag{4-15}$$

式中 W_{SO_2}——年锅炉出口二氧化硫排放总量(t/a);

2——硫转化成二氧化硫的折算系数;

S^{y}——煤中含硫量(%),可通过煤质分析得到,上标y表示应用基;

$S^{y}_{渣}$——炉渣中的含硫量(%),可通过炉渣分析得到,上标y表示应用基。

氮氧化物的产生来源于两个途径:一是煤中有机氮化合物通过燃烧氧化成氮氧化物;二

是空气中的氮气在高温下与氧气化合形成的产物，故不能用简单的物料平衡公式进行计算。

(3)经验公式计算法

二氧化硫、烟尘排放量可按式(4-16)、式(4-17)计算得到。由于受经验公式中的经验常数制约，其计算结果有一定的误差。

$$G = B \times S \times 80\% \times 2 \tag{4-16}$$

式中 G——SO_2排放量(kg)；

B——燃煤量(kg)；

S——煤中的含硫量(%)；

80%——煤中硫成分中可燃硫所占百分比。

烟尘排放量的经验计算公式：

$$G = [B \times A \times d_{fh} \times (1 - \eta/100)] / (1 - C_{fh}) \tag{4-17}$$

式中 G——烟气经除尘器后烟尘排放量(kg)；

B——燃煤量(kg)；

A——煤的灰分量(%)；

d_{fh}——烟气中烟尘量占煤中灰分系数(%)，该值与锅炉的燃烧方式有关，参见表4-11；

η——除尘器的除尘效率(%)。

C_{fh}——烟尘中的可燃物含量百分比(%)，与煤种、燃烧状况、炉型有关，见表4-12。

表4-11 烟尘(中灰分)占燃料(中)灰分的百分比 单位：%

炉 型	d_{fh}	炉 型	d_{fh}
链条炉	20~30	煤粉炉	75~85
往复推饲炉排	15~20	油炉/天然气炉	0
抛煤机炉	25~40		

表4-12 烟尘中的可燃物含量百分比 单位：%

燃烧方式	C_{fh}范围	燃烧方式	C_{fh}范围
链条炉排	15~25	煤粉炉	4~8
往复炉排	1~3	燃油(重油)锅炉	15~20
抛煤机	15~20		

注：表4-11、表4-12摘自《城市区域大气环境容量总量控制技术指南》；链条炉d_{fh}、C_{fh}来自实际实验汇总；由于以上两表的参数数值受燃烧设备的结构、工况、煤种影响较大，数值变动较大，要取得更精确的参数需要进行煤的工业分析和热工检测获得。

(4)排污系数法

排污系数法是进行污染物总量核算常用的统计方法。其计算公式如式(4-18)所示。

$$G_i = B \times K_i \tag{4-18}$$

式中 G_i——某种污染物年排放量(kg)；

B——锅炉年用煤量(kg)；

K_i——某种污染物的排放系数(%)(见《污染物申报登记手册》)。

污染物排放系数还可通过实际测量得到。对于确定的污染源,某种污染物的排放总量与燃煤量、锅炉燃烧方式(F)、煤的种类(L)相关,当F、L不变,污染物排放系数(K_i)为常数,该常数可通过实际监测确定,按式(4-18)计算出相应的污染物排放系数。锅炉烟气中某种污染物的排放量可按式(4-18)、式(4-19)计算。

$$K_i = \text{实际监测排放量(kg)/监测期间锅炉的燃煤量(kg)} \tag{4-19}$$

监测期间锅炉的燃煤量,可从锅炉进煤计量表查得或采用手工称重方法得到。式(4-19)不但适用于燃煤锅炉烟气污染物排放总量计算,当燃料类型和锅炉的燃烧方式确定后,也可适用于燃气锅炉、生物质燃料等其他锅炉烟气污染物排放总量的计算,因此在环境统计领域被广泛使用。

2. 环境容量与总量控制

(1)环境容量

环境容量是指在一定的空间环境内能够容纳某种污染物排放总量的环境能力,区域环境容量是指一定区域环境空间能够容纳某种污染物排放总量的环境能力。制定环境容量能力是以保证人体健康和区域生态环境安全的最大污染物排放总量值为依据,而某地区的环境容量是以该区域环境所执行的空气环境质量标准值为目标。当污染物排放总量超过某区域环境容量时,该区域的生态平衡和正常功能将遭到破坏。从这种意义上讲,环境容量是一种特殊的环境资源。某种污染物的环境容量大小与该地区环境本底浓度、外来污染物的输送量、该地区的自然净化能力、污染物布局及气象条件相关联。自然净化能力是通过污染物在环境中的混合、转化、干湿沉降、风力扩散输送的能力大小所决定。环境容量的研究目标是弄清某地域污染物排放总量和区域空气环境质量的相互关系,涉及污染物调查、气象学和地区空气扩散模型、空气环境质量评价等多学科内容。

(2)环境容量的类别

为了达到一定的环境控制目的,人们把空气环境容量划分为三类,即理想环境容量、实际环境容量与区域规划环境容量。

(3)总量控制方法

总量控制是一门科学化、系统化的管理体系。其目的就是将环境容量指标按区域经济发展规划和保证区域环境功能质量相结合,达到可持续发展的目标。总量控制的基本内容包括:测算大气环境容量、编制总量控制目标、制订总量分配方案、实施排污许可证管理制度、规范监测管理方法、启动排污权交易、建立排污结构的调整与总量消减规划。

①A 值法

该法是环境容量测算的基本方法。在进行环境容量测算时将控制区分为 n 个分区,每个控制分区面积为 S_i,则各区的理想环境容量可按下式确定。

$$Q_{ai} = \frac{A(C_{si} - C_b)S_i}{\sqrt{S}} \tag{4-20}$$

式中 Q_{ai}——第 i 控制区大气污染物理想容量(万吨/年);

A——该地区的容量系数,该值与气象条件、地表情况相关(该参数可在《城市大气污染总量控制手册》中查得);

C_{si}——该分区污染物年日均浓度限值(mg/m^3);

C_b——该分区污染物背景浓度值(mg/m^3);

S——该控制区总面积(km^2);

S_i——每个控制分区面积(km^2)。

总量控制区污染物总的理想环境容量等于各分区理想环境容量之和。

②制订总量分配方案

城市按照公平与效率兼顾的基本原则,将区域总量分配到污染源。公平性主要是考虑现有各类污染源均拥有一定的排污权;效率性重点考虑为实现区域社会、经济和环境的协调发展,需要采取的政策和管理措施,鼓励企业不断降低排污量,从而有效减小区域的排放强度。

③排污许可证管理

在环境管理体系中,排污许可证是重要的管理手段,是环境管理部门对企业限定污染物排放量的具体控制制度。该制度规定了排污单位申报、变更排污许可证的程序,明确了环境控制污染因子及污染因子排放量指标,是落实总量控制管理的重要措施。

④排污权交易

总量分配是政府利用行政手段对污染排放的调控,而排污权的交易是将排权价值化,从而通过市场机制鼓励企业发展清洁生产,提高污染排放的治理效率。

四、锅炉烟气污染物防治技术及其发展趋势

1.除尘技术的种类和性能

除尘技术是防治空气环境颗粒物污染的重要手段,人们对除尘技术的研究持续时间最长,先后取得机械式除尘器、静电除尘器、过滤式除尘器和湿式除尘器的辉煌成果,为各领域的烟气、粉尘的排放减排做出了巨大贡献。

大量的科学研究和应用实践总结出各类除尘器的特点,为除尘器的合理选型和改造起到了科学指导作用,其技术发展路径具有两个特点:一是先进技术和新材料的应用提高了除尘性能和使用寿命;二是技术组合相互弥补发挥了各自优点,提高了整体设备或设备性能。例如,机械式除尘器和袋式除尘器的组合,开发了袋式除尘器在消烟除尘领域的应用,可以大大消减烟尘的排放度,并保证了过滤袋的使用寿命。除尘设备和脱硫设备的联合应用,更好地发挥了高效脱硫设备运行的稳定性。依据这种技术路线的开发研究,在治理其他气态污染物工程中也发挥了作用。如吸附剂吸附技术与焚烧降解有机物污染技术的联合应用,解决了吸附剂的脱附问题,开发了蓄热式有机废气焚烧炉(RTO)挥发性有机物的治理技术;烟气再加热技术和选择性催化还原技术(SCR)的结合,成为冶金行业 NO_x 排放治理工程的核心技术。

此外设备结构的组合创造了优良的净化设备。如脱硫设备和脱水设备、换热设备的一体化组合,既缩小了设备的占地面积又为脱硫设备提供了良好的工作条件,解决了烟气带水和后续设备的腐蚀问题。组合设备的质量优劣关键问题是选择最佳的单体设备技术,保证各单体设备的性能和质量。因此,了解专项设备的技术性能仍具有重要意义。

(1)除尘器的分类、命名

为了保障污染防治设施的可靠性,规范环保产业市场,促进环保产品的发展,国家环保局于1997年制定出《环境保护产品认定管理暂行方法》,并组织有关专家分期分批制定了有关环保产品认定技术条件。于1998年将已经出台的技术要求汇编成《中国环境保护产品认定技术条件》。在各项产品认定条件中首次规定了相关环境保护产品的技术指标、设计生产工艺技术要求,并在HJ/T 11—1996《环境保护设备分类与命名》中给出了环境保护设备的

分类命名原则。

①类别

环保设备共分为类别、亚类别、组别、型别,按所控制的污染对象分为五种类别,水污染治理设备、空气污染治理设备、固体废弃物处理处置设备、噪声与振动控制设备、放射性与电磁波污染防护设备。

亚类别:按环境保护设备的原理和用途划分亚类别。

组别:按环境保护设备的功能原理划分组别。

型别:按环境保护设备的结构特征和工作方式划分型别。

②命名原则

环境保护设备的命名应力求科学、准确、合理,并顾及已被公认的习惯名称。

命名方法:环境保护设备的名称应能表示设备的功能和主要特点。它由基本名称和主要特征两部分组成。基本名称表明设备控制污染的功能;主要特征表明设备的用途、结构特点、工作原理。有关除尘设备的类别命名见表4-13。

表4-13　除尘器的类别与命名

类　别	亚类别	组别	型别
空气污染治理设备	除尘设备	湿式除尘装置	喷淋式除尘器
	除尘设备	袋式除尘装置	机械振动式除尘器
	除尘设备	静电除尘装置	板式静电除尘器
	除尘设备	旋风除尘装置	多筒旋风除尘器

(2)除尘器的性能指标

①总除尘效率

除尘装置的总效率是指单位时间内除尘装置去除颗粒物的性能指标,其量值为颗粒物去除总量与相同时间颗粒物进入总量的百分比,通常以符号η表示,计算公式如式(4-21)所示。

$$\eta = \frac{G_r}{G_c} \times 100\% \quad (4-21)$$

式中　G_r——单位时间除尘装置去除颗粒物总量(kg/h);

G_c——单位时间进入除尘装置的颗粒物总量(kg/h)。

在实际监测中,G_r、G_c不易测量,因此,常采用除尘器进、出口风量和颗粒物浓度来表示。由于单位时间内进入除尘装置的颗粒物总量等于单位时间内除尘器入口的平均烟气量和入口平均颗粒物浓度的积,单位时间内排出除尘装置的颗粒物总量等于单位时间内除尘器出口的平均烟气量和出口平均颗粒物浓度的积。故总除尘效率还可按式(4-22)表示。

$$\eta = (C_r Q_{snd1} - C_c Q_{snd2}) / C_r Q_{snd1} \quad (4-22)$$

式中　C_r——除尘器入口颗粒物测量浓度(mg/m^3);

C_c——除尘器出口颗粒物测量浓度(mg/m^3);

Q_{snd1}——除尘器入口标准干气体体积(m^3/h);

Q_{snd2}——除尘器出口标准干气体体积(m^3/h)。

由于气体通过除尘器后，状态参数要发生变化，所以式(4－22)中浓度和风量测量值皆要转变为标准干燥状态，即不含水蒸气，摄氏温度为273 ℃，压强为101 325 Pa时的状态。

当除尘器漏风率为零时，$Q_{snd1}=Q_{snd2}$时，式(4－22)可简化为

$$\eta=(C_r-C_c)/C_r\times 100\% \tag{4-23}$$

烟气量和颗粒物的实际监测方法详见BG/T 16157—1996《固定污染源排气中颗粒物测定与气态污染物采样方法》。

②分级效率

除尘器的分级效率是指在某一粒径(或粒径范围)下的除尘效率。即进入除尘器某一粒径d_p或粒径范围d_p至$d_p+\Delta d_p$的颗粒，经除尘装置收集的总颗粒物的质量，与该粒径颗粒随气流进入装置时的总质量百分比，用η_d表示。分级效率指标在筛选除尘器时具有重要意义，在选择除尘器时，一般采用除尘器的中位分级效率($\eta_d=50\%$)，即分级效率为50%对应的颗粒直径。D_{50}是衡量除尘器对微小粒径颗粒物去除能力的定性指标。为使所选用的除尘器能够有效去除废气中的颗粒物，应该选择除尘器的中位粒径D_{50}小于废气中的颗粒物的中位粒径，这样才能发挥除尘器的净化作用。

③除尘器的阻力

除尘器的阻力是指气流通过除尘器时的全压降。其量值用压力单位Pa表示，阻力大小可按照式(4－24)计算：

$$P_{阻}=P_{进}-P_{出} \tag{4-24}$$

有关除尘器进出口全压的监测方法，参阅GB/T 16157—1996《固定污染源排气中颗粒物测定与气态污染物采样方法》。

④处理烟气量

各类除尘器系列产品说明书中都有处理烟气量的标注，该值是除尘器设计处理烟气量。除尘器在运行时的各项参数，只能在设计烟气量下实现。当实际烟气量偏离设计烟气量时，其性能指标将产生变化甚至影响除尘器的正常工作。

⑤烟气含湿量

对湿式除尘器烟气出口含湿量要符合HJ 462—2009《工业锅炉窑法烟气脱硫工程技术规范》的要求，见表4－14。

表4－14　除尘器环保性能指标

除尘器名称	循环水利用率/%	脱硫效率/%	除尘效率或出口浓度	折算阻力/Pa	液气比/(L·m^{-3})	漏风率/%	烟气含湿量/%
1			>94%(热态)	<1 200(热态)		<5	
2			达到相应烟尘粉尘排放标准	<300		<5	
3			>99.5 mg/m^3	≤1 500			
4			>99.5 mg/m^3				
5 Ⅰ类	≥85	>30	>95%	<1 400	<2	<5	≤8
5 Ⅱ类	≥85	>60	≥95%	<1 400	<1	<5	≤8

注：1. 工业锅炉多管旋风除尘器(H/T 286—2006)；
　　2. 卧式电除尘器(HJ/T 322—2006)；

3. 回旋反吹袋式除尘器认定条件(H/T 329—2006),漏风率:1,2≤3%,3,4≤4%;

4. 见脉冲喷吹类袋式除尘器认定技术条件(H/T 328—2006),漏风率同回旋反吹,阻力要求:逆喷、环隙 <1.2 kPa,对喷气箱、长袋 <1.5 kPa,顺喷 <1.4 kPa;

5. 湿式烟气脱硫除尘装置认定技术条件(H/T 288—200),Ⅰ类是指利用锅炉自身产生的碱性物质作为脱硫剂,即采用灰水循环利用;Ⅱ类是指通过添加化学物质(碱性物质)作为脱硫剂的湿式除尘器。

由于烟气经过湿式除尘器后水蒸气含量将明显增加,有时可能出现饱和状态,当烟气进入烟道后会继续降温,当烟温下降到饱和温度以下时,就会发生冷凝现象。析出的凝结水可黏附在引风机和烟囱内壁上,因吸收烟气中二氧化硫等酸性气体而腐蚀烟道。该项指标的设定主要是为了保护除尘器后续设备免遭腐蚀。烟气含湿量用符号 X_{sw} 表示,系指排气中的水蒸气体积占总体积的百分数。湿式除尘器的汽水接触越充分上述现象越强烈,所以湿式除尘器处理后的烟气应经加热或有效脱水才能进入烟道。烟气换热(GGH)技术是利用烟气余热对脱硫系统排放的烟气进行加温的方式,其优点是既能降低脱硫净化器的入口烟温又提高了排烟温度,达到提高脱硫效率和防止后续设备的腐蚀。

⑥液气比

液气比系指湿式除尘器每处理 1 m^3 烟气时所需用的循环水量,单位为 L/m^3。该指标主要表征除尘器运行时对资源和能源的消耗。

⑦脱硫效率

湿式除尘器在除尘的同时兼有脱硫作用,因此可起到烟气预脱硫的作用。衡量湿式除尘器是否兼有脱硫作用,其脱硫效率应达到表 4 - 15 要求。湿式除尘器的脱硫效率系指该净化设施入口进入的二氧化硫质量和脱硫器出口排放的二氧化硫质量差与进口二氧化硫质量的百分比。其计算方法类似除尘效率。按 GB 13271—2014《锅炉大气污染物排放标准》要求,尤其在执行特别污染物排放标准或本地区严格的地方标准时,湿式除尘器的脱硫性能已不能达到标准要求,在进行烟气脱硫治理工程设计时必须采用高效脱硫净化器。

⑧除尘器性能指标

湿式除尘器环保指标摘自《中国环境保护产品认定技术条件》。表 4 - 15 分别列出了各类除尘器的环保性能指标要求。

2. 除尘器选用原则

(1)排放稳定达标的原则

项目建设应符合当地政府的环境保护政策,且保证净化工程实现对烟尘、二氧化硫、氮氧化物的总量消减指标要求,各项污染物排放浓度能够稳定达标。

(2)“锅炉排放标准”的适用区域和控制要求

按 GB 13271—2014《锅炉大气污染物排放标准》中第 4 条“大气污染物排放控制要求”确定锅炉所在地的执行时间。锅炉所在地已制定出更严格的“锅炉地方标准”应执行本地区“地方标准”。属于环境保护部(2013 年第 14 号)“执行大气污染物特别限值的公告”规定的 47 个重点地区,按国务院环境保护主管部门或省级人民政府规定的“执行时间”执行 GB 13271—2014 中“大气污染物特别排放限值”。

(3)符合环保产品的行业标准和管理要求

锅炉烟气净化工程设施(除尘器、其他烟气净化器)的选用分为工程设计选型(简称 A

类)和产品供应商(简称 B 类)。A 类设计制造单位应具备从事相应项目设计制造资质,并持有相应项目的"中国环境保护产品设计制造认证证书"。B 类产品供应商提供的产品应持有"中国环境保护产品认证证书"。锅炉烟气净化设备的加工制造、检验、验收、外观、标示(铭牌)应符合相应的 HJ/T 286—2006《环境保护产品技术要求　工业锅炉多管旋风除尘器》、HJ/T 328—2006《环境保护产品技术要求　脉冲喷吹类袋式除尘器》、HJ 462—2009《工业锅炉及炉窑湿法烟气脱硫工程技术规范》、HJ/T 322—2006《环境保护产品技术要求　电除尘器》、HJ 562—2010《火电厂烟气脱硝工程技术规范　选择性催化还原法》的标准。随着时间的推移将有新的行业标准颁布,应及时查询。

(4)新产品新技术的应用原则

选择的除尘设备及其净化设备应适合锅炉排气系统运行变化的需求。随着工业现代化的发展和环境保护要求日趋严格,集中供热是工业锅炉的发展趋势,烟气治理工程将会走向自动化、现代化、大型化,新产品涌现层出不穷,除尘净化设备在风量适用范围、净化效率、设备防腐性能等各项指标,已冲破原有类型产品的制约。如多管除尘器能适应大吨位锅炉除尘需求,袋式除尘器打破不能用于烟气除尘的禁区,脱硫塔无论在烟气适用量还是脱硫效率方面都得到大幅度提高。因此,在工程设计产品选型时要依据上述内容制造或选择产品。

(5)依法治污的原则

随着烟气净化设备的发展,需要设计制造单位具备相应的资质能力。根据 2015 年公布执行的《中华人民共和国环境保护法》要求,相应的项目负责人要承担直接或连带的法律责任,承担大型项目的负责人一定严格按照《中华人民共和国环境保护法》履行各项义务,防止不法皮包商给项目工程带来重大损失,表 4-15 是环境保护产品的性能指标要求。

3. 工业锅炉烟气净化技术的发展方向

2015 年 1 月 1 日颁布新的《中华人民共和国环境保护法》,为进一步保护环境和改善生态环境、推进生态文明建设提供了有力的法律保障。该法第四十六条"国家对严重污染环境的工艺、设备和产品实施淘汰制度,任何单位和个人不得生产、销售或转移、使用严重污染环境的工艺、设备和产品"。使落后的生产工艺、劣质加工设备、不达标的环境治理技术的淘汰走向法治化轨道。第四十四条明确提出"企业事业单位在执行国家和地方污染物排放标准的同时,应当遵守分解落实到本单位的重点污染物排放总量控制指标"。因此,锅炉污染物的排放除了考虑标准浓度应达到国家或当地排放限值以外,还要考虑污染物的排放量达到本地区的总量控制分解指标。

根据环境保护部公告 2013 年第 14 号文《关于执行大气污染物特别排放限值的公告》要求,全国 47 个重点城市和地区的燃煤锅炉要执行 GB 13271—2014《锅炉大气污染物排放标准》中大气污染物特别限制,与本标准中新建锅炉大气污染物排放标准相比,烟尘、二氧化硫、氮氧化物排放浓度分别提高了 1.67,1.5,1.5 倍,同时提出汞化合物小于 0.05 mg/m^3 的限定指标,为燃煤锅炉烟气净化技术的升级提出更高要求。

来自中国科学院大气研究所、南开大学经源解析研究成果表明,造成大气严重污染的雾霾成因中,燃煤造成的份额可达到 10% ~20%,燃煤仍然是大气污染的主要因素。经源解析科学研究指出,细粒子的来源分为污染源直接排放和二次粒子的生成,前者主要来自汽车尾气排放、道路二次扬尘和工业粉尘污染源及锅炉烟气的排放;后者主要来自空气中 SO_2、NO_x、烃类化合物和空气中有机化合物的气态化学反应。其中硫酸盐、硝酸盐成分占据较大份额,而硫酸盐成分更多的来源于燃煤烟气,随着燃用煤量的不断增大,烟尘中 PM10、

PM2.5的细粒子排放污染更为严重。根据工业污染物产生和排放系数手册中烟尘排放量计算式如式(4-25),锅炉污染物的产生系数如式(4-26)。

$$G'_{烟尘} = G_{烟尘} \times \omega(1-\eta) \quad (4-25)$$

式中 $G'_{烟尘}$为烟尘排放量(kg/h);

$G_{烟尘}$——烟尘产生系数(kg/t);

ω——单位时间燃量(t/h);

η——除尘器的除尘效率(%)。

$$G_{烟尘} = 1\,000A^y \times d_{fh} \times 1/[(1-C_{fh}) \times K] \quad (4-26)$$

式中 A^y——煤中应用基含灰量(%);

d_{fh}——烟气中烟尘量占煤、灰分中的含量(%);

C_{fh}——烟尘中可燃物含量(%);

K——锅炉出力影响系数(%)。

式(4-25)、式(4-26)说明烟尘产生量与锅炉燃烧方式直接有关,一般大型锅炉燃烧效率高,燃煤与空气混合良好,控制先进,燃烧效率高,C_{fh}较小。煤中灰分含量较小,所以采用优质低硫洁净煤技术是从源头抓起降低污染排放的最佳技术路线。目前一些重点城市提出"工业和民用煤质量"标准:一类地区应用煤的含硫量≤0.40%,灰分≤11.5%。对减少烟尘、降低污染物排放具有较好效果。

另一方面锅炉使用的燃煤量越多,$G_{烟尘}$产生量越多,当锅炉燃烧方式和煤种固定,烟尘中颗粒物的粒径分散度固定,细粒子排放量与烟尘产生量成正比。表4-15说明多管除尘器对不同粒径的颗粒物去除效果,当颗粒物直径下降到10 μm时,多管除尘器效率急剧下降,当颗粒物直径在0~5 μm时,除尘效率几乎下降了50%。随着用煤量的增加,要保证细粒子排放量的有效去除,提高烟尘净化器对细粒子的净化效率是烟尘治理的发展方向。如在多管除尘器后加袋式除尘器,不但可以降低烟尘排放总量,而且增加了烟尘中细粒子(<10 μm)的去除效果。

表4-15 多管立式旋风除尘器对不同粒径颗粒的防除效果

粒径/μm	原尘区域/%	收尘区域/%	分级效率/%	全效率/%	粒径/μm	原尘区域/%	收尘区域/%	分级效率/%	全效率/%
0~5	9.44	4.52	47.88		40~50	8.86	8.65	99.65	
5~10	9.23	8.09	87.65		50~60	6.9	6.88	99.71	
10~20	16.34	15.7	96.08		60~70	5.47	5.46	99.84	
23~30	13.42	13.28	98.96		>70	19.67	19.66	99.93	
30~40	10.85	10.8	99.54		合计	100	100		93.04

随着滤袋材质和制作工艺的进步,袋式除尘器对细粒子去除作用大大增强,可用于净化粒径大于0.1 μm的含尘粒子。袋式除尘器可以设计成各种形状,以适应安装在不同空间的需求,特别适用于工业锅炉的烟尘深化治理。

除雾性能是湿法脱硫的重要指标。HJ 462—2009《工业锅炉及窑炉湿法烟气脱硫工程技术规范》中第5.3.3条规定,除雾指标<75 mg/m³,烟气中的雾滴会腐蚀脱硫器的后续设

备，因为这些雾滴溶有多种硫酸盐、硝酸盐成分，尤其是细小的雾滴在环境中更容易蒸发形成含有硫酸盐、硝酸盐的固体颗粒，形成一种新的污染源。湿式脱硫设备的除雾器就是杜绝这种污染的必装设备。烟气换热（GGH）装置无论对环境空气还是对风机、烟道、烟囱等设备都起到保护作用。如果不安装 GGH 设备，虽然采用了高新技术防止烟气冷凝带来的烟囱内壁腐蚀，但是低温排放的烟气失去了烟气抬升高度的自净能力，当出现严重逆温层的气象条件时，烟气扩散条件会受到影响，甚至会形成烟气下洗气流（烟气下沉），给附近地区造成严重的空气质量污染。所以，在进行烟气净化系统设计时 GGH 的作用是不可忽略的。

4. 开展锅炉烟气污染物的深化治理技术

(1)锅炉烟气治理技术的提升

锅炉烟气污染物的深化治理技术是利用现代成熟的废气治理技术与烟气治理技术的深化改造，是烟气治理成功技术的汇总，借此达到节能减排深化治理的目标。实践证明，自激水浴除尘脱硫设备、水膜除尘脱硫设备、简易的除尘脱硫一体化设备，其除尘脱硫指标不能达到锅炉大气污染物排放标准的要求，不能应用于烟气深化治理工程。这些设备由于缺少除雾、烟气加热、循环系统的自动控制、脱氮等工艺，造成除尘脱硫设备运行不稳定，有些还存在二次污染因素。例如，钠碱法产生的亚硫酸钠的排放、惯性除尘器不能脱除细颗粒且除尘效率较低、湿法脱硫的带水污染问题、低温烟气的脱硝问题等，在一定程度上制约了烟气治理工程的升级效果。相反布袋制造技术的利用、烟气脱水和再加热技术的采用、低温烟气再加热与选择性催化还原技术（SCR）或选择性非催化还原技术（SNCR）技术的联合应用，都可提升现今烟气治理技术，使之再上一个台阶。

(2)工业锅炉脱氮技术的深化探讨

烟气再循环燃烧系统（图 4－8）是通过降低氧气浓度和火焰温度的方法抑制炉腔内 NO_x 产生的条件，其工艺流程如图 4－9 所示。将部分低温烟气直接送入炉内，或与空气（一次或二次）混合，因烟气的吸热和对氧浓度的稀释作用，会降低燃烧速率和炉腔温度，因而使热力型氧化氮减少。烟气再循环法特别适用于燃用含氮量低的燃料，对于燃气锅炉的 NO_x 降低最显著，可减少 20%～70% 的 NO_x 生成量，但对燃油、燃煤锅炉的效果差些。

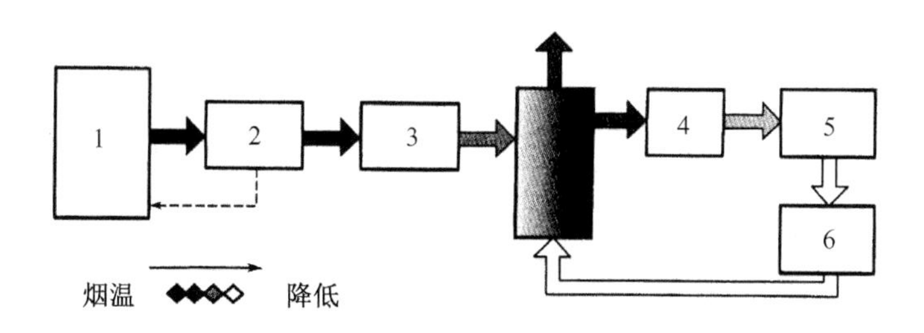

1—锅炉；2—烟气再循环燃烧系统；3—多管旋风除尘器；4—布袋除尘器；5—脱硫器；6—除雾器；7—烟气再加热器。

注：箭头表示烟气流向。

图 4－8　烟气再循环燃烧系统示意图

燃用着火困难的煤种，由于受到炉温降低和燃烧稳定性降低的影响，则不宜采用烟气再循环技术。对燃煤锅炉低 NO_x 燃烧方面，还有空气分级燃烧技术、低氧燃烧技术、分层布煤与分行垄型布煤等。上述技术都可起到一定的脱氮作用，但要达到新标准要求，还必须深化提升。

目前普遍采用的锅炉烟气脱氮技术是对烟气进行增温，增温后的烟气通过选择性催化还原技术（SCR）和选择性非催化还原技术（SNCR）进行脱硝。两者相比，前者还原剂为氨，需要催化剂在 290～350℃下将 NO_x 还原；后者烟气中 NO_x 在大约 950 ℃温度下与尿素、烟气中氧直接发生还原反应，这种反应的特点是不需要催化剂，但需要在 950℃温度下停留一定时间才能达到预期效果。一般在用锅炉难以找到适合 SNCR 的空间，当采用烟气再加热技术后，应设计一个适合 SNCR 的反应室，使还原反应充分进行。因此，这种技术具有科学性、可行性，系统工艺如图 4－9 所示。

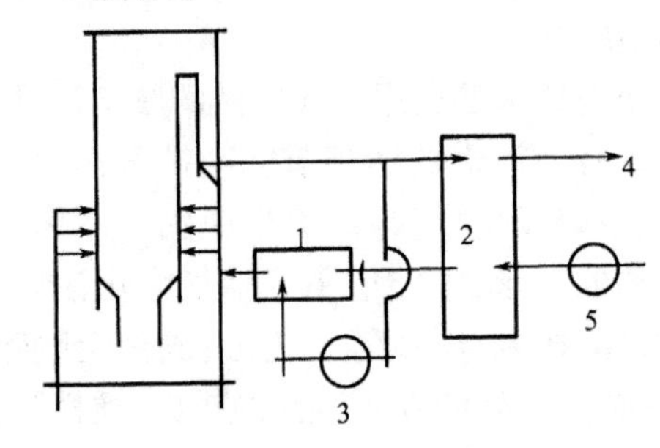

1—空气烟气混合器；2—空气预热器；3—再循环风机；
4—去引风机；5—鼓风机。

图 4－9　锅炉烟气再循环系统工艺流程

图 4－10 是适用于中、大型工业锅炉的除尘脱硝工艺，当受使用煤种制约或炉型结构限制不能采用烟气再循环脱氮技术时，可以考虑烟气再加热后采用 SNCR 法脱氮。其优点是技术成熟、运行稳定、可以使用污染较小的氮素完成 NO_x 的还原反应。相比之下 SCR 需要 NH_3作还原剂，而 NH_3是国家确认的恶臭物质并具有可燃性，在工程建设中使用原料 NH_3相对增加了防污染和生产安全性的难度。

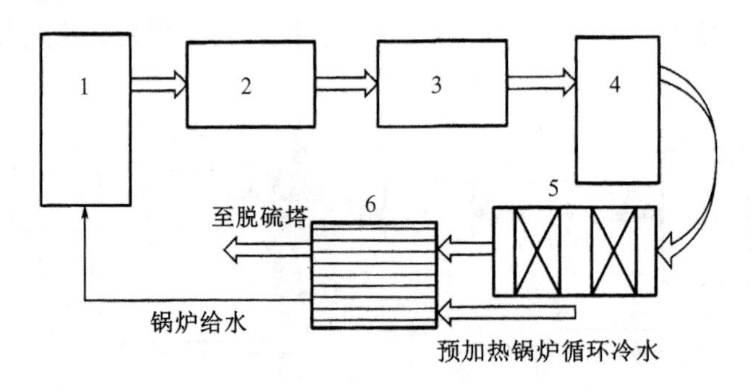

1—锅炉；2—多管除尘器；3—袋式除尘器；
4—烟气加热炉；5—SNCR 反应室；6—换热器。

图 4－10　除尘脱硝系统示意图

触媒反应室也可选择 SCR 催化还原技术，但需要一定的环境条件，如厂区距敏感区应有一定的安全防护距离，工程项目应通过环评、安评论证，比较适合在规划的工业园区建立。烟气再加热 SCR 脱氮技术在冶金行业治理废气中 NO_x 已有成功的先例。由于该技术烟气加热温度较低（290～350 ℃），更具备节能的有利条件。图 4－9 中烟气加热炉可采用燃气锅炉也可采用燃煤锅炉，当采用燃煤锅炉时其排放的烟气可并入锅炉主烟道多管除尘器前，要求烟气加热炉自身烟气和被加热烟气不混合。采用上述烟气再加热工艺 SCR、SNCR，可以在工业锅炉上推广应用，并作为烟气治理的深化技术。

• 任务实施

1. 教师介绍本任务的内容及学习方法；
2. 教师组织学生分组（平均 5 人一组），并按要求就座；
3. 学生分组讨论。

• 任务评量

每组提交最终答案，按照关键字计分，10 分为满分。说出最多关键字的小组为优胜。

• 复习自查

1. 通过对烟气污染物防治技术分析，使学生了解和掌握工业锅炉开展烟气污染物深化治理技术的必要性；
2. 重点是除尘设备的选型方法；
3. 组织各小组派代表展示小组成果。（成果：提出烟气超净化排放技术的可行性）

• 项目小结

1. 整合学习内容

小组派一名学生回顾本项目任务 4.1 ~4.2 的要点。

2. 检验学习成果

（1）每个小组对完成的任务单做出评价。

（2）每个小组对本单元表现做出评量。

3. 反省与改善

以小组为单位，讨论大气污染、总量控制、除尘技术、深化治理、旋风除尘器、袋式除尘器、脱硫技术、选型。

参考文献

[1]史培甫. 工业锅炉节能减排应用技术[M]. 北京:化学工业出版社,2016.
[2]黄敏. 热工与流体力学基础[M]. 北京:机械工业出版社,2011.
[3]黄从国. 大气污染控制技术[M]. 北京:化学工业出版社,2013.
[4]王金梅. 水污染控制技术[M]. 北京:化学工业出版社,2019.
[5]刘洪恩. 新能源概论[M]. 北京:化学工业出版社,2013.
[6]史兆宪. 能源与节能管理基础[M]. 北京:中国标准出版社,2013.
[7]杨建华. 循环流化床锅炉设备及运行[M]. 北京:中国电力出版社,2010.
[8]徐通模. 燃烧学[M]. 北京:机械工业出版社,2017.